高等职业教育园林园艺类"十二五"规划教材

园林计算机辅助设计

主　编　　杨云霄　　于志会

副主编　　张培杰　　张鹏举　　周金梅

参　编　　孙　雪　　邱李梅　　张国锋　　乔　峰

主　审　　谢小丁

机械工业出版社

本书是高等职业教育园林园艺类"十二五"规划教材，内容包括AutoCAD 2008的操作技能、Photoshop CS3的操作技能和3ds Max 9园林效果图绘制三大部分，具体由3个项目、13个任务组成，每个任务后面均有相应的实训练习。本书从园林景观效果图表现的实际需求出发，以实际操作为主线，理论知识贯穿其中，其目的是让学生在学习中练习，在练习中学习。熟练掌握上述三个软件的操作方法，就能迅速提高岗位技能。

　　本书的素材文件包内容包括：书中实例的模型、贴图、园林景观效果图表现的常用素材资料、最终效果图文件，以及课后实训文件。

　　本书内容新颖、适用面广、突出应用，可作为高职高专园林园艺类教材，还可作为成人职业培训以及园林、园艺类从业人员的参考用书。

图书在版编目（CIP）数据

园林计算机辅助设计 / 杨云霄，于志会主编. —北京：机械工业出版社，2012.9（2016.1重印）

高等职业教育园林园艺类"十二五"规划教材

ISBN 978-7-111-38969-9

Ⅰ.①园… Ⅱ.①杨… ②于… Ⅲ.①园林设计—计算机辅助设计—高等职业教育—教材 Ⅳ.①TU986.2-39

中国版本图书馆CIP数据核字（2012）第168730号

机械工业出版社（北京市百万庄大街22号　邮政编码 100037）
策划编辑：覃密道　　责任编辑：覃密道　王靖辉
版式设计：霍永明　　责任校对：刘雅娜
封面设计：马精明　　责任印制：乔　宇
北京画中画印刷有限公司印刷
2016年1月第1版第3次印刷
184mm×260mm · 19.75印张 · 567千字
5 001—7 000册
标准书号：ISBN 978-7-111-38969-9
定价：68.00元

随着计算机硬件技术的飞速发展和计算机辅助设计软件功能的不断完善，计算机辅助设计以精度准、效率高，设计资料交流、存储、修改方便，效果精美、逼真，可实现网络协同工作等强大优势，成为许多设计工作者的主要工作方式。由于绘图是园林设计者的必备技能，因而计算机辅助设计是园林及相关专业学生的重要必修课程。

本书在编写上从简单实例出发，图文并茂，以提高学生的兴趣和求知欲为目的，使学生通过本课程的学习，掌握相关辅助设计绘图软件的使用，逐步达到能够独立运用园林设计的基本理论、基本知识、基本技能，借助计算机表达自己的设计意图，并能自觉激发学生的自学欲望，获得独立分析、设计构思、综合运用各种园林设计手段的能力。

本书分为AutoCAD 2008的操作技能、Photoshop CS3的操作技能和3ds Max 9园林效果图绘制三大部分，详细介绍了三款软件的实际操作技能及软件之间的文件传递方法。本书突出操作技能，将计算机辅助设计技术与园林设计有机地结合在一起，以培养能力为目的，以必需、够用为度，对于各种软件只取其对园林设计制图有用的部分，通过实例的制作，让学生在较短的时间内了解和掌握园林计算机辅助设计的工作程序。为了加强学生实际能力的培养，本书每个任务的后面均设计了实训练习，并配有素材文件包，内容包括：书中实例的模型、贴图、素材资料、最终效果图，以及课后实训文件，可登录机械工业出版社教材服务网www.cmpedu.com下载。

本书由杨云霄、于志会主编；于志会编写了项目1任务1和任务2，张培杰编写了项目3任务3和任务4，张鹏举编写了项目3任务5，周金梅编写了项目3任务1和任务2，孙雪编写了项目1任务3，邱李梅编写了项目2任务1，张国锋编写了项目1任务4，乔峰编写了项目2任务2，杨云霄编写了项目1任务5项目2任务3。全书最后由杨云霄统稿，谢小丁主审。

由于编者水平有限，不当之处在所难免，敬请广大读者批评指正。

编　者

AutoCAD 2008的操作技能

AutoCAD软件是由美国Autodesk公司于20世纪80年代初，为在微型计算机上应用CAD技术而开发的通用绘图程序软件，是全球领先、可自定义并可扩展的CAD软件，主要用于二维绘图、详细绘制、设计文档和基本三维设计。该软件在航空航天、造船、汽车、建筑、园林、机械、电子、化工等很多领域得到了广泛应用。

任务1　AutoCAD 2008基本操作技能

子任务1　基本命令的使用

任务目标

通过基本图形的绘制，认识并掌握AutoCAD 2008基本命令的输入方式和执行过程、命令提示行的含义和操作方法、坐标的输入方法和类型。

任务实施

● **用直线命令绘制一个长为40mm，宽为30mm的矩形**

1）在命令行中输入：LINE✓。

2）在【指定第一点：】的提示下输入：10, 10✓。

3）在【指定下一点或[放弃（U）]：】的提示下输入：@40, 0✓。

4）在【指定下一点或[放弃（U）]：】的提示下输入：@30 < 90✓。

5）在【指定下一点或[闭合（C）/放弃（U）：]】的提示下，先按下〈F8〉键开启正交，将光标移至左边，输入40✓，此为相对极坐标的简化方式。

6）在【指定下一点或[闭合（C）/放弃（U）：]】的提示下，输入C✓，闭合，如图1-1所示。

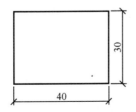

图1-1　用直线命令绘制的矩形

知识链接

1. 命令的输入与运行

在绘图过程中，命令的输入有3种方法：单击菜单栏中的命令、单击工具栏中的工具按钮和使用快捷键输入并回车。

2. 命令的重复与中断

（1）命令的重复　按回车键或空格键，在绘图区单击鼠标右键，选择"重复×××命令"。

（2）命令的中断　在操作过程中，按"Esc"键即可快速退出当前正在运行的命令。在执行完一个命令后，也可以按回车键退出。

3. 坐标的输入

（1）绝对直角坐标　以小数、分数等方式，输入点X、Y、Z轴坐标值，相互间用逗号分开。在二维图形中，Z轴坐标可以省略，如（40，50），指P2点的坐标为（40，50，0），如图1-2a所示。

（2）绝对极坐标　通过输入点到当前UCS原点的距离，及该点与原点连线和X轴的夹角来确定点的位置，距离值与角度值之间用"<"符号分隔，如（60<30），即指P2点，如图1-2b所示。

（3）相对直角坐标　绝对坐标是相对于世界坐标系原点的。若要输入相对于上一次输入点的坐标值，只需在点坐标前加上"@"符号即可。如图1-2c所示，点P3相对于点P1，其坐标可表示为（@30，30）。

（4）相对极坐标　在绝对极坐标值前加"@"即表示相对极坐标。如图1-2d所示，点P4相对于点P2，其坐标可表示为（@40<60）。

（5）相对极坐标的简化方式　在绘图过程中，光标常常会拉出一条"伸缩线"，并提示输入下一点坐标，此时可以用光标控制方向，在键盘上输入距离值，得到下一点的坐标。

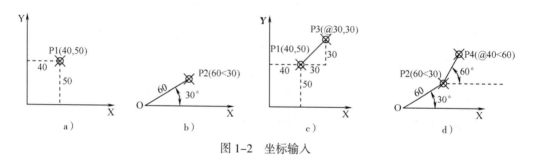

图1-2　坐标输入

a）绝对直角坐标　b）绝对极坐标　c）相对直角坐标　d）相对极坐标

子任务2　辅助绘图工具的使用

任务目标

学会调用辅助绘图工具，以便在绘制和编制图形时，快速并准确地在屏幕上捕捉点；掌握视窗的切换方法，便于图形绘制时的观察。

任务实施

● 辅助绘图工具的调用

1）在状态栏中，单击辅助绘图工具按钮，即为打开模式；再次单击，即为关闭模式，如图1-3所示。

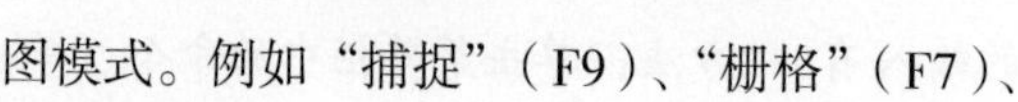

捕捉　栅格　正交　极轴　对象捕捉　对象追踪　DUCS　DYN　线宽　模型

图1-3　在状态栏中调用辅助工具

2）利用功能键控制绘图模式。例如"捕捉"（F9）、"栅格"（F7）、"正交"（F8）、"极轴"

（F10）、"对象捕捉"（F3）、"对象追踪"（F11）等。

3）选择【工具】/【草图设置】命令，在弹出的 "草图设置"选项卡中选择所需要的绘图模式。

- **图形观察与视窗**

1）图形观察。可在标准工具栏中进行选择，如图1-4所示，也可在命令行中输入命令进行操作。

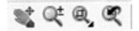

图1-4　缩放命令快捷菜单

2）视窗。可在视窗下的"模型/布局"选项卡中选择，如图1-5所示。

图1-5　"模型/布局"选项卡

模型空间视口的显示方法：①点击菜单栏【视图】/【视口】，右侧下拉菜单出现多个视口的选项。②选择【两个视口】，根据命令提示，输入【H】（水平分割）或【V】（垂直分割），回车，则界面出现两个视口，直接回车则为默认垂直分割的两个界面。③激活左视口，再次点击菜单栏【视图】/【视口】，选择【两个视口】，在命令行中输入【H】，左视口即被分为上下两个视口，图形相应缩小。

📎 说明

在一个视口中对图块进行移动、复制、删除等修改时，其他视口会相应地发生变化。被激活的视口可以再次被划分为多个视口。

🔘 子任务3　设计流程

📎 任务目标

通过演示，达到在学习之前对园林设计施工平面图的常规设计流程进行基本认识的目的。

📎 任务实施

- **施工平面图设计流程的步骤**

1）启动AutoCAD 2008，用样板文件创建一个新文件。

2）设置绘图环境：设置绘图单位为毫米，图形界限设定为20000×15000。

3）设置图层：新建5个图层，分别为"园路"、"小品"、"边框"、"填充"、"植物配置"，然后为各图层设定颜色和线型。

4）按1：1的比例绘制图形。

5）图案填充。

6）植物种植设计。

7）尺寸标注。

8）输入文字。

9）设置图纸布局。

10）保存绘图文件。

 练习

1. 举例说明绝对坐标与相对坐标的区别。
2. 控制视图显示的方法有哪些？简述其操作方法。
3. 用线命令绘制一个边长为40mm的等边三角形。
4. 输入命令有几种方法？练习使用键盘输入命令的方法。
5. 以绘制圆为例，练习命令执行过程中参数的输入方法。
6. 园林设计施工平面图的常规设计流程包括哪些步骤？

任务2 AutoCAD 2008的图形绘制技能

子任务1 绘制基本几何图形

任务目标

用【直线】、【矩形】、【正多边形】、【圆】、【圆弧】等绘图命令熟练绘制多种不同的二维图形。

任务实施

● 用【直线】命令绘制三角形
1）单击绘图工具栏中的【直线】 ╱ 命令按钮或输入快捷键"L"。
2）在绘图区任意位置单击作为起点，启用极轴，将光标置于水平方向向右，输入：200↙。
3）在【指定第一点或[放弃U]：】的提示下输入：@200＜120↙。
4）在【指定下一点或[闭合（C）/放弃（U）：]】的提示下，输入：C↙，如图1-6所示。

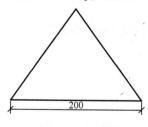

图1-6 三角形

● 用【矩形】命令绘制各种矩形
1）单击绘图工具栏中的【矩形】 ▭命令按钮或输入快捷键"REC"。
在绘图区任意位置单击鼠标左键作为起点，在【指定另一个角点或[面积（A）/尺寸（D）/旋转（R）]：】的提示下，输入：@200,200↙，如图1-7a所示。
2）启用矩形命令，在【指定第一个角点或[倒角（C）/标高（E）/圆角（F）/厚度（T）/宽度（W）]：】的提示下，输入：C↙。
在【指定矩形的第一个倒角距离〈0.0000〉：】的提示下，输入：20↙。

在【指定矩形的第二个倒角距离〈0.0000〉：】的提示下，输入：20↙。

在【指定第一个角点或[倒角（C）/标高（E）/圆角（F）/厚度（T）/宽度（W）]：】的提示下，在绘图区任意点单击鼠标左键作为起点。

在【指定另一个角点或[面积（A）/尺寸（D）/旋转（R）]：】的提示下，输入：@200,200↙，如图1-7b所示。

3）启用矩形命令，在【指定第一个角点或[倒角（C）/标高（E）/圆角（F）/厚度（T）/宽度（W）]：】的提示下，输入：F↙。

在【指定矩形的圆角半径〈0.0000〉：】的提示下，输入：40↙。

在【指定第一个角点或[倒角（C）/标高（E）/圆角（F）/厚度（T）/宽度（W）]：】的提示下，在绘图区任意点单击鼠标左键作为起点。

在【指定另一个角点或[面积（A）/尺寸（D）/旋转（R）]：】的提示下，输入：@200,200↙，如图1-7c所示。

4）启用矩形命令，在【指定第一个角点或[倒角（C）/标高（E）/圆角（F）/厚度（T）/宽度（W）]：】的提示下，输入：W↙。

在【指定矩形的线宽〈0.0000〉：】的提示下，输入：10↙。

在【指定第一个角点或[倒角（C）/标高（E）/圆角（F）/厚度（T）/宽度（W）]：】的提示下，在绘图区任意点单击鼠标左键作为起点。

在【指定另一个角点或[面积（A）/尺寸（D）/旋转（R）]：】的提示下，输入：@200,200↙，如图1-7d所示。

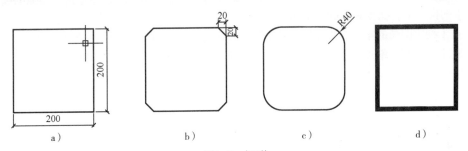

图1-7 矩形

a）固定大小矩形 b）倒角矩形 c）圆角矩形 d）有宽度的矩形

● 用【正多边形】命令绘制正多边形

1）单击绘图工具栏中的【正多边形】⬠命令按钮或输入快捷键"POL"。

2）在【输入边的数目〈4〉：】的提示下输入：8（或6）↙。

3）在【指定正多边形的中心点或[边（E）]：】的提示下，在绘图区任意点单击鼠标左键。

4）在【输入选项[内接于圆（I）/外切于圆（C）]〈I〉：】的提示下输入：I或C。

5）在【指定圆的半径：】的提示下，输入：100↙，如图1-8所示。

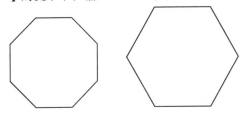

图1-8 内接于圆的正八边形和外切于圆的正六边形

● 用【圆】命令绘制一个半径为60mm的圆

1）单击绘图工具栏中的【圆】 ⊘ 命令按钮或输入快捷键"C"。

2）在【指定圆的圆心或[三点（3p）/两点（2p）/相切、相切、半径（T）]：】的提示下，用鼠标在屏幕上点击指定圆心。

3）在【指定圆的半径或[直径（D）]：】的提示下，输入：60↙，如图1-9所示。

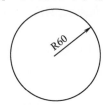

图1-9　半径为60mm的圆

● 用【矩形】和【圆弧】命令绘制一个宽度为820mm的门

1）输入绘制矩形命令，在绘图区任意位置单击鼠标左键作为起点。

2）在【指定另一个角点或[面积（A）/尺寸（D）/旋转（R）]：】的提示下，输入：@40，820↙。

3）在【对象按钮】上单击鼠标右键/【设置】，选择【端点】。然后按下 对象捕捉 按钮，开启对象捕捉。

4）单击绘图工具栏中的【圆弧】 ⌒ 命令按钮或输入命令"ARC"，在【指定圆弧的起点或[圆心(C)]：】的提示下，捕捉矩形的右上角点。

5）在【指定圆弧的第二个点或[圆心(C)/端点(E)]：】的提示下，捕捉矩形的左上角点。

6）在【指定圆弧端点：】的提示下，输入：@-820，-820↙，如图1-10所示。

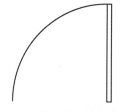

图1-10　宽度为820mm的门

▶ 子任务2　多段线的操作技能

🔧 任务目标

通过"门"和"六角花"的绘制，掌握【多段线】命令中的【圆弧】、【宽度】、【长度】、【合并】、【拟合】等选项的含义和使用方法。

🔧 任务实施

● 用【多段线】命令绘制一个拱门

1）单击绘图工具栏中的【多段线】 ⌐ 命令按钮或输入快捷键"PL"。

2）在【指定起点：】的提示下，在绘图区任意位置单击鼠标左键作为起点。

3）在【指定下一点或[圆弧（A）/半宽（H）/长度（L）/放弃（U）/宽度（W）]：】的提示

下，按F8键开启正交，鼠标向右，输入：50✓。

4）在【指定下一点或[圆弧（A）/半宽（H）/长度（L）/放弃（U）/宽度（W）]：】的提示下，鼠标垂直向上，输入：50✓。

5）在【指定下一点或[圆弧（A）/半宽（H）/长度（L）/放弃（U）/宽度（W）]：】的提示下，输入：A✓。

6）在【[角度（A）/圆心（CE）/闭合（CL）/方向（D）/半宽（H）/直线（L）/半径（R）/第二个点（S）/放弃（U）/宽度（W）]：】的提示下，输入：W✓。

7）在【指定起点宽度〈0.0000〉：】的提示下，输入：✓。

8）在【指定端点宽度〈0.0000〉：】的提示下，输入：5✓。

9）在【[角度（A）/圆心（CE）/闭合（CL）/方向（D）/半宽（H）/直线（L）/半径（R）/第二个点（S）/放弃（U）/宽度（W）]：】的提示下，将鼠标水平向右，输入：50✓。

10）在【[角度（A）/圆心（CE）/闭合（CL）/方向（D）/半宽（H）/直线（L）/半径（R）/第二个点（S）/放弃（U）/宽度（W）]：】的提示下，输入：L✓。

11）在【指定下一点或[圆弧（A）/闭合（C）/半宽（H）/长度（L）/放弃（U）/宽度（W）]：】的提示下，将鼠标垂直向下，输入：50✓。

12）在【指定下一点或[圆弧（A）/闭合（C）/半宽（H）/长度（L）/放弃（U）/宽度（W）]：】的提示下，输入：W✓。

13）在【指定起点宽度〈5.0000〉：】的提示下，输入：0✓。

14）在【指定端点宽度〈0.0000〉：】的提示下，输入：✓。

15）在【指定下一点或[圆弧（A）/闭合（C）/半宽（H）/长度（L）/放弃（U）/宽度（W）]：】的提示下，将鼠标水平向右，输入：50✓。

16）在【指定下一点或[圆弧（A）/闭合（C）/半宽（H）/长度（L）/放弃（U）/宽度（W）]：】的提示下，输入：✓，结束命令，绘制结果如图1-11所示。

图1-11　多段线绘图——拱门

- **用【多段线】命令绘制一个六角花**

1）用正多边形命令绘制一个半径为20，内接于圆的正六边形，如图1-12所示。

2）设置捕捉"端点"，开启【对象捕捉】，捕捉正六边形顶点绘制六条线段，如图1-13所示。

3）删除正六边形，然后用【修剪】命令修剪掉多余的线段，结果如图1-14所示。

图1-12　正六边形

图1-13　绘制六条线段

图1-14　修剪后的六角星

4）单击主命令中的【修改】/【对象】/【多段线】或直接用键盘输入"PEDIT"命令，然后选择六角形的任一边。

5）在【是否将其转换为多段线？〈Y〉】的提示下，输入：✓，接受默认选项将其转换为多段线。

6）在【输入选项[闭合（C）/合并（J）/宽度（W）/编辑顶点（E）/拟合（F）/样条曲线（S）/非曲线化（D）/线型生成（L）/放弃（U）]：】的提示下，输入：W✓。

7）在【指定所有线段的新宽度：】的提示下，输入：2✓。

8）在"输入选项"的提示下，输入：J✓。

9）在【选择对象：】的提示下，框选所有的图线，✓。结果如图1-15所示。

10）继续调用"PEDIT"命令，选择六角星的边，在"输入选项"的提示下，输入：F✓，结束命令，结果如图1-16所示。

图1-15 合并后的六角星

图1-16 多段线编辑——六角花

说明

> 【多段线】是由一系列具有宽度性质的直线段或圆弧线段组成的对象。它与使用【线】命令绘制的彼此独立的线段不同，它是一个整体，有专门的工具对其进行修改。园林制图中常用【多段线】命令绘制平面图的建筑轮廓线、剖断面图中的剖切边线、立面图中的地面线、山石轮廓线等粗线。

子任务3 多线的操作技能

任务目标

通过"十字路"的绘制，掌握【多线】命令中的【对正】、【上】、【无】、【下】、【比例】、【样式】等选项的含义和使用；同时掌握多线的修改操作方法。

任务实施

● **在150m×50m范围内的中心绘制两条2m宽的十字路**

1）新建文件，用鼠标单击菜单【格式】/【单位】，出现"图形单位"对话框，以"mm"为单位，把精度改为0，单击【确定】。

2）设置多线样式。单击菜单【格式】/【多线样式】/【新建】，出现"创建新的多线样式"对话框。在"新样式名（N）"栏内输入"十字路"，单击【继续】按钮。

在出现的"新建多线样式：D"对话框中，单击【添加】按钮，设置颜色为"红色"，再单击【线型】按钮，出现"选择线型"对话框，单击【加载】按钮，出现"加载或重载线型"对话框，选择"ACAD-ISO02W100"线型后单击【确定】，回到"选择线型"对话框，选择"ACAD-

ISO02W100"线型后再单击【确定】，回到"新建多线样式：D"对话框，单击【确定】回到"多线样式"对话框，单击【确定】，多线样式设置完毕。

3）输入矩形命令，在屏幕上任意点击一点，在命令行中输入：@150 000，50 000↙，画出150m×50m的范围。然后单击【视图】/【缩放】/【范围】命令，将矩形缩放到屏幕大小。

4）单击菜单【绘图】/【多线】命令按钮或直接输入命令"ML"↙。

在【指定起点或[对正（J）/比例（S）/样式（ST）]：】提示下，输入：ST↙。

在【输入多线样式名或[?]：】提示下，输入：十字路↙。

在【指定起点或[对正（J）/比例（S）/样式（ST）]：】提示下，输入：J↙。

在【输入对正类型[上（T）/无（Z）/下（B）]：】提示下，输入：Z↙。

在【指定起点或[对正（J）/比例（S）/样式（ST）]：】提示下，输入：S↙。

在【输入多线比例〈20.00〉：】提示下，输入：2 000↙。

在【指定起点或[对正（J）/比例（S）/样式（ST）]：】提示下，用鼠标捕捉矩形的左边中点。

在【指定下一点：】提示下，用鼠标捕捉矩形的右边中点，↙，结束。

用同样的方法绘制矩形中点上下方向的路。

5）单击菜单【格式】/【线型】，在出现的"线型管理器"对话框中，在【全局比例因子】栏中输入：500，单击【确定】，使设置的虚线线型正常显示。

说明

> 线型比例设定不合适，将不能正常显示图线线型。线型比例的全局比例因子一般用公式"1/图形输出比例×2"来计算。例如：在一个图形输出比例为1：200的图形中设定ISO线型比例，则全局比例因子为100。

6）修改多线。单击菜单【修改】/【对象】/【多线】或直接在命令行中输入：MLEDIT，↙，弹出"多线编辑工具"对话框。用鼠标单击左下角的【十字合并】，然后分别点击十字路的横竖两条线，↙。结果如图1-17所示，保存，命名为"十字路"。

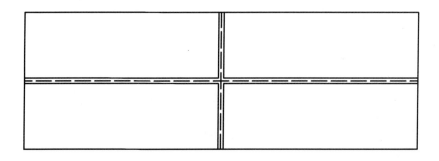

图1-17 十字路

说明

> 如果多线编辑工具不能满足需要，可用【分解】命令对多线分解后，再用一般编辑命令进行修改。【多线】命令多用于墙线、道路的绘制。

⊙ 子任务4　修订云线和样条曲线的操作技能

任务目标

通过灌木丛和园林曲路的绘制，达到熟练使用【修订云线】和【样条曲线】命令的目的。

任务实施

● 用【修订云线】命令绘制一块灌木丛

1）单击绘图工具栏中的【修订云线】 🔄 命令按钮或直接输入命令"REVCLOUD" ✓。

2）在【指定起点或[弧长（A）/对象（O）/样式（S）]〈对象〉：】提示下，输入：A✓。

3）在【指定最小弧长〈200〉：】提示下，输入：1500✓。

4）在【指定最大弧长〈21500〉：】提示下，输入：3000✓。

5）在【指定起点或[弧长（A）/对象（O）/样式（S）]〈对象〉：】提示下，在屏幕中绘制区域（点击鼠标左键后松开，画出一定区域后到起点结束）。

6）再在此区域内绘制两个小的区域，再输入【修订云线】命令。

7）在【指定起点或[弧长（A）/对象（O）/样式（S）]〈对象〉：】提示下，输入：O✓。

8）选择刚刚绘制的小区域，在【反转方向[是（Y）/否（N）]〈否〉：】提示下，输入：Y✓，结果如图1-18所示，以"灌木丛"为文件名保存。

图1-18　灌木丛

说明

> 最大弧长和最小弧长之间的比例最大为3∶1，所有封闭的图形均能变成云线。

● 用【样条曲线】命令绘制两条园林曲路

1）打开前面存储的"十字路.dwg"文件。

2）单击绘图工具栏中的【样条曲线】 〰 命令按钮或输入命令"SPLINE" ✓。

在【指定第一个点或[对象（O）]：】提示下，用鼠标在屏幕的适当位置点击。

在【指定下一点：】提示下，用鼠标在屏幕的适当位置点击，画出一条样条曲线，按回车键3次结束命令，或按1次鼠标右键结束命令。

说明

> 应用【样条曲线】命令绘制图形时，应注意通过光标控制与起点的切线方向来控制曲线的弯曲度。

3）单击修改工具栏中的【偏移】 ⬱ 命令按钮或输入命令"OFFSET" ✓。

在【指定偏移距离或[通过（T）/删除（E）/图层（L）]〈通过〉：】提示下，输入：1200✓（小路宽度为1200mm）。

在【选择要偏移的对象或[退出（E）/放弃（U）]〈退出〉：】提示下，选择绘制的曲线。

在【指定要偏移的那一侧上的点或[退出（E）/多个（M）/放弃（U）]〈退出〉：】提示下，在曲线的一侧单击，✓，结束命令。

4）单击修改工具栏中的【修剪】 ⊸ 命令按钮或输入命令"TRIM"✓，进行曲路的修剪。

用相同的方法再绘制一条曲路，结果如图1-19所示，以"园林曲路"为文件名保存。

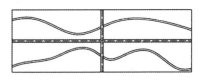

图1-19　园林曲路

◉ 子任务5　块与外部参照的操作技能

🔧 任务目标

通过操作，使学生能够熟练地创建图块、插入图块；用图块进行定数、定距等分；附着外部参照、插入DWG和DWF参照底图、正确使用参照管理器。

🔧 任务实施

● 创建图块并插入到图形中

1）打开"项目1素材/枫树平面图.dwg"文件，如图1-20所示。

2）创建图块。单击绘图工具栏中的【创建块】 ᗗ 命令按钮或直接输入命令"BLOCK"✓，弹出"块定义"对话框，在【名称(N)】栏内输入"枫树"，单击 选择对象(T) 按钮，在【选择对象】的提示下，框选"枫树"，✓。回到"块定义"对话框，单击按钮 拾取点(K) ，在【指定插入点】的提示下，单击图形的中心点，再回到"块定义"对话框，单击【确定】按钮，图形被转换成"块"。

3）画一个8000mm×5000mm的矩形，如图1-21所示。

图1-20　枫树平面图

图1-21　8000mm×5000mm的矩形

4）插入块。单击绘图工具栏中的【插入块】 ᗗ 命令按钮，在出现的【插入】对话框中，单击【名称(N)】的下拉箭头，找到刚才定义的"枫树"，单击【确定】按钮，捕捉矩形的左上角点，使图块定点插入到图形中。重复插入其他三个角点，结果如图1-22所示。

● 用树木符号图块对曲路进行定数等分和定距等分

1）应用前面学习的【样条曲线】命令绘制一条8m宽的自然式园路，再将一个植物图例创建成"块"并命名为"shu"。

2）单击菜单【绘图】/【点】/【定数等分】，或者直接输入命令"DIV"✓。

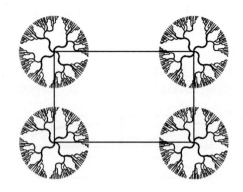

图1-22　创建的枫树图块插入到矩形图形中

在【选择要定数等分的对象：】提示下，选择上面的曲线。

在【输入线段数目或［块（B）］：】提示下，输入：B✓。

在【输入要插入的块名：】提示下，输入：shu✓。

在【是否对齐块和对象？［是（Y）/否（N）］〈Y〉：】提示下，输入：Y✓。

在【输入线段数目：】提示下，输入：10✓。

3）单击菜单【绘图】/【点】/【定距等分】，或者直接输入命令"ME"✓。

在【选择要定距等分的对象：】提示下，选择下面的曲线。

在【指定线段长度或［块（B）］：】提示下，输入：B✓。

在【输入要插入的块名：】提示下，输入：shu✓。

在【是否对齐块和对象？［是（Y）/否（N）］〈Y〉：】提示下，输入：Y✓。

在【指定线段长度：】提示下，输入：5000✓，即每隔5m放置一棵树，结果如图1-23所示。

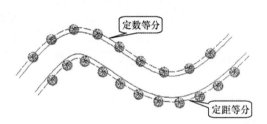

图1-23　定数等分和定距等分

说明

　　插入块的对齐：输入"Y"，则插入的块自动与对象对齐；输入"N"，则插入的块保持块定义时的相对坐标，不会与对象对齐。一般默认为"Y"。如果树木有投影的话，应选择"N"，并保证和太阳的投影角度一致。应用定数等分、定距等分还可以绘制园路两侧的路灯、草地上任意弯曲的汀步等。

● 外部参照操作技能

◎ 附着外部参照

1）执行【插入】/【外部参照】命令，或在命令行中输入"IM"✓，弹出"外部参照"选项板。

2）单击选项板工具栏中的"附着DWG"按钮 📄，弹出【选择参照文件】对话框。

3）在【选择参照文件】对话框中选择参照文件，然后单击【打开】按钮，弹出【外部参照】

对话框。

4）在【外部参照】对话框中设置外部参照文件的参照类型、路径类型、插入点、比例和旋转角度，最后单击【确定】按钮即可将选中的文件以外部参照的形式插入到当前图形中。

说明

> 外部参照是指当前图形以外可用作参照的信息，例如可以将其他图形文件中的图形作为外部参照附着到当前图形中，并且可以随时在当前图形中反映参照图形修改后的效果。
>
> 外部参照与块不同，附着的外部参照实际上只是链接到另一图像，并不真正插入到当前图形，而块却与当前图形中的信息保存在一起。所以，使用外部参照可以节省存储空间。

◇ 插入DWG和DWF参照底图

在AutoCAD 2008中新增加了插入DWG和DWF参照底图的功能，该功能和附着外部参照的功能相同。

1）执行【插入】/【DWG参照底图】或【DWF参照底图】命令，弹出【选择参照文件】或【选择DWF文件】对话框。

2）从中选择所需文件，操作同上，即可在当前图形中插入DWG或DWF文件。

说明

> DWF文件是一种从DWG文件创建的高度压缩文件，它易于在Web上发布和查看，是基于矢量格式创建的压缩文件。打开和传输压缩的DWF文件的速度要比DWG文件快。

◇ 参照管理器

参照管理器可以独立于AutoCAD运行，帮助对参照文件进行编辑和管理。使用参照管理器，可以修改保存参照路径而不必打开AutoCAD图形文件。

1）执行【开始】/【程序】/【Autodesk】/【AutoCAD 2008 –Simplified Chinese】/【参照管理器】命令，打开"参照管理器"对话框。

2）在该窗口的图形列表框中选中参照图形文件后，在该窗口右边的列表框中就会显示该参照文件的类型、状态、文件名、参照名、保存路径等信息。可以利用该窗口中的工具栏对选中的参照文件的信息进行修改。

⊙ 子任务6　面域、图层管理、图案填充的操作技能

任务目标

选择闭合的直线和曲线，正确地创建面域，为进行CAD三维制图打下基础；通过操作，达到熟练创建并使用图层、正确设置图案填充参数的目的。

任务实施

● 创建面域
◇ 由二维图形创建面域

1）创建一个二维闭合线型。

2）单击绘图工具栏中的【面域】 ⬛ 命令按钮，或在命令行中输入"REG"↙。

3）选择需要创建面域的二维封闭图形，按右键结束，所选图形即被创建成了一个面域。

◇ **用边界定义面域**

1）创建一个二维闭合线型。

2）单击菜单【绘图】/【边界】命令，或在命令行中输入"BO"✓。

3）弹出"边界创建"对话框，在该对话框中的 **对象类型 (O)**:下拉列表中选择 面域 ▼选项，然后单击该对话框左上角的【拾取点】 按钮，系统切换到绘图窗口，在封闭的二维线形区域的内部点击鼠标左键，回车后封闭的区域即可被创建成面域。

 说明

> 封闭的二维图形创建成面域后，并不能直观地看到图形有何变化，但可以在"对象特性管理器"选项板中看到面域对象已经具有了二维图形所不具备的一些特征。可以用复制、移动、阵列等编辑命令编辑面域图形，面域对象也可以用分解命令转换成线、圆、弧等对象。

● **图层管理和图案填充——创建地面与填充**

1）建立绘图环境。单击菜单【格式】/【单位】，弹出"图形单位"对话框，设定【用于缩放插入内容的单位】为"mm"，【精度】为"0"，单击【确定】，单位设置完毕。

2）建立图层。单击【图层】工具条中的【图层特性管理器】 按钮或在命令行中输入"Layer"✓，弹出【图层特性管理器】，如图1-24所示。

图1-24　图层特性管理器

单击【图层特性管理器】上的【新建图层】 按钮，新建一个图层1，点击"图层1"，将其命名为"大理石"，颜色设置为黄色；再新建两个图层：灰色花岗岩和黑色花岗岩，单击【确定】，如图1-25所示。

图1-25　创建的新图层

 说明

> 在绘制较为复杂的图形时，使用图层可以使绘图工作条理清晰，编辑修改方便。
>
> AutoCAD 2008提供了一个缺省图层：0层，如果打开软件绘图不建立自己的图层，则所绘制的图形对象都保存在0层上，0层不能删除。可以建立新图层，可以给图层设定颜色和线型。

3）利用前面所学命令绘制地面平面图，如图1-26所示。

4）单击绘图工具栏中的【填充】 命令按钮，或在命令行中输入"H"✓，在弹出的"图案填充和渐变色"对话框中设置,如图1-27所示。

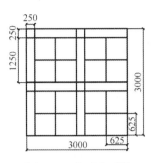

图1-26　地面平面图

图1-27　图案填充设置

5)单击【图层特性管理器】下拉菜单,选择"大理石"图层,将其置为当前。然后单击"图案填充和渐变色"对话框中的 添加:拾取点 按钮,点取图形中16个正方形区域后单击鼠标右键,在弹出的级联菜单中单击【确认】,回到"图案填充和渐变色"对话框,单击【确定】,填充结果如图1-28所示。

6)再设置两种填充图案,如图1-29所示。

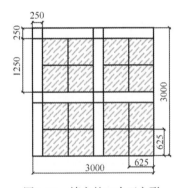

图1-28　填充的16个正方形

图1-29　两种填充图案的设置

7)用和上面相同的方法,分别将"灰色花岗岩"和"黑色花岗岩"图层置为当前,将设置好的两种填充图案填充到图中合适的位置,最终效果如图1-30所示。

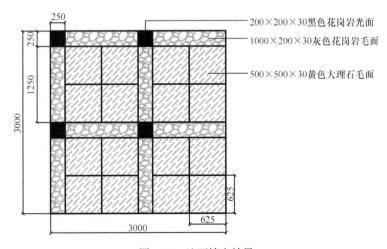

200×200×30黑色花岗岩光面
1000×200×30灰色花岗岩毛面
500×500×30黄色大理石毛面

图1-30　地面填充效果

🖐 说明

当所填区域较复杂，用拾取点的方式无法计算时，可以画辅助线将图形划分成若干小区域分别填充，填充结束后删除辅助线即可。

⊙ 子任务7 徒手画线和区域覆盖对象的操作技能

🖐 任务目标

通过操作，使学生熟练掌握徒手画线的技巧和对区域进行覆盖的操作技能。

🖐 任务实施

● **利用【徒手画】命令"SKETCH"绘制两棵树**

1）在命令行中输入"SKETCH"✓。

2）仿照手绘的方式绘制树木，结果如图1-31所示。

图1-31　徒手画的树

🖐 说明

徒手绘制对于创建不规则边界或使用数字化仪追踪非常有用。用"SKETCH"命令绘制的图形是一些线段的组合，这些线段的长度通过记录增量来控制。

● **将洗衣机的部分区域实施覆盖**

1）打开"项目1素材/洗衣机.dwg"文件，如图1-32所示。对图中A、B、D、C所围成的部分进行区域覆盖操作。

2）单击菜单【绘图】/【区域覆盖】命令或直接输入命令"WIPEOUT"✓。

3）依据命令行提示依次捕捉点A、B、D、C、A✓，结果如图1-33所示。

图1-32　洗衣机　　　　　　　　图1-33　部分被区域覆盖的洗衣机

说明

区域覆盖对象是一块多边形区域,它由一系列点指定的多边形区域组成,使用区域覆盖对象可以屏蔽底层的对象。

练习

1. 用【圆】、【定数等分】、【多段线】等命令绘制如图1–34所示的图形。

图 1–34

2. 用【多线】命令绘制如图1–35所示的图形。
3. 用【多段线】命令画如图1–36所示的箭头。

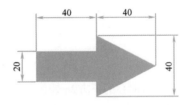

图1–35 道路　　　　　　图1–36 箭头

4. 用徒手画线的方法绘制如图1–37所示的松树,并在不同的图层上填充颜色。

图1–37 松树

5. 绘制如图1–38所示的图形,并练习将其定义成图块,再插入到图形中。

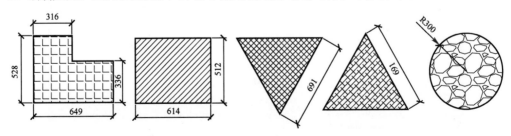

图1–38 图块填充

任务3　AutoCAD 2008的图形编辑操作技能

🔵 子任务1　选择、删除、移动、复制、镜像、旋转命令的操作技能

🔖 任务目标

通过实际操作，掌握【选择】、【删除】、【移动】、【复制】、【镜像】、【旋转】等命令的操作技能，理解命令提示行中主要提示参数的含义；同时学习并掌握【设计中心】的含义和使用方法。

🔖 任务实施

- **在已有的园路图形中设计并绘制行道树**

1）打开"项目1素材/园路.dwg"文件，如图1-39所示。

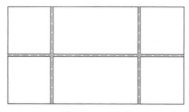

图1-39　园路

2）在"水平方向路"中心的下方2m处作一条辅助直线。单击【正交】和【对象捕捉】按钮，并设置捕捉到端点模式。

单击【直线】命令，在按下【shift】键的同时，点击鼠标右键，在出现的快捷菜单中，选择【自（F）】，捕捉道路中心线左侧端点，输入：@0，-2000↙，然后将鼠标移动到水平向右，输入：150000↙↙。辅助线绘制完毕。

3）单击工具选项板上的【设计中心】 按钮或者按【Ctrl+2】快捷键。弹出如图1-40所示的"设计中心"窗口。选择"树-落叶（平面）"，单击鼠标右键，在弹出的快捷菜单中单击【插入块】命令，弹出"插入"对话框，所有参数默认，单击【确定】按钮。

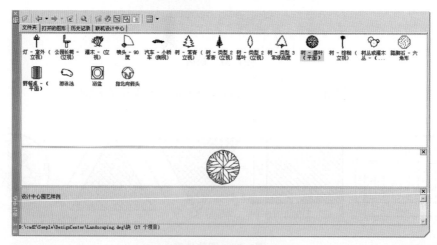

图1-40　"设计中心"窗口

在【指定插入点或[基点（B）/比例（S）/X/Y/Z/旋转（R）]：】提示下，在图形空白处单击鼠标左键，使"平面树"插入到绘图区中，如图1-41所示。

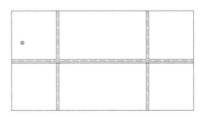

图1-41　插入设计中心中的平面树

 说明

利用设计中心，可以打开、浏览控制板中的对象，也可将对象插入、附着到当前图形文件中。

4）单击修改工具栏中的【移动】 命令按钮或输入命令"move"✓。

在【选择对象：】提示下，选择"平面树"✓。

在【指定基点或[位移（D）]〈位移〉：】提示下，在平面树的中心单击。

在【指定基点或[位移（D）]〈位移〉：指定第二点或〈使用第一个点作为位移〉：】提示下，按〈Shift〉键的同时，点击鼠标右键，出现快捷菜单，选择【自（F）】。

在【指定基点或[位移（D）]〈位移〉：指定第二点或〈使用第一个点作为位移〉：–from基点：】提示下，捕捉辅助直线与垂直边线的交点。

在【指定基点或[位移（D）]〈位移〉：指定第二点或〈使用第一个点作为位移〉：–from基点：〈偏移〉：】提示下，将光标水平右移，输入：3000✓，如图1-42所示。

5）单击修改工具栏中的【复制】 命令按钮或输入命令"copy"✓。

在【选择对象：】提示下，选择"平面树"✓。

在【指定基点或[位移（D）/模式（O）]〈位移〉：】提示下，在平面树的中心单击。

在【指定基点或[位移（D）/模式（O）]〈位移〉：指定第二个点或〈使用第一个点作为位移〉：】提示下，将光标水平右移，然后依次输入：5000✓、10000✓、15000✓、20000✓、25000✓、30000✓…即每隔5m设计种植一棵树，结果如图1-43所示。

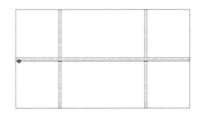 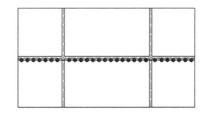

图1-42　移动平面树　　　　　图1-43　复制平面树

6）单击修改工具栏中的【镜像】 命令按钮或输入命令"mirror"✓。

在【选择对象：】提示下，选择所有平面树（逐一点选，或者光标从右下角向左上角框选）✓。

在【指定镜像线的第一点：】提示下，捕捉水平路中心线左端。

在【指定镜像线的第二点：】提示下，捕捉水平路中心线右端。

在【要删除源对象吗? [是（Y）/否（N）〈N〉:]】提示下，↙，结束镜像，结果如图1-44所示。

7）用鼠标单击"辅助直线"，将其选择，单击【Delete】键或修改工具栏上的【删除】 按钮，将其删除。

8）单击修改工具栏中的【旋转】 命令按钮或输入命令"rotate"↙。

在【选择对象：】提示下，选择所有平面树↙。

在【指定基点：】提示下，指定图形中任一点。

在【指定旋转角度，或[（复制C）/参照（R）]〈0〉：】提示下，输入：C↙。

在【指定旋转角度，或[（复制C）/参照（R）]〈0〉：】提示下，输入：90。

然后用移动命令，将平面树移动到左侧垂直方向道路的两侧，并删除多余的平面树，结果如图1-45所示。

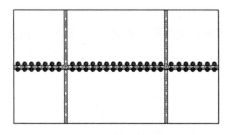 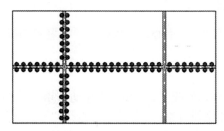

图1-44　镜像平面树　　　　　　　　图1-45　旋转平面树

最后将竖向所有的平面树选择，复制并移动（或者镜像）到右侧垂直方向道路的两侧，最终结果如图1-46所示。

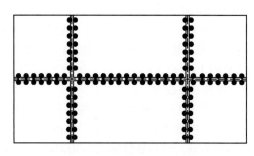

图1-46　行道树设计结果

子任务2　偏移、修剪、阵列、缩放命令的操作技能

任务目标

通过本例的实际操作，掌握【偏移】、【修剪】、【阵列】、【缩放】等命令的操作技能，理解命令提示行中主要提示参数的含义。

任务实施

● 绘制圆形花架基座平面图

1）执行【文件】/【新建】命令，建立一个新文件。

2）单击【格式】/【单位】命令，设定图形单位为"mm"。

3）单击【圆】命令，在图形窗口中绘制一个半径为150mm的圆，再绘制半径分别为800mm、900mm、1200mm的三个同心圆和一个半径为2 100mm的外切于圆的正六边形，如图1-47所示。

4）单击修改工具栏中的【偏移】命令按钮或在命令行中输入"offset"↙。

在【指定偏移距离或[通过（T）/删除（E）/图层（L）]〈0.0000〉：】提示下，输入：100↙。

在【选择要偏移的对象或[退出（E）/放弃（U）]〈退出〉：】提示下，选择正六边形↙。

在【指定要偏移的那一侧上的点或[退出（E）/多个（M）/放弃（U）]〈退出〉：】提示下，在正六边形的边的外侧单击，结果六边形向外偏移150mm，绘制基座的边檐，如图1-48所示。

5）绘制"凳脚"。单击【矩形】命令，绘制一个400mm×100mm的矩形，把光标放在状态栏的【对象捕捉】上，点击鼠标右键，在出现的菜单中选择【设置】，出现"草图设置"对话框，勾选【象限点】和【中点】捕捉功能。

单击【移动】命令，捕捉矩形短边的中点移动到半径为800mm的圆的象限点上，如图1-49所示。

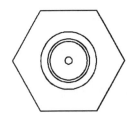
图1-47　同心圆和正六边形

图1-48　正六边形偏移后的结果

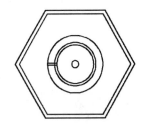
图1-49　矩形的位置

6）单击修改工具栏中的【阵列…】命令按钮或在命令行中输入"array"↙，弹出"阵列"对话框，设置如图1-50所示。

单击【选择对象(S)】按钮，返回绘图区，单击矩形，将其选择，再打开"阵列"对话框，单击【拾取中心点】按钮。

在【指定阵列中心点】提示下，用鼠标捕捉圆心并单击，再次弹出"阵列"对话框，单击【确定】按钮，完成阵列，结果如图1-51所示。

图1-50　环形阵列设置

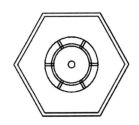
图1-51　矩形被环形阵列

7）绘制筋板。设置捕捉点为【端点】。

单击【直线】命令，捕捉小六边形的角点绘制三条对角线，作为筋板的中线，如图1-52所示。然后将中线向两边各偏移25mm，如图1-53所示。

将中线删除，然后进行修剪。

8）单击修改工具栏中的【修剪】命令按钮，在【选择对象〈全部选择〉：】提示下，选择小圆↙。

在【选择要修剪的对象：】提示下，单击小圆内的所有线段，修剪结果如图1-54所示。

再用【修剪】命令，修剪掉小六边形外侧出头的直线。

图1-52　三条对角线

图1-53　执行偏移命令结果

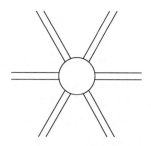
图1-54　修剪后

9）新建一个图层，命名为"筋板"，图层颜色设置为红色，线型设置为ACAD-ISO02W100（虚线），设置线型全局比例因子为25。然后选所有的"筋板"线，单击图层下拉菜单，选择"筋板"图层，将"筋板"线放入"筋板"图层中，如图1-55所示。

10）隐藏"筋板"图层，设置填充图案为AR-SAND，比例为60，填充到第二小的圆形中；设置填充图案为ANSI31，比例为300，填充到小圆形中。取消"筋板"图层的隐藏，结果如图1-56所示。

11）插入【设计中心】中的"树丛或灌木丛-（平面）"图块，对其进行放大处理。

单击修改工具栏中的【缩放】□命令按钮或输入命令"scale"↙。

在【选择对象：】提示下，选择"树丛或灌木丛-（平面）"↙。

在【指定基点：】提示下，在树丛或树丛附近任意点单击。

在【指定比例因子或[复制（C）/参照（R）]〈1〉：】提示下，输入：2↙，使其放大2倍，结果如图1-57所示。

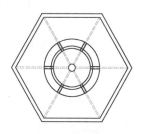
图1-55　单独设置图层

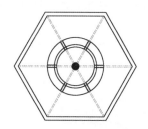
图1-56　填充图案

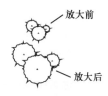
图1-57　树丛放大前后

12）将放大后的树丛移到图形中，并环形阵列6个，最终结果如图1-58所示。

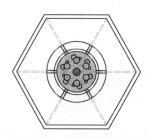
图1-58　圆形花架基座平面图

说明

【缩放】命令是真正改变了图形的大小，和视图显示中的【ZOOM】命令有本质的区别。【ZOOM】命令仅仅改变了图形在屏幕上显示的大小，其本身尺寸无任何大小变化。

比例因子大于1，则放大对象；比例因子大于0且小于1，则缩小对象。

子任务3　夹点、分解、圆角、倒角、拉伸、延伸命令的操作技能

任务目标

通过本例的实际操作，掌握【夹点】、【分解】、【圆角】、【倒角】、【拉伸】、【延伸】等命令的操作技能，理解命令提示行中主要提示参数的含义。

任务实施

● **设计并绘制园路和一个游乐广场**

1）打开前面绘制的"园路.dwg"文件，如图1-59所示。

2）单击【格式】/【单位】命令，设定图形单位为"mm"。

3）单击修改工具栏中的【拉伸】命令的按钮，或输入命令"stretch"✓。

在【选择对象：】提示下，用鼠标从图形的右下角向左上角至道路中心线以下结束框选，✓。

在【指定基点或[位移（D）〈位移〉：]】提示下，用鼠标单击图形的任意处。

在【指定第二个点或〈使用第一个点作为位移〉：】提示下，用正交方式，将光标移到垂直下侧，输入：40000✓，使图形的宽度增加40000mm，结果如图1-60所示。

4）绘制一条和上面的园路相对称的园路。

延续本实例的多线设置，在距离底线40000mm处绘制一条多线，并进行多线【十字合并】，修改后结果如图1-61所示。

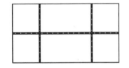
图1-59　园路

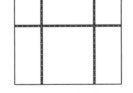
图1-60　图形向下拉伸40000mm

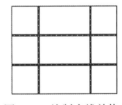
图1-61　绘制多线并修改

5）以园路左上交点为圆点绘制半径分别为15000mm和25000mm的同心圆，即为圆形广场，如图1-62所示。

6）以园路右下交点为中心点绘制60000mm×40000mm的矩形，再将矩形向内偏移10000mm，如图1-63所示。

7）执行【修剪】命令，修剪掉圆形广场和矩形广场内部的线，如图1-64所示。

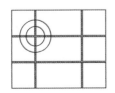
图1-62　圆形广场

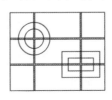
图1-63　矩形广场

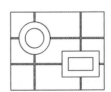
图1-64　广场内被修剪后

8）单击修改工具栏中的【倒角】 命令按钮，或输入"chamfer" ↙，在【选择第一条直线或 [放弃（U）/多段线（P）/距离（D）/角度（A）/修剪（T）/方式（E）/多个（M）]：】提示下，输入：D↙。

在【指定第一个倒角距离 〈0.0000〉：】提示下，输入：3000↙。

在【指定第二个倒角距离 〈3000.0000〉：】提示下，↙。

在【选择第一条直线或 [放弃（U）/多段线（P）/距离（D）/角度（A）/修剪（T）/方式（E）/多个（M）]：】提示下，单击大矩形的任意边。

在【选择第二条直线或按住 Shift 键选择要应用角点的直线：】提示下，选择刚才所选边的邻边，生成倒角，用相同的方法做另外三个倒角。

小矩形的倒角距离也设置为3000mm，结果如图1-65所示。

9）十字路口做圆角处理，做圆角之前须先将多线绘制的"园路"分解。

单击修改工具栏中的【分解】 命令按钮，或输入"explode" ↙。

在【选择对象：】提示下，选择多线绘制的园路，↙，多线即被分解。

10）单击修改工具栏中的【圆角】 命令按钮，或输入"fillet" ↙。

在【选择第一个对象或 [放弃（U）/多段线（P）/半径（R）/修剪（T）/多个（M）]：】提示下，输入：R↙。

在【指定圆角半径 〈0.0000〉：】提示下，输入：2000↙。

在【选择第一个对象或 [放弃（U）/多段线（P）/半径（R）/修剪（T）/多个（M）]：】提示下，用鼠标单击一个路口的一个边的直线。

在【选择第二个对象或按住 Shift 键选择要应用角点的对象：】提示下，用鼠标单击一个路口的另一个边的直线，完成圆角操作，用同样的方法完成另外一个路口的圆角操作，如图1-66所示。

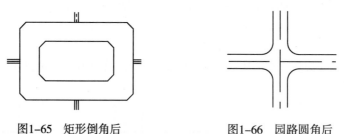

图1-65　矩形倒角后　　　　　　　　　图1-66　园路圆角后

11）绘制一条单独连接圆形广场和矩形广场的小路。用【直线】命令绘制如图1-67所示的两条直线，将这两条直线向左和向下偏移2000mm，如图1-68所示。

12）夹点编辑。在没有任何命令的情况下，选择这两条直线，出现夹点，如图1-69所示。用鼠标按住垂直直线最下边的夹点，使其变红色，向下拖动，释放鼠标使直线延长。

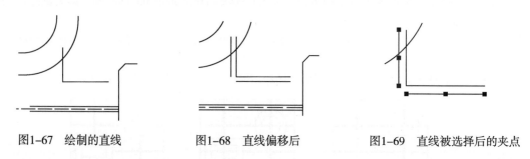

图1-67　绘制的直线　　　图1-68　直线偏移后　　　图1-69　直线被选择后的夹点

用鼠标按住水平的线最左边的夹点，使其变红色，向左拖动，释放鼠标使直线延长与垂直线相交。

然后用【修剪】命令修剪掉多余的线，如图1-70所示。

13）延伸直线到矩形广场。

单击修改工具栏中的【延伸】 ⊸ 命令按钮，或输入"extend"↙，在【选择对象或 〈全部选择〉：】的提示下，单击大矩形↙。

在【选择要延伸的对象：】的提示下，单击水平直线↙，使水平线延伸，结果如图1-71所示，最终结果如图1-72所示。

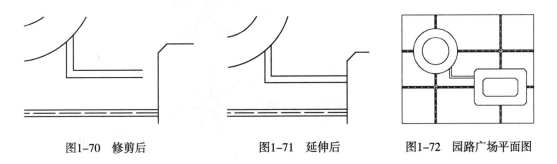

图1-70　修剪后　　　　　　　　图1-71　延伸后　　　　　　图1-72　园路广场平面图

 练习

1. 绘制如图1-73所示的园林树木立面图。

图1-73　园林树木立面图

2. 绘制如图1-74所示的园林树木平面图。

图1-74　园林树木平面图

3. 绘制如图1-75所示的几何图形。

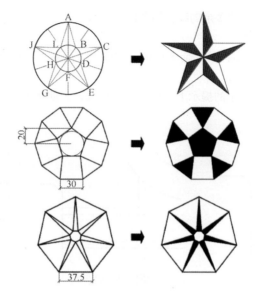

图1-75　几何图形（一）

4. 按照图示尺寸，绘制如图1-76所示的几何图形。

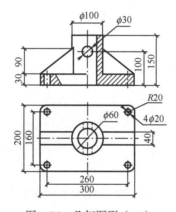

图1-76　几何图形（二）

5. 按照图示尺寸，绘制如图1-77所示的几何图形。

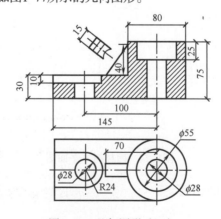

图1-77　几何图形（三）

6. 绘制如图1-78所示的图形，保证三视图的对正关系，尺寸自定。

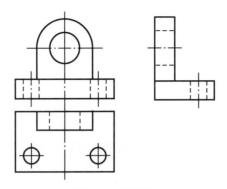

图1-78　三视图

7. 按照图示尺寸，绘制如图1-79所示的几何图形。

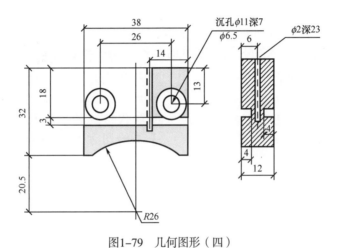

图1-79　几何图形（四）

任务4　AutoCAD 2008的文字、表格、尺寸标注与输出打印技能

子任务1　文字标注的操作技能

任务目标

通过本例的实际操作，掌握文字样式的详细设置方式和单行文字、多行文字的输入、修改方法。

任务实施

● 按照要求输入不同字体的单行文字和多行文字

1）设置文字样式。

单击【格式】/【文字样式】，在弹出的对话框中单击【新建】按钮，按表1-1的四种文字样式设定参数。完成后单击【应用】按钮和【关闭】按钮，结束文字样式设定。

表1-1　文字样式设置

文字样式名称	字体	高度	宽度因子	倾斜角度
文字1	黑体	0.0000	1.0000	0
文字2	楷体-GB2312	0.0000	1.0000	0
文字3	宋体	0.0000	1.0000	0
文字4	大体字	0.0000	1.0000	0

2）单行文字输入。

单击菜单【绘图】/【文字】/【单行文字】或者直接输入命令"dtext"✓。

在【指定文字的起点或[对正（J）/样式（S）]:】提示下，输入：S✓。

在【输入样式名或[?]:】提示下，输入：文字1✓。

在【指定文字的起点或[对正（J）/样式（S）]:】提示下，在绘图区任意一点单击鼠标左键。

在【指定高度〈0.2000〉:】提示下，输入：20✓。

在【指定文字的旋转角度〈0〉:】提示下，✓。

输入文字："园林计算机辅助设计"✓。黑体字输入完毕。

用相同的命令和方法，输入另外设置好样式的文字，如图1-80a所示。

园林计算机辅助设计（黑体）

园林计算机辅助设计（楷体）

园林计算机辅助设计（宋体）

园林计算机辅助设计（仿宋字）

随着时代的进步，计算机辅助设计和绘图技术发展迅猛，全面取代传统的丁字尺加图板的手工绘图方式已成必然。

a）　　　　　　　　　　　　　　　　b）

图1-80　文字输入效果

a）不同字体的单行文字　b）楷体的多行文字

3）多行文字输入。

单击绘图工具栏中的【多行文字】 A 按钮或者直接输入命令"mtext"✓。

在【指定第一角点:】提示下，在绘图区任意一点单击鼠标左键。

在【指定对角点或 [高度（H）/对正（J）/行距（L）/旋转（R）/样式（S）/宽度（W）/栏（C）]:】提示下，指定多行文字矩形边界的对角点。

在弹出的对话框中进行设置，如图1-81所示。

输入一段文字，如图1-80b所示，多行文字输入完毕。

图1-81　设置文字样式为"文字2"

👉 **说明**

　　如果输入文字错误，双击文字即可进入文字编辑。单行文字可直接在图中修改，完成后回车，可选择另一文字再进行修改，回车两次可结束操作。多行文字修改界面与输入界面相同。

　　命令：DDEDIT；菜单：【修改】/【文字】；按钮：【文字】工具栏的 A。

　　如需将某文字的特性复制到其他文字上，通过特性匹配工具 ✎（【修改】/【特性匹配】）可以快速实现，无需逐个修改。

⊙ 子任务2 表格的操作技能

✎ 任务目标

一张完整的图样都必须绘制出标题栏、明细表等，它对图形起着重要的辅助性作用，用表格形式展示这些内容可以使其结构更加一目了然。通过本例的实际操作，掌握表格样式的设置方式，熟练地创建表格、输入数据和对表格进行编辑。

✎ 任务实施

● 制作一份具有序号、图例、树种名称、规格、数量和备注的苗木表

1）设置表格样式。

单击菜单【格式】/【表格样式】 ✎ 按钮或者输入命令快捷键 "TS" ↙，在弹出的 "表格样式" 对话框中单击【新建】按钮，打开 "创建新的表格样式" 对话框，在【新样式名（N）：】下输入 "苗木表"，如图1-82所示。单击【继续】按钮，弹出 "新建表格样式：苗木表" 对话框，如图1-83所示。

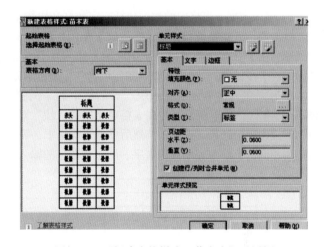

图1-82 "创建新的表格样式"对话框　　　　图1-83 "新建表格样式：苗木表"对话框

在 "新建表格样式：苗木表" 对话框中设置参数如下：

表格方向：向下。

单元样式： "标题" 选项卡文字样式为宋体，文字高度为3000； "表头" 和 "数据" 的文字样式为楷体，文字高度分别为2000和1800。

边框特性：田。

然后单击【确定】按钮，回到 "表格样式" 对话框，单击【置为当前】，再单击【关闭】按钮，完成表格样式设置。

2）创建表格。

单击绘图工具栏中的【表格…】田 按钮或者输入命令 "Table (TB)" ↙，弹出 "插入表格" 对话框。【插入方式】选择【指定窗口】，参数设置如图1-84所示。

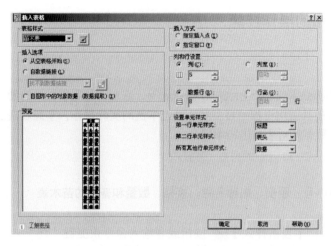

图1-84　"插入表格"对话框参数设置

单击【确定】按钮，在绘图区内单击表格左上角位置后，拖动鼠标到表格右下角位置单击，完成表格的创建，如图1-85所示。

3）输入数据，表格中的数据包括文字数据和块数据。

双击要输入文字的单元格，输入文字如图1-86所示。单击要输入块的单元格，选定单元格后单击鼠标右键，在弹出的快捷菜单中选择【插入点】/【块】；或者在弹出的"表格"对话框中单击【插入块】按钮 ，弹出如图1-87所示的"在表格单元中插入块"对话框。

单击"在表格单元中插入块"对话框中的【浏览】按钮，打开"项目1素材/树木图块/白丁香.dwg"文件，再重新返回"在表格单元中插入块"对话框，勾选【自动调整】，在"全局单元对齐"下拉列表中选择"正中"，然后单击【确定】，完成图块的插入。

用相同的方法，完成其他文字、图块和数字的输入，如图1-88所示。

图1-85　指定窗口方式创建的表格　　　　　图1-86　在表格中输入文字

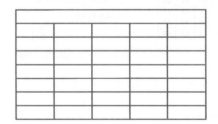

图1-87　"在表格单元中插入块"对话框

苗木表

序号	图例	树种名称	规格	数量
1		白丁香		50
2		白桦		60
3		枫树		20
4		欧洲花楸		30
5		杨树		50
6		紫丁香		40

图1-88　输入文字、图块和数字

4）编辑表格。输入文字和数据图块后，有时会发现单元格宽度或行高不能满足需要，需进行调整。

更改列宽和行高，单击选中单元格，显示4个夹点，单击并拖动某一夹点，可调整单元格所在的列或行的宽度或高度。

插入或删除行与列，单击选中一个单元格，点击鼠标右键，在弹出的快捷菜单中选择相应的选项"行"或"列"，在其子菜单中单击选择插入的位置或删除选项。

编辑修改后的表格最终结果如图1-89所示。

苗木表					
序号	图例	树种名称	规格	数量	备注
1		白丁香		50	
2		白桦		60	
3		枫树		20	
4		欧洲花楸		30	
5		杨树		50	
6	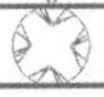	紫丁香		40	

图1-89　编辑修改后的苗木表

子任务3　尺寸标注的操作技能

任务目标

通过本例的实际操作，掌握如何设置标注样式；在标注过程中正确理解并运用【线性标注】、【连续标注】、【基线标注】、【对齐标注】、【引线标注】、【角度标注】等标注方式；同时能熟练地对其进行修改。

任务实施

● 按照实例效果图中的尺寸绘制相应的图形，然后对其进行标注尺寸

1）设置标注样式。

单击菜单【格式】/【标注样式】或者【标注】/【标注样式】或者输入命令"dimstyle"✓；弹出"标注样式管理器"对话框。

单击"标注样式管理器"对话框中的【新建】按钮，在弹出的"创建新标注样式"对话框的【新样式名】中键入新名称："基本标注"后，单击【继续】按钮。在弹出的"新建标注样式：基本标注"对话框中设定标注样式的各项参数，如图1-90所示。

2）标注尺寸。

线性标注：单击【标注】/【线性】，按命令行提示标注尺寸，如图1-91所示。

连续标注：单击【标注】/【连续】，按命令行提示标注尺寸，如图1-92所示。

基线标注：单击【标注】/【基线】，按命令行提示标注尺寸，如图1-93所示。

对齐标注：单击【标注】/【对齐】，按命令行提示标注尺寸，如图1-94所示。

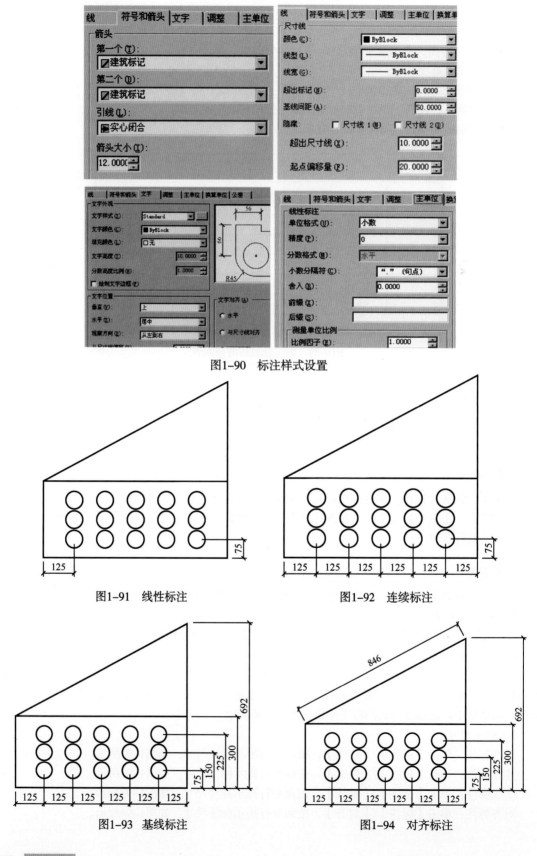

图1-90 标注样式设置

图1-91 线性标注

图1-92 连续标注

图1-93 基线标注

图1-94 对齐标注

引线标注：单击【标注】/【多重引线】，在【指定引线箭头的位置或 [引线基线优先(L)/内容优先(C)/选项(O)]〈选项〉:】提示下，单击一个小圆上的一点。

在【指定引线基线的位置:】提示下，指定下一点，弹出"文字格式"对话框，从中设置字号为18，然后在文字框里输入：$15 \times \phi 70$，单击【确定】按钮，结果如图1-95所示。

角度标注：单击【标注】/【角度】，按命令行提示标注尺寸，如图1-96所示。

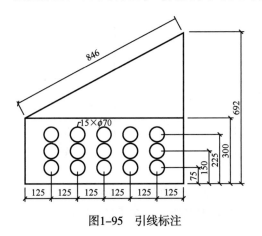

图1-95　引线标注　　　　　　　　图1-96　角度标注

所有尺寸标注完毕，结果如图1-97所示。

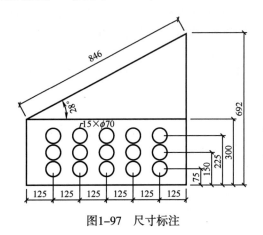

图1-97　尺寸标注

子任务4　图纸布局与打印输出

任务目标

通过本例实际操作，掌握图纸的布局方法和打印输出设置。

任务实施

- 将圆形花架基座平面图打印到A3图纸上

1）打开"项目1素材/圆形花架基座平面图.dwg"文件，如图1-98所示。

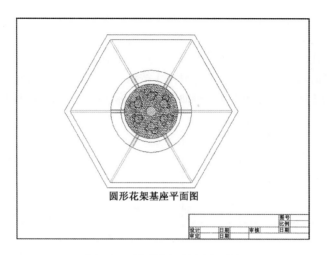

图1-98 圆形花架基座平面图

2）单击【文件】/【页面设置管理器】，打开"页面设置管理器"对话框，单击该对话框中的【新建】按钮，在【新页面设置名】中输入："圆形花架基座"，在【基础样式】中选择"模型"，单击【确定】按钮，弹出"页面设置–模型"对话框。

在"页面设置–模型"对话框设置参数，如图1-99所示。

在"打印机/绘图仪"中的【名称】右侧的下拉列表中选择打印机。在【图纸尺寸】中选择"A3"图纸，在【图形方向】选择"横向"。单击【确定】回到"页面设置管理器"。将"圆形花架基座"图层置为当前层，关闭对话框。

3）单击【文件】/【打印】，弹出"打印–模型"对话框，如图1-100所示。

图1-99 "页面设置–模型"对话框参数设置

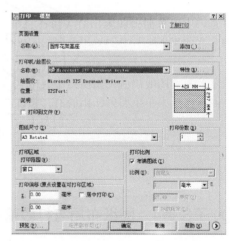

图1-100 "打印–模型"对话框

在【打印偏移】中勾选"居中打印"，在【打印范围】中选择"窗口"。

在【指定第一个角点：】的提示下，用鼠标捕捉图框外框的左上角，然后捕捉右下角，回到"打印–模型"对话框。

单击【预览】按钮，出现预览界面，如图1-101所示，然后点击鼠标右键，在出现的快捷菜单中选择【打印】命令，打印机开始打印。

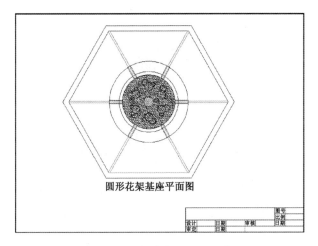

圆形花架基座平面图

			图号	
			比例	
设计	日期	审核	日期	
审定	日期			

图1-101　打印布局设置预览

说明

图纸布局与打印输出操作练习见任务5的内容。

知识链接

利用AutoCAD建立了图形文件后，通常要进行绘图的最后一个环节，即输出图形。在这个过程中，要想在一张图纸上得到一幅完整的图形，必须合理地安排图纸规格和尺寸，正确地选择打印设备及各种打印参数。

1. 模型空间概念

模型空间是创建和编辑图形的三维空间，大部分绘图和设计工作都是在模型空间中完成的。

2. 布局的概念

布局是一个已经指定了页面大小用于打印设置的图纸空间。在布局中，可以创建和定位浮动视口，添加标题栏等，通过布局可以模拟图形打印在图纸上的效果。

3. 打印输出

命令：plot；菜单：【文件】/【打印】；按钮：【标准】工具栏中的 ⎙ 。

练习

1. 绘制如图1-102所示的图形。

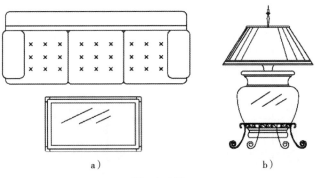

a)　　　　　　　　　　　　b)

图　1-102

a) 沙发和茶几　b) 台灯

2. 绘制如图1-103所示的图形。

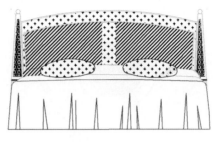

图1-103　床

3. 绘制如图1-104所示的图框标题栏，并输入文字。

180				
×××1	建设单位	×××2		
	工程项目	×××3		
审定			图别	×××4
审核			图号	×××5
设计			比例	×××6
制图			日期	×××7
25	35	60	25	35

图1-104　图框标题栏

4. 绘制如图1-105所示的花台平面图。

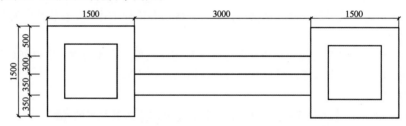

图1-105　花台平面图

5. 绘制如图1-106所示的水池剖面图，并标注尺寸和文字。

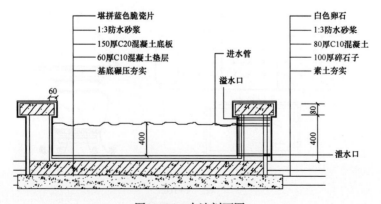

图1-106　水池剖面图

6. 绘制如图1-107所示的树池及坐凳立面图，并标注尺寸和文字。

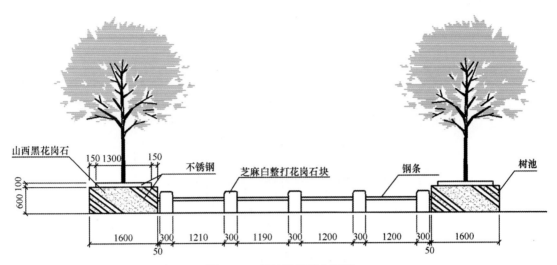

图1-107 树池及坐凳立面图

7. 绘制如图1-108所示的椅子立面图，并标注尺寸和文字。

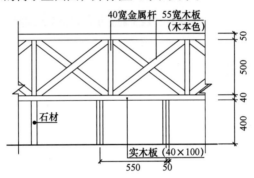

图1-108 椅子立面图

8. 绘制如图1-109所示的园桥正立面图，并标注尺寸。

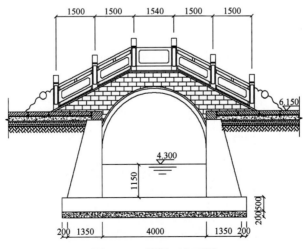

图1-109 园桥正立面图

9. 绘制如图1-110所示的亭立面图，并标注尺寸。

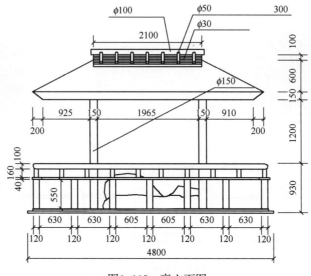

图1-110　亭立面图

任务5　AutoCAD 2008设计项目实战

▶ 子任务1　描绘平面图

🖐 任务目标

通过描绘"校园一角绿地平面图"，学习用计算机来表达原有图形的意图，学会插入、缩放图像、详细进行图层规划等内容，掌握用AutoCAD 2008描绘园林设计图样和打印出图方法。

🖐 任务实施

● 用AutoCAD 2008描绘平面图

将一张扫描或拍摄的手绘"校园一角平面布置图"，用AutoCAD 2008软件描绘成标准的CAD平面设计施工图。

1）打开AutoCAD 2008软件，单击主菜单中的【插入】/【光栅图像参照】，打开"选择图像文件"对话框，找到"项目1素材/校园一角手绘布置图.jpg"文件，单击【打开】按钮，出现如图1-111所示的对话框。

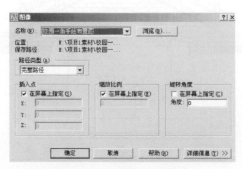

图1-111　"图像"对话框

2）所有设置默认，单击【确定】按钮后出现【指定插入点〈0,0〉】的提示，用鼠标在屏幕上单击。在【指定缩放比例因子或（单位U）〈1〉：】的提示下，输入近似的缩放比例，如：1000↙。然后点击【范围缩放】 🔍 按钮，全屏显示插入的底图，如图1-112所示。

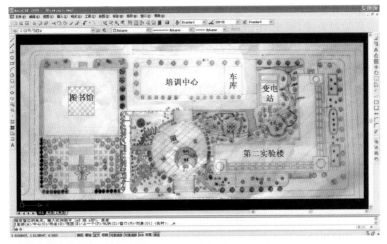

图1-112 插入的底图

3）单击修改工具栏中的【比例】 🔲 按钮，选择"底图"，按回车键，在图形中心位置单击。在【指定比例因子或[复制（C）/参照（R）]：】的提示下，输入r↙。

在【指定参照长度】的提示下，按〈F8〉键打开正交模式，在图形上边界标注尺寸线的左右端点分别单击。

在【指定新长度】的提示下，输入：265000↙，将图形缩放为实际大小。

4）单击菜单【格式】/【单位】，在弹出的"图形单位"对话框中，设置精度为"0"，单位为"mm"。

5）点击【图层特性管理器】 📚 按钮，创建新图层：底图、道路中心线（宽度设置为0.30mm）、道路、建筑、标注、草坪、植物、文字等。在绘图区域中选择"底图"，将插入的图形放入"底图"图层。绘图时为了便于操作，先关闭线宽。

6）描绘边界道路中心线。

将"道路中心线"图层置为当前，在命令行中输入：line↙。

在【指定第一点】的提示下，在图形左上角道路中心线的交点处单击，在【指定下一点】的提示下，开启正交，绘制一条超出现有图形长度的水平线，用同样的方法绘出另外三条线，如图1-113所示。

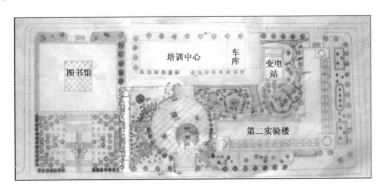

图1-113 边界道路的四条中心线

7）描绘主干道路。

将道路图层置为当前，在命令行输入：offset↙。

在【指定偏移距离或 [通过（T）/删除（E）/图层（L）]〈通过〉:】的提示下，输入：T↙或者按下回车键。

在【选择要偏移的对象或 [退出（E）/放弃（U）]〈退出〉:】的提示下，选择道路中心线。

在【指定通过点或[退出（E）/多个（M）/放弃（U）]：】的提示下，根据"底图"，确定偏移通过的点并单击，结果如图1-114所示。

8）用查询命令测得圆角半径为7 000，然后利用修剪、圆角命令将图形修改成如图1-115所示的状态。

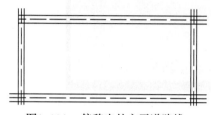

图1-114　偏移出的主干道路线

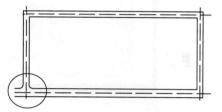

图1-115　用圆角命令修剪图形

9）描绘建筑。

将"建筑"图层置为当前，运用直线、多段线、圆、矩形、偏移、修剪、圆角等命令描绘图形中的所有建筑，绘制结果如图1-116所示。

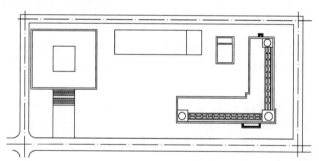

图1-116　描绘建筑图形

10）描绘曲路、广场、花坛。

将"曲路、花坛等"图层置为当前，运用直线、多段线、圆、矩形、样条曲线、偏移、圆角等命令描绘图形中的所有曲路、广场、花坛和喷泉等，然后用修剪命令修改图形，修改结果如图1-117所示。

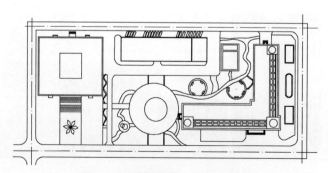

图1-117　描绘曲路、广场、花坛

用【多段线】命令描绘弧线时，在【指定下一点或[圆弧（A）/闭合（C）/半宽（H）/长度（L）/放弃（U）/宽度（W）]：】的提示下，输入：a↙，再输入：s↙；然后在【指定圆弧上的第二个点：】的提示下，用鼠标在弧的中间单击；最后在【指定圆弧上的端点：】的提示下，用鼠标在弧的端点单击。

当由弧线变成直线时，输入：L↙。

11）图案填充。

将"广场填充"图层置为当前，单击【图案填充】  按钮，出现【图案填充和渐变色】对话框，选择【图案填充】，设置如图1-118所示。填充所有的广场，结果如图1-119所示。

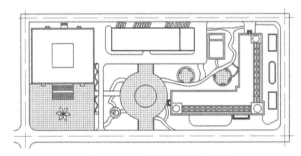

图1-118 广场图案填充设置　　　　　　　图1-119 广场图案填充结果

将"曲路填充"图层置为当前，"图案填充和渐变色"对话框设置如图1-120所示。填充所有的曲路，结果如图1-121所示。

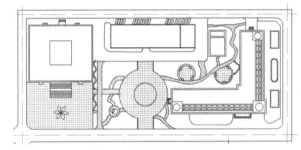

图1-120 曲路图案填充设置　　　　　　　图1-121 曲路图案填充结果

将"花台填充"图层置为当前，"图案填充和渐变色"设置如图1-122所示。填充所有的花台，结果如图1-123所示。

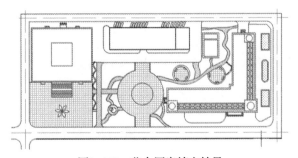

图1-122 花台图案填充设置　　　　　　　图1-123 花台图案填充结果

将"草坪填充"图层置为当前，"图案填充和渐变色"设置如图1-124所示。填充所有的草坪，结果如图1-125所示。

图1-124 草坪图案填充设置

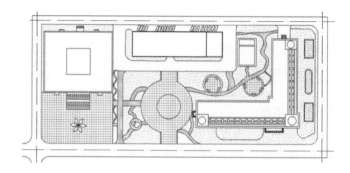

图1-125 草坪图案填充结果

12）绘制植物。

利用现有的和现绘制的植物平面图块，通过菜单【插入】/【图块】命令设计种植植物，并调整图块的大小。利用【修订云线】命令，绘制灌木丛，并将所有的植物放入"植物"图层中，结果如图1-126所示。

13）尺寸标注。

首先设置标注样式，单击【格式】/【标注样式】/【新建】，出现"创建新标注样式"对话框，输入新标注样式名称，设置如图1-127所示。

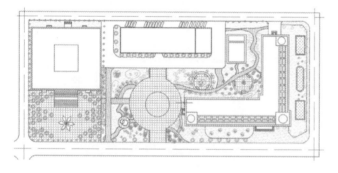

图1-126 绘制植物结果

图1-127 "创建新标注样式"对话框设置

单击【继续】按钮，出现"新建标注样式：校园一角标注"对话框，各项设置如图1-128～图1-132所示。

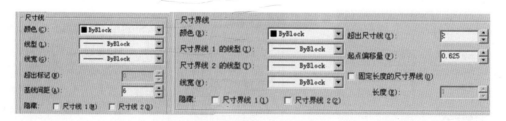

图1-128 标注样式——线的设置

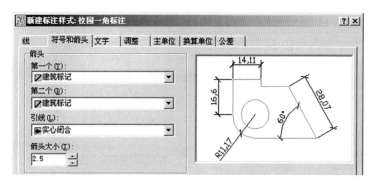

图1-129 标注样式——符号和箭头的设置

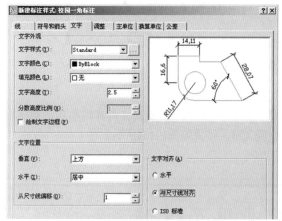

图1-130 标注样式——文字的设置

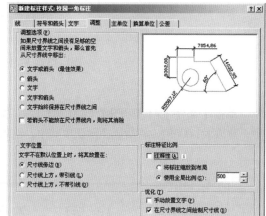

图1-131 标注样式——调整的设置

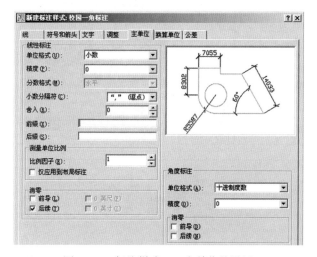

图1-132 标注样式——主单位的设置

标注并插入指北针，结果如图1-133所示。

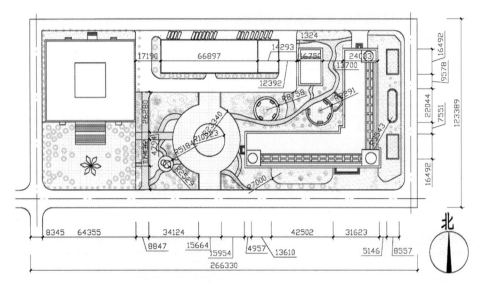

图1-133　标注并插入指北针的结果

14）插入图框。

单击【文件】/【打开】/"A3图框.dwg"文件，框选，点击右键/复制，将其粘贴到图形文件中，并放大1 000倍，将所画图形摆放其中，输入相应文字，结果如图1-134所示。

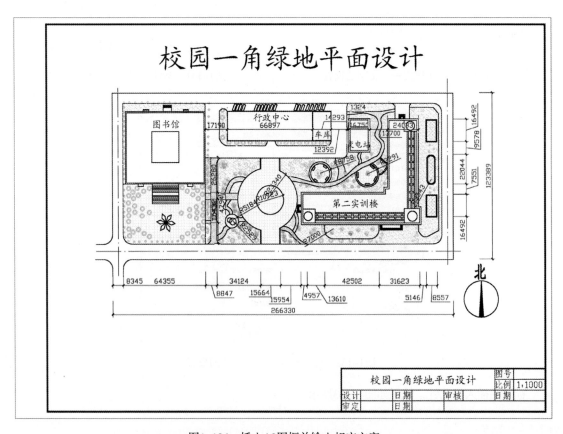

图1-134　插入A3图框并输入相应文字

15）图面布局。

单击菜单【插入】/【OLE对象】，出现"插入对象"对话框。

在【对象类型】栏中，选择"Microsoft Word"文档，并选择【由文件创建】。然后单击【浏览】按钮，找到已经创建好的图框文档（项目1素材/植物图例图框.dws），单击【打开】，回到"插入对象"对话框，单击【确定】。回到画面后，用【比例】工具将其缩小0.8倍，然后用移动工具将文档放到适当的位置，并将植物图例摆放到相应的位置。最后输入比例尺，并开启线宽。

16）打印输出。

打开菜单【文件】/【页面设置管理器】，在出现的对话框中单击【新建】按钮，在【新页面设置名称】选项中输入：校园一角，在【基础样式】选项中选择"模型"，单击【确定】。

出现"页面设置-模型"对话框。在【打印机/绘图仪】选项中的【名称】右侧的下拉列表中选择"打印机"。在【图纸尺寸】中选择"A3"图纸，在【图形方向】选择"横向"。单击【确定】回到"页面设置管理器"。将"校园一角"图层置为当前层，关闭对话框。

打开菜单【文件】/【打印】，出现"打印-模型"对话框。

在【打印偏移】选择"居中打印"，在【打印范围】中选择"窗口"。

在【指定第一个角点：】的提示下，用鼠标捕捉图框外框的左上角，然后捕捉右下角，回到"打印-模型"对话框。

单击【预览】按钮，出现预览界面，如图1-135所示，然后点击鼠标右键，在出现的快捷菜单中选择【打印】命令，打印机开始打印。

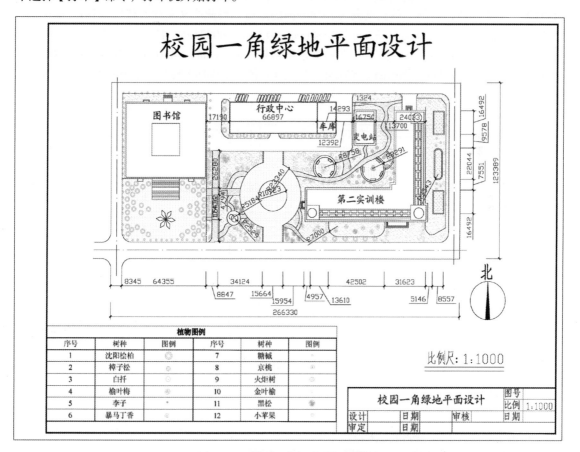

图1-135　校园一角绿地平面设计图

⊙ 子任务2　绘制园林建筑详图

⚒ 任务目标

　　园林建筑的形态结构、功能作用都不同于一般意义上的民用建筑，其形式多种多样，如亭、台、楼、阁、塔、轩、榭、斋，以及游廊、花架、大门等，被当做园林景观的主体或被称为园林的点睛之笔。通过本例的实际操作，在掌握园林建筑平面图、立面图、剖面图操作的同时，熟悉园林建筑详图的图形合理布局及其打印输出。

⚒ 任务实施

● 分别绘制一个组合亭的平面图、立面图和剖面图，然后将其合理布局，组成详图

　　1）建立绘图环境。

　　单击【格式】/【单位】，弹出"图形单位"对话框，设定【用于缩放插入内容的单位】为"mm"，"精度"为"0"，单击【确定】。

　　单击 ▧ 按钮，弹出"图层特性管理器"对话框，建立"建筑"、"标注"、"文字"、"辅助轴线"、"填充"、"植物"等图层。

　　2）绘制总平面图。

　　绘制定位轴线：将"辅助轴线"图层置为当前，单击【直线】命令 ✏ 按钮，开启状态栏中的【正交】功能，绘制一条长度约为26140mm的垂线，将此线从左往右依次偏移：2646mm、2500mm、2500mm、4920mm、537mm、1380mm、413mm、6082mm、419mm、184mm。继续绘制水平线，长度约为14650mm，然后从下向上依次偏移：3468mm、2480mm、1820mm、364mm、1939mm、322mm、734mm、368mm、376mm。最后在左侧和下边标上标号，结果如图1-136所示。

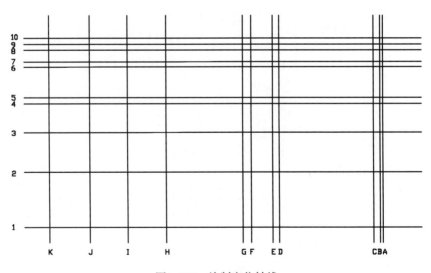

图1-136　绘制定位轴线

　　3）绘制道路和围墙。

　　将"建筑"图层置为当前。

　　单击【多段线】命令按钮 ⌐┘。

　　在【指定起点：】的提示下，捕捉"1线"和"K线"的交点。

　　在【指定下一个点或[圆弧（A）/半宽（H）/长度（L）/放弃（U）/宽度（W）]：】的提示下，

捕捉"1线"和"H线"的交点；

在【指定下一点或[圆弧（A）/闭合（C）/半宽（H）/长度（L）/放弃（U）/宽度（W）]：】的提示下，输入：A↙。

在【[角度（A）/圆心（CE）/闭合（CL）/方向（D）/半宽（H）/直线（L）/半径（R）/第二个点（S）/放弃（U）/宽度（W）]：】的提示下，输入：S↙，绘制一条曲线，结果如图1-137所示。

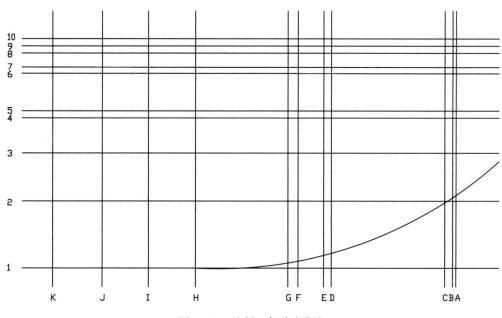

图1-137　绘制一条道路曲线

将这条曲线向上偏移3468mm，完成道路的绘制；再将偏移后的曲线向下偏移100mm，生成围墙厚，结果如图1-138所示。

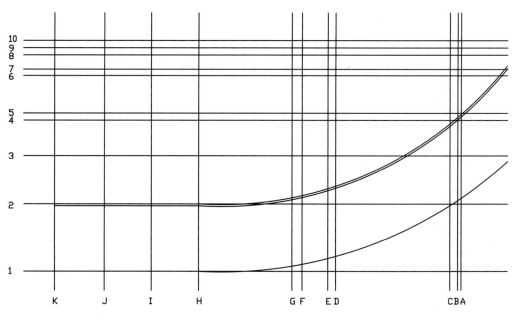

图1-138　偏移出道路和围墙厚度

4）绘制广场。

运用【直线】命令，依次捕捉"4线"和"K线"的交点、"4线"和"G线"的交点、"6线"和"G线"的交点、"6线"和"E线"的交点、"10线"和"E线"的交点，再水平向右偏移2500mm绘制一条折线，完成广场边线的绘制，结果如图1-139所示。

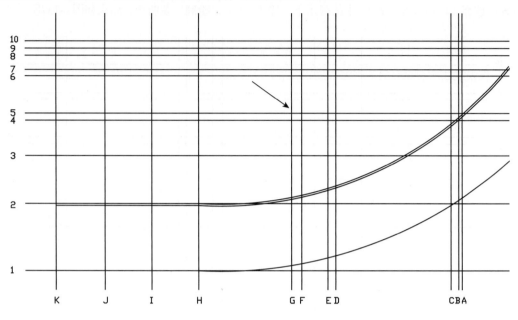

图1-139　绘制广场边线

5）绘制树池。

分别以"2线"和"J、I、H"的交点为左下角点，绘制三个2000mm×3000mm的矩形，并将每个矩形向内偏移120mm，完成树池的绘制。

6）绘制景观亭。

分别以"3线"和"F线"的交点、"4线"和"D线"的交点为左下角点，绘制两个3600mm×3600mm的正方形，并画两条对角线，完成景观亭的绘制。

7）绘制花池。

分别以"7线"和"C线"的交点、"9线"和"B线"的交点、"8线"和"A线"的交点为左下角点，绘制长和宽分别为856mm×1520mm、600mm×600mm和2000mm×1600mm的矩形，然后将绘制的第一个矩形向外偏移100mm，另外两个矩形分别向内偏移100mm，完成花池的绘制。修剪掉所有多余的线条，再绘制三个1200mm×300mm的矩形放在广场上，当做休息椅，结果如图1-140所示。

8）填充铺装。

单击【图案填充】命令按钮 ，打开"图案填充和渐变色"对话框，对广场、花坛、树池和休息椅的填充图案进行参数设置，如图1-141所示。设置后进行图案填充，结果如图1-142所示。

9）植树并标注文字。

绘制平面树插入到图形的适当位置，并标注"景观亭"和"总平面图"字样。隐藏定位轴线，结果如图1-143所示。

10）绘制景观亭立面图。

按照图1-144所示的尺寸和形状绘制景观亭立面图（绘制过程略）。

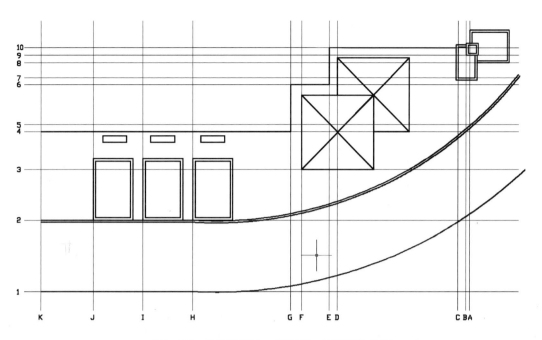

图1-140 绘制的树池、景观亭、花坛和休息椅

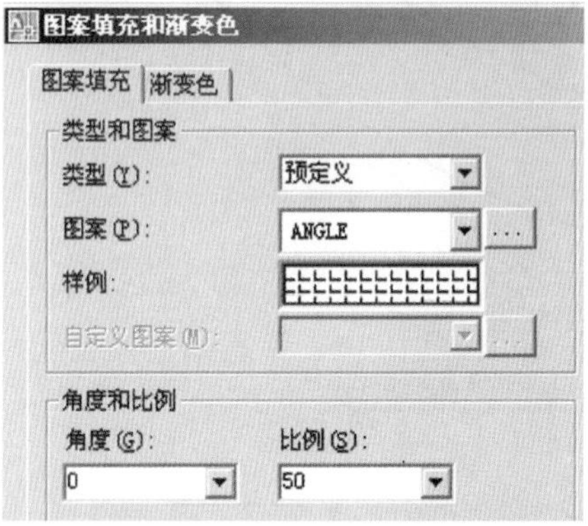

a)

b)

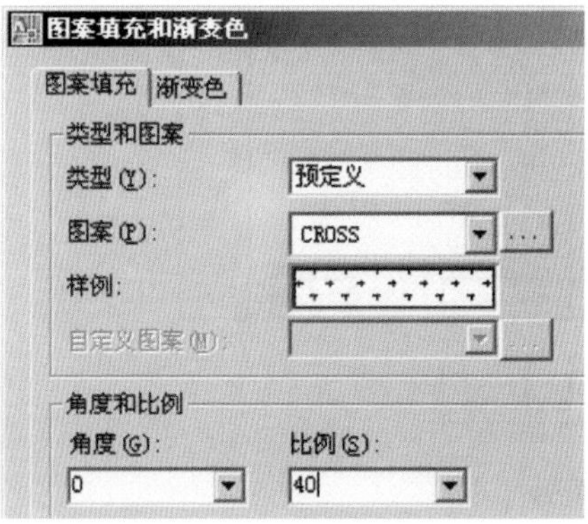

c)

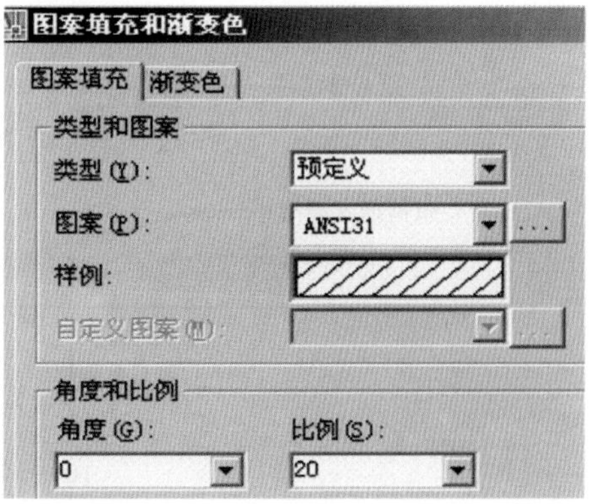

d)

图1-141 填充图案和参数设置

a）广场图案参数设置 b）花坛图案填充设置 c）树池图案填充设置 d）休息椅图案填充设置

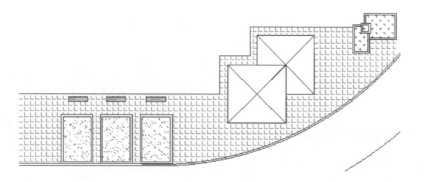

图1-142　填充结果

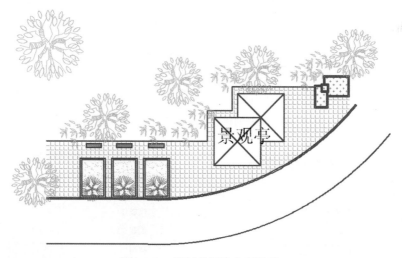

图1-143　植树并标注文字结果

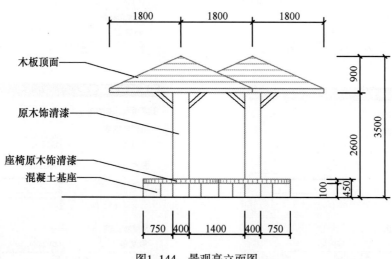

图1-144　景观亭立面图

11）绘制景观亭剖面图。

按照图1-145所示的尺寸和形状绘制景观亭剖面图（绘制过程略）。

按照图1-146所示的尺寸和形状绘制景观亭平面图（绘制过程略）。

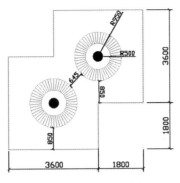

图1-145　景观亭剖面图

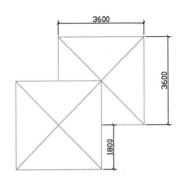

图1-146　景观亭平面图

12）绘制总立面图。

绘制定位轴线，将"辅助轴线"图层置为当前，单击"直线"命令 ∕ 按钮，开启状态栏中的【正交】功能，绘制一条长度大于3500mm的垂线；捕捉这条垂线下端点，绘制一条长度为23282mm的水平线，结果如图1-147所示。

将垂线依次向右侧偏移2646mm、2500mm、2500mm、7251mm、5901mm、2484mm，结果如图1-148所示。

图1-147　定位轴线　　　　　　　　　　图1-148　垂线依次向右偏移

将水平线放入"建筑"图层中，依次向上偏移900mm、100mm。

框选上面绘制的"景观亭立面图"，利用"移动"工具和"捕捉"功能，将左侧"景观亭"的底座中心点与定位轴线的右数第三条垂线和水平底线的交点对齐，从而移动到总立面图中，结果如图1-149所示。

按照图1-150所示的尺寸和形状绘制休息椅，然后根据纵向定位轴线放置于总立面图中，结果如图1-151所示。

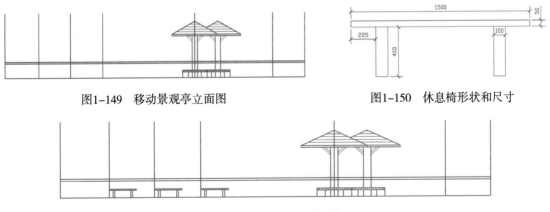

图1-149　移动景观亭立面图　　　　　　　图1-150　休息椅形状和尺寸

图1-151　放入三个休息椅

按照图1-152所示的尺寸和形状绘制花池，然后根据纵向定位轴线放置于总立面图中，结果如图1-153所示。

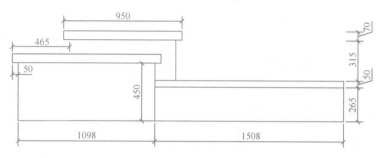

图1-152　花池形状和尺寸

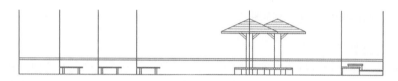

图1-153　花池位置

绘制墙上的装饰：绘制一个1132mm×553mm的辅助矩形，在辅助矩形中用"样条曲线"、"圆"等命令绘制装饰花，结果如图1-154所示。

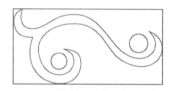

图1-154　装饰花

删除矩形，将"装饰花"复制摆放到墙上，如图1-155所示。

图1-155　摆放装饰花

两侧墙画直线封口，将画好的树木插到图形中，隐藏定位轴线，然后标注上尺寸和文字说明，总立面图结果如图1-156所示。

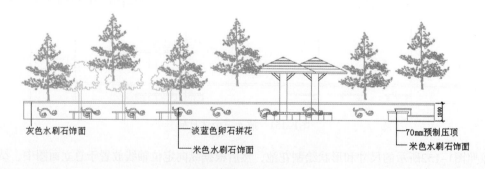

图1-156　总立面图

13）插入A3图框，确定比例为1：125（即将A3图纸放大150倍），标注文字说明，并对所有图形进行合理布局，最终效果如图1-157所示。

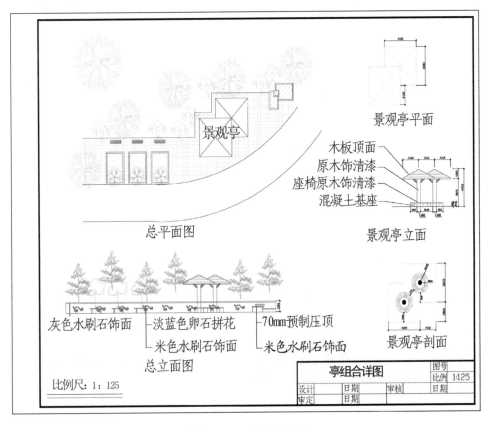

景观亭平面

木板顶面
原木饰清漆
座椅原木饰清漆
混凝土基座

景观亭立面

总平面图

灰色水刷石饰面　淡蓝色卵石拼花　70mm预制压顶
米色水刷石饰面　米色水刷石饰面

总立面图

景观亭剖面

比例尺：1：125

亭组合详图		图号	
		比例	1:125
设计	日期	审核	日期
审定	日期		

图1-157　亭组合详图

▶ 子任务3　绘制建筑立面图

🔨 任务目标

通过本例的实际操作，使学生能根据设计意图确定建筑物外边线的间距（即立面图中建筑物总的跨距）和建筑物的层高和总高，在立面图中凡是能看到的结构均能正确的表现出来，熟练掌握其绘制方法。

🔨 任务实施

● **分别画出台阶、阳台、门洞、窗口、外挑梁、突出梁、挑檐、屋顶、外墙的装饰及装修线，最终完成住宅立面图的绘制**

1）建立绘图环境。

单击【格式】/【单位】，弹出"图形单位"对话框，设定【用于缩放插入内容的单位】为"mm"，"精度"为"0"，单击【确定】。

单击 🔲 按钮，弹出"图层特性管理器"对话框，建立"基线"、"轴网"、"标注"、"文字"、"辅助线""砖样"、"地平线"等图层。

2）绘制纵向定位轴线。

将"轴线"图层置为当前，单击【构造线】 ✏ 命令按钮，开启状态栏中的【正交】功能，绘制一条垂直构造线。选择【偏移】命令，绘制其他纵向定位轴线，以刚刚绘制的第一条线为基准线，从左往右各条偏移量依次为：550mm、3220mm、5310mm、8070mm、9630mm、13770mm、16670mm、20120mm、22310mm、25070mm、26630mm、32170mm、34910mm、37670mm、39230mm、44220mm、46670mm、47390mm、47480mm、49800mm、51650mm、53540mm、56300mm、57860mm、62850mm、65300mm、68100mm、69950mm、71840mm、74600mm、76160mm、81150mm、83600mm、84320mm、84870mm，结果如图1-158所示。

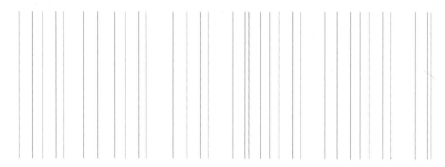

图1-158　纵向定位轴线

说明

> 为了下一步绘图方便，本例把墙和窗的定位轴线放置于不同的图层，设置成不同的颜色，图中红色为窗户的定位轴线，蓝色为墙的定位轴线。

3）绘制横向定位轴线。

仍然将"轴线"图层置为当前，用【直线】命令画一条地基线，将地基线向上偏移700mm当做地平线。然后以地平线为基准从下往上各条偏移量依次为：1760mm、2960mm、3400mm、4600mm、5150mm、5900mm、6100mm、7600mm、7900mm、8900mm、9100mm、10600mm、11100mm、11900mm、12300mm、13000mm、13700mm、14300mm、15400mm、16700mm、17200mm、18400mm、19700mm、20900mm、21300mm、23060mm，结果如图1-159所示。

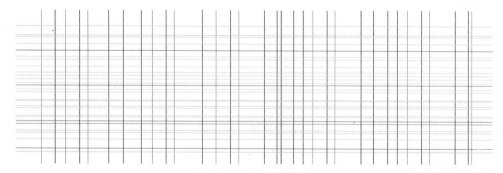

图1-159　横向定位轴线

4）绘制外轮廓线。

将外"轮廓线"图层置为当前，用【多段线】、【直线】、【圆弧】等命令以水平和垂直轴向定位线为基准绘制右侧外轮廓线，右侧局部尺寸如图1-160所示。

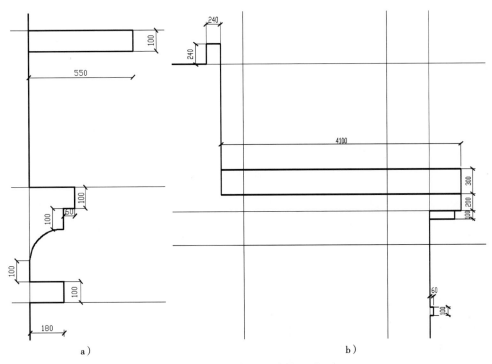

图1-160 右侧外轮廓线尺寸

a）外轮廓线右下角 b）外轮廓线右上角

左侧轮廓线用镜像命令完成，隐藏其他图层，经过修剪，结果如图1-161所示。

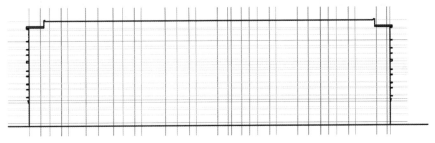

图1-161 修剪后

5）绘制门。

将"门"图层置为当前，用矩形命令绘制一个长度为2360mm、宽度为2560mm的矩形，将其分解。将其左侧竖线依次向右偏移1230mm、50mm、30mm；将底线向上偏移175mm，共计偏移14次，再将中间的短线自下向上数第七条线向上偏移25mm。再在门的顶部画一条长为4320mm的直线作为门上梁，与门中心对正，下面左右对称画两条斜线作为支承，修剪后如图1-162所示。

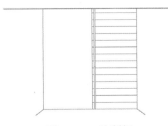

图1-162 绘制门

将绘制的门创建成块，用复制命令放于图形的两条墙线中间，结果如图1-163所示。

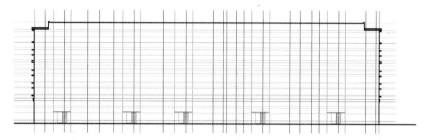

图1-163　插入门块

6）按照图1-164所示的形状和尺寸绘制大小车库门、窗户、雨水管等，分别创建成块，并按照横向和竖向定位轴线找到各自的位置放于图中，修剪后的结果如图1-165所示。

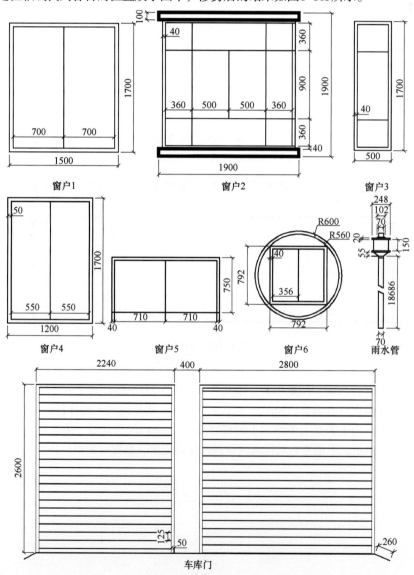

图1-164　车库门、窗户、雨水管的形状和尺寸

图1-165　修剪后

7）如图1-166所示，绘制栏杆，外形尺寸根据实际图形确定，细节自定。

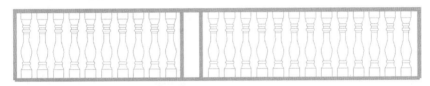

图1-166　栏杆

8）绘制顶窗、屋顶等，并将屋顶填充，填充设置如图1-167所示。将"轴网"图层关闭，修剪见不到的图线，结果如图1-168所示。局部放大如图1-169所示。

图1-167　屋顶填充设置

图1-168　屋顶填充结果

图1-169　局部（左上角）放大效果

9）标注尺寸。

选择菜单【格式】/【标注样式】，打开"标注样式"对话框，设置标注如图1-170所示。

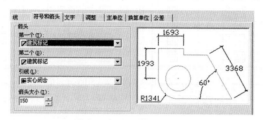

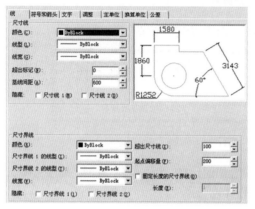

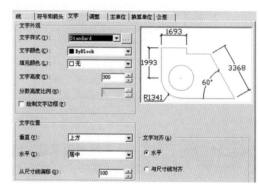

图1-170　设置标注

打开【标注】菜单，执行【线性】、【连续】、【基线】等标注命令，对关键部分进行标注，结果如图1-171、图1-172所示。

图1-171　基线标注

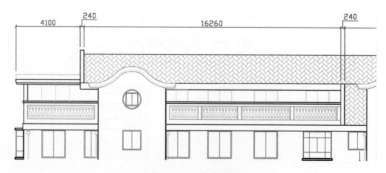

图1-172　连续标注

10）标注标高。

绘制标高符号，标高以细实线绘制，其尖端应指到被标注的高度。尖端可向下，也可向上。标高数字应以m为单位。零点标高应标注为±0.000，负数标高的标注应带有负号。

单击【直线】命令按钮 ✏ （或用多段线工具），在绘图窗口中单击鼠标左键定义第一个点，然后在指定下一个点提示下依次输入下列坐标："（@-2000，0）"，✓；"（@300，-300）"✓；"（@300，300）"按两次回车键结束操作，结果如图1-173所示。

将绘制好的标高符号创建成带属性的块。单击菜单栏上的【绘图】/【块】/【定义属性】命令，打开【属性定义】对话框，并按照图1-174所示进行设置。单击【确定】按钮，AutoCAD 2008自动关闭对话框并切换到绘图窗口。在标高符号的上方单击一点以确定数字的位置，结果如图1-175所示。

图1-173　基本标高符号　　　　　图1-174　标高属性设置　　　　　图1-175　定义了属性的标高符号

然后双击"标高"字样，将其改变成所需数值，插入到图形当中，例如输入数值"23.060"，如图1-176所示，并复制标高符号输入所有数值，在图形中进行标注，结果如图1-177所示。

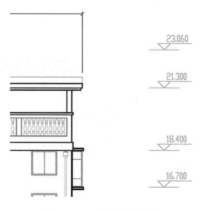

图1-176　标注标高数字

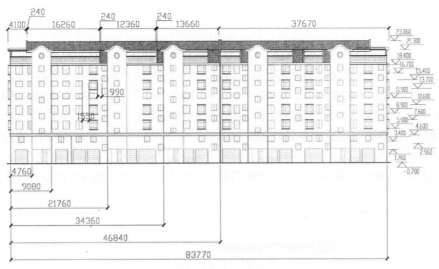

图1-177　标注标高

11）插入图框。

将已定义属性的图框（A3）放大300倍插入图中，因此图的比例尺为1：300。同时打开状态栏上的【线宽】功能，结果如图1-178所示。

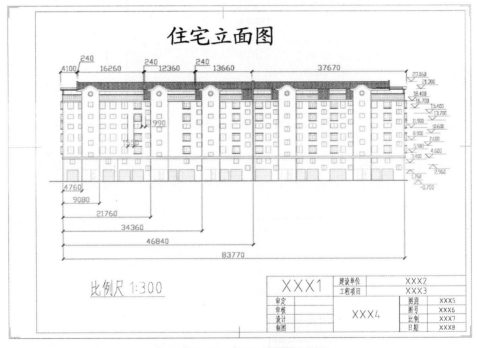

图1-178　住宅立面图

▶ 子任务4　单位绿地平面设计

任务目标

绿地平面设计以植物配置为主，同时可满足人们休闲小憩之需。通过本实例的操作，使学生进一步熟悉绘图环境的设置、插入图块的技巧，达到熟练掌握绘制平面设计图的目的。

任务实施

● **绘制某单位绿地设计总平面图并进行打印输出设置**

1）运行AutoCAD 2008软件，打开项目1素材/"某单位平面图.dwg"文件，可看到外部轮廓、主路和主要建筑，如图1-179所示。

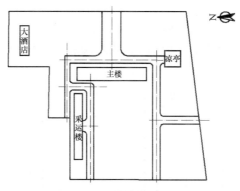

图1-179　某单位平面图

2）建立绘图环境

设置绘图单位：单击主命令中的【格式】/【单位】，弹出"图形单位"对话框，设定【用于缩放插入内容的单位】为"毫米"，【精度】为"0"，单击【确定】，结束绘图单位设置。

建立图层：在命令栏中输入【Layer】（图层）命令，或直接单击【图层】工具条中的"图层特性管理器"按钮，系统弹出"图层特性管理器"对话框。除原有图层之外，再建立"小路"、"草坪"、"小品"、"标注"、"文字"、"辅助线"等图层。在绘图过程中如有需要，还可以添加新的图层。图层颜色自定，线宽设置暂为全部默认。

3）绘制主楼后面的小路和花坛。

以"小路"图层为当前图层，单击【绘图】工具条上的【线】命令按钮 ╱ ；将光标放在工具条上点击鼠标右键，在出现的菜单中单击【对象捕捉】，打开【对象捕捉】工具条。单击【对象捕捉】工具条中的【捕捉自】按钮，捕捉左侧主路右线和底线的交点，如图1-180所示。

在【line指定第一点：_from基点：】的提示下，输入@0, 38644↙。

在【指定下一点或[放弃(U)]：】的提示下，开启正交，将光标放于右侧，输入：8920↙↙。

然后将这条线向上偏移2000mm，结果如图1-181所示。

图1-180　捕捉点　　　　　　　　图1-181　绘制小路

单击【绘图】工具条上的"多段线"命令按钮 ；再单击【对象捕捉】工具条中的【捕捉自】按钮，捕捉右侧主路左线和底线的交点。

在【指定起点：-from基点：〈偏移〉：】的提示下，输入@0, 17922↙。

在【指定下一点或[圆弧（A）/闭合（C）/半宽（H）/长度（L）/放弃（U）/宽度（W）]：】的提示下，开启正交，将光标放于左侧，输入：20105↙，将光标放于上方，输入：10650↙，继续将光标移到左侧，输入：15773↙↙。

然后将这三条线向上和向右偏移2000mm，结果如图1-182所示。

单击【绘图】工具条上的"矩形"命令按钮 ▭ ；再单击【对象捕捉】工具条中的【捕捉自】按钮 🔓 ，捕捉左侧主路右线和底线的交点。

在【指定第一个角点或[倒角（C）/标高（E）/圆角（F）/厚度（T）/宽度（W）]：–from基点：〈偏移〉：】的提示下，输入@8920,20690↙。

在【指定另一个角点或[面积（A）/尺寸（D）/旋转（R）]：】的提示下，输入：@12540,31855↙。然后将这个矩形依次向内偏移2000mm和800mm，结果如图1-183所示。

继续用【多段线】或者【直线】命令绘制上面的小路，方向和位置自定，路宽也是2000mm，经修剪后结果如图1-184所示。

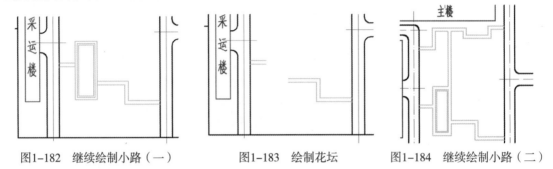

图1-182　继续绘制小路（一）　　　　图1-183　绘制花坛　　　　图1-184　继续绘制小路（二）

4）绘制主楼前面左侧的曲路、广场和花架。

绘制广场：单击【绘图】工具条上的【矩形】命令按钮 ▭ ；再单击【对象捕捉】工具条中的【捕捉自】按钮 🔓 ，捕捉整个图形左上角点。

在【指定第一个角点或[倒角（C）/标高（E）/圆角（F）/厚度（T）/宽度（W）]：–from基点：〈偏移〉：】提示下，输入@4630,-3225↙。

在【指定另一个角点或[面积（A）/尺寸（D）/旋转（R）]：】提示下，输入@35161,-46775↙，绘制一个矩形表示酒店广场。

单击【绘图】工具条上的【圆】命令按钮 ⊙ ；再单击【对象捕捉】工具条中的【捕捉自】按钮 🔓 ，捕捉"酒店广场"的右上角点。

在【命令：_circle 指定圆的圆心或 [三点（3P）/两点（2P）/相切、相切、半径（T）]：–from基点：〈偏移〉：】提示下，输入：@31530，-29980↙。

在【指定圆的半径或[直径（D）]：】提示下，输入：4670↙。将这个圆向内偏移1800mm，此为圆形广场，再将"圆形广场"的两个同心圆分别向外偏移400mm表示广场边。

再用【圆弧】命令在"圆形广场"和"酒店广场"之间绘制一个"月牙广场"，结果如图1-185所示。

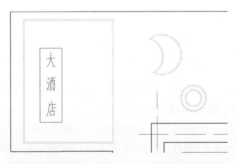

图1-185　圆形广场、酒店广场和月牙广场

绘制曲路和酒店左侧主路：用【样条曲线】和【直线】命令绘制曲路和酒店左侧的主路，偏移曲路（偏移1 700mm）、修剪后结果如图1-186所示。

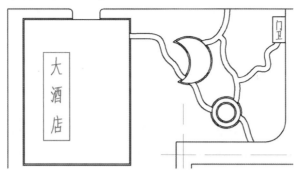

图1-186　曲路和酒店左侧主路

绘制花架：在圆形广场西侧有一个与此广场同心的弧形花架，弧度为130°。首先，利用矩形工具画一个长和宽分别为250mm和3400mm的花架条，如图1-187所示。

单击工具栏上的【阵列】按钮 ⊞，在出现的"阵列"对话框中设置如图1-188所示。

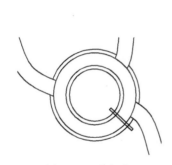

图1-187　花架条　　　　　　　　　图1-188　"阵列"对话框设置

将"花架条"以"圆形广场"的圆心为中心实施环形阵列，再执行【修剪】命令，结果如图1-189所示。

绘制花架藤本植物。

单击工具条上的【修订云线】命令 ♻ 按钮。

在【指定起点或[弧长（A）/对象（O）/样式（S）]〈对象〉：】的提示下，输入：A✓。

在【指定最小弧长〈5〉：】的提示下，输入：200✓。

在【指定最小弧长〈200〉：】的提示下，输入：400✓。

绘制结果如图1-190所示。再将藤本植物所覆盖的花架条进行修剪，结果如图1-191所示。

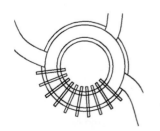

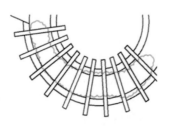

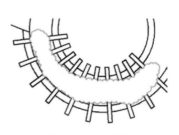

图1-189　花架条阵列后　　　　图1-190　绘制花架藤本植物　　　　图1-191　修剪后

5）绘制主楼前面右侧的曲路、六角亭和喷泉。

删除原图上的"凉亭"字样及线框；绘制六角亭：单击【绘图】工具条上的"正多边形"命令按钮 ⬠，在【命令：polygon输入边的数目〈4〉：】的提示下，输入：6✓。

单击【对象捕捉】工具条中的【捕捉自】按钮 🔝，捕捉整个图形的右上角点。

在【指定正多边形的中心点或[边（E）]：-from基点：〈偏移〉：】提示下，输入：@-13800，-46260✓。

在命令行中继续输入：C✓，设定圆的半径为7000mm。绘制出亭子顶部的平面形状，旋转并移动，结果如图1-192所示。

单击【偏移】命令 ⬜ 按钮，将正六边形向外偏移300mm，修剪掉主路伸出的线。

单击【直线】命令 ／ 按钮，捕捉内侧六边形的三条对角线，画出顶脊中线，然后将三条中线分别向两侧偏移150mm，结果如图1-193所示。

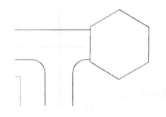
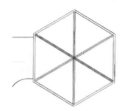

图1-192　六角亭顶部　　　　　　　　图1-193　偏移顶脊线

将顶脊中线删除，执行【修剪】命令将多余的线条裁掉：选择【绘图】/【圆】/【两点】命令，在六条脊的交点处绘制圆，如图1-194所示，然后将圆内的所有线条修剪掉。单击【图案填充】命令 ▦ 按钮，在出现的"图案填充和渐变色"对话框中选择【图案填充】选项卡，从中选择【ANSI31】图案，填充比例设置为200，填充角度分别设置为：0、90和135进行填充，结果如图1-195所示。

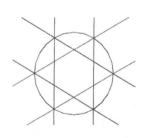
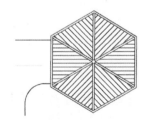

图1-194　绘制圆　　　　　　　　　　图1-195　图案填充

复制一个六角亭，然后单击【缩放】命令 🔲 按钮，将其缩小为原来的0.6，自行放置图中合适的位置，可参考图1-196。

绘制喷泉：单击【绘图】工具条上的【圆】命令按钮 ◎；再单击【对象捕捉】工具条中的【捕捉自】按钮 🔝，捕捉主楼前面主路的右上角点。

在【命令：_circle 指定圆的圆心或 [三点（3P）/两点（2P）/相切、相切、半径(T)]：-from基点：〈偏移〉：】提示下，输入@25595，-24595✓。

在【指定圆的半径或[直径（D）]〈630〉：】提示下，输入：5750✓。

再画两个同心圆，半径分别为9020mm和9320mm，表示喷泉，结果如图1-197所示。

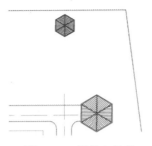
图1-196 摆放六角亭

图1-197 喷泉大小和位置

在小圆的圆周上画一个半径为1100mm的圆，位置如图1-198所示。

然后将小圆以大圆的圆心为中心进行环形阵列，阵列数为6，修剪后如图1-199所示。

再以"喷泉"的圆心为圆心，画一个半径为1000mm的圆表示轴。

最后用【徒手画】命令在喷泉内画线用来模拟水。在键盘上输入【Sketch】命令，在图形中绘制如图1-200所示的图形。此时，喷泉和喷泉外侧的环路绘制完毕。

图1-198 小圆位置

图1-199 小圆阵列并修剪

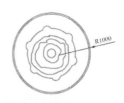
图1-200 喷泉和其外侧的环路

绘制曲路：用【样条曲线】命令绘制曲路，用以连接六角亭、主路、和喷泉环路，偏移曲路（偏移1700mm），修剪后的结果如图1-201所示。

继续用【样条曲线】命令绘制主楼右侧曲路，偏移曲路（偏移1700mm），修剪后结果如图1-202所示。

6）绘制主楼后面的篮球场。

将"篮球场"图层置为当前，单击【绘图】工具条上的【矩形】命令按钮 ；再单击【对象捕捉】工具条中的【捕捉自】按钮 ，捕捉图1-203所示的点。

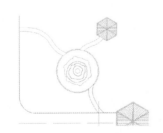
图1-201 曲路

图1-202 主楼右侧的曲路

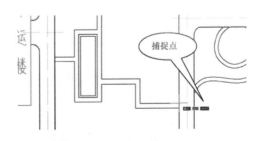
图1-203 捕捉点

在【指定第一个角点或[倒角（C）/标高（E）/厚度（T）/宽度（W）]：–from基点：〈偏移〉：】提示下，输入：@–3470,18450✓。

在【指定另一个角点或[面积（A）/尺寸（D）/旋转（R）]：】提示下，输入：@–28000,15000✓。

按照图1-204所示的尺寸完成篮球场内部的绘制，绘制结果如图1-205所示。

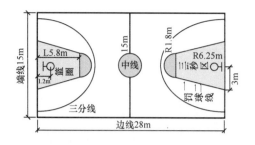

图1-204　篮球场尺寸

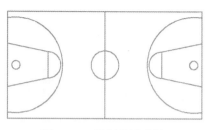

图1-205　绘制的篮球场

以右侧水平方向的点画线为镜像轴，镜像复制一个篮球场，结果如图1-206所示。

在篮球场处绘制一个33566mm×43410mm的矩形，表示篮球场下面的地面，如图1-207所示

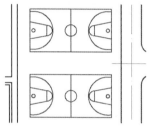

图1-206　镜像篮球场

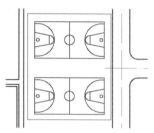

图1-207　篮球场下面的地面

7）填充铺装。

为使道路和广场形成艺术的空间感，需要选择不同的图案来体现。单击【图案填充】命令 ▨ 按钮，打开"图案填充和渐变色"对话框，对广场、花坛、篮球场和不同的道路进行参数设置，如图1-208所示。

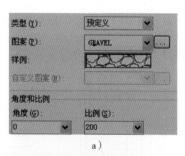

a）

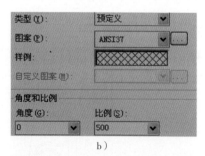

b）

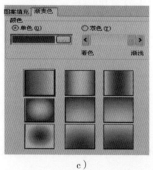

c）

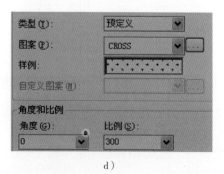

d）

图1-208　填充设置

a）曲路填充设置　b）广场和地面填充设置　c）篮球场填充设置　d）花坛填充设置

然后依次对相应部分进行填充，填充结果如图1-209所示。

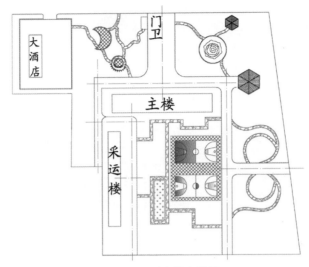

图1-209　图案填充结果

8）插入平面树。

打开项目1素材/"植物平面图例.dwg"文件，用【复制】、【粘贴】、【缩放】等命令将树木分别放于不同的图层，设置好相应的图层颜色，然后插入到图形中适当的位置，并插入汉字，标出图例名称，结果如图1-210所示。

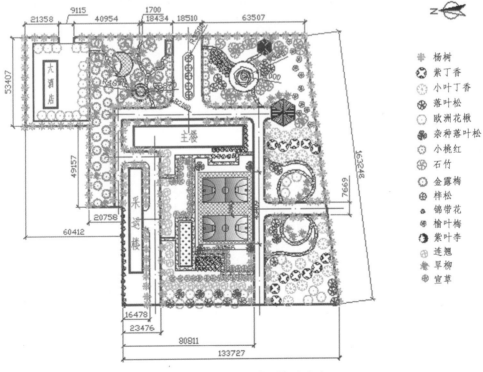

图1-210　插入平面树并标注文字

9）尺寸标注。

标注样式设置如图1-211所示。

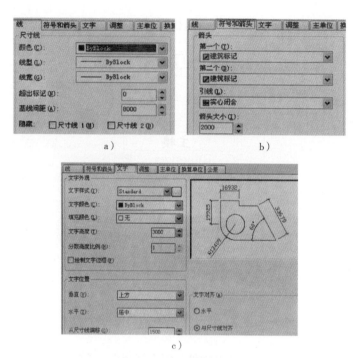

图1-211 标注样式设置

a）"线"设置 b）"符号和箭头"设置 c）"文字"设置

隐藏所有植物图层，将"标注"图层置为当前，对设计地段中的关键部位进行尺寸标注，标注后再显示植物，结果如图1-212所示。

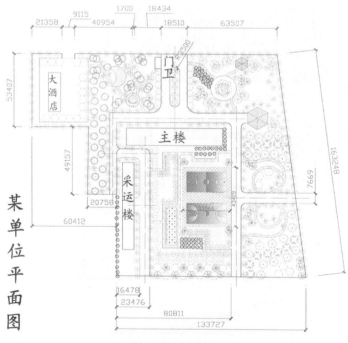

图1-212 标注尺寸

10）绘制定位方格网。方格网以平面图的右下角点为起始点，绘制横向、纵向两条方格线，然后用偏移（偏移距离为2000mm）、复制等方法完成方格网的绘制，范围控制在设计区域。并用

【绘图次序】中的【置于对象之上】或【置于对象之下】命令，将方格网置于所有图形的下面，显示线宽，结果如图1-213所示。

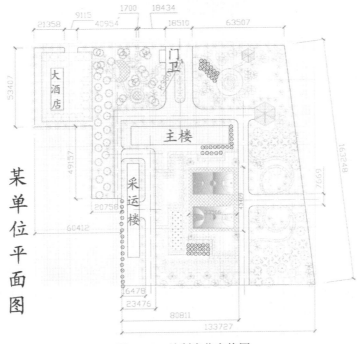

图1-213 绘制定位方格网

11）打印输出。框选所有的图形，单击鼠标右键在出现的级联菜单中选择【复制】，然后单击【文件】/【打开】，在打开的【选择文件】对话框里的【文件类型】中选择"图形样板"，打开"项目1素材/图形A3样板.dwt"文件，在空白的图形工作区域中单击鼠标右键/【粘贴】。

点击【模型和布局卡】 ◄◄ ◄ ► ► 模型 Gb A3 标题栏 中的【Gb A3】按钮，出现"布局"窗口，如图1-214所示。

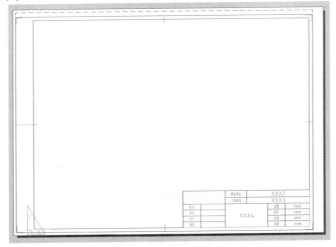

图1-214 A3图纸"布局"窗口

将光标放到工具条上点击鼠标右键，在出现的菜单中选择【视口】命令单击，出现【视口】工具条。单击【多边形视口】按钮 ⬚ ，依次捕捉内图框右上角、左上角、左下角，标题栏左下角、左上角、右上角、直至内图框右上角（闭合）结束，结果如图1-215所示。

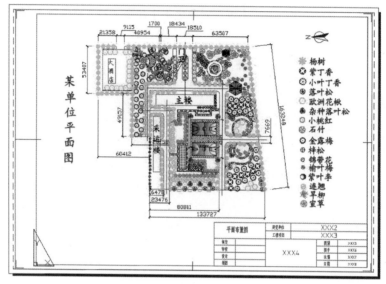

图1-215　图形放于视口中

然后点击状态栏中的【图纸】按钮 图纸，按钮变为【模型】按钮 模型。此时用【实时平移】按钮 ✋ 和【实时缩放】按钮 🔍 调整"视口"中图形的位置和大小。此时【视口】工具条右侧下拉列表中的数字随着实时缩放命令的结束而发生变化。当调整好"视口"中图形的位置和大小时，【视口】工具条右侧下拉列表中出现一定的数字，如图1-216a所示。

将数字取整数后确定，如图1-216b所示。然后用【实时平移】命令调整图形在"视口"中的位置，至满意为止。此时，【视口】工具条中的数字"0.0010"即为图样的比例，即1:1000。

a）　　　　　　　　　　　　　　　b）

图1-216　【视口】工具条中数字变化的结果

然后，在图纸空间添加比例尺，结果如图1-217所示。

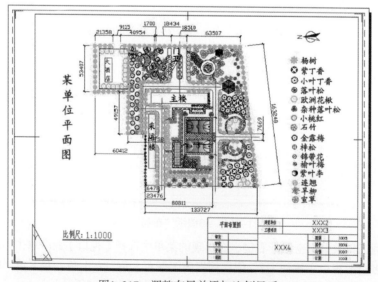

图1-217　调整布局并添加比例尺后

单击【修改】工具条上的【分解】命令按钮 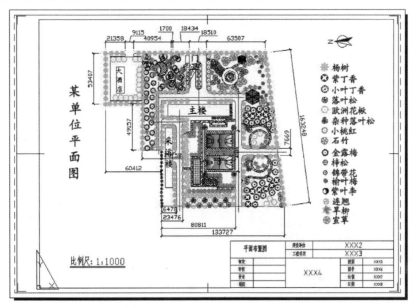，选择标题栏中的文字或线条∕。然后双击×××1（或×××2、×××3等），在出现的【编辑属性定义】对话框中，将"×××1"改为"平面布置图"，可用相同的方法定义其他处，最后再修改标题文字。

打开"页面设置管理器"对话框，单击【修改】按钮，出现"页面设置"对话框，选择好打印机后，单击【确定】，再单击【关闭】按钮。

单击【打印预览】按钮后，预览打印效果如图1-218所示。

图1-218　某单位绿地平面设计预览打印效果图

如果对预览满意，点击鼠标右键，在出现的菜单中单击【打印】后，就可以打印出图了。

 练习

1. 打开"项目1素材/单位平面图.dwg"文件，如图1-219所示，试对其进行绿地设计。要求：设计思路清晰；尺寸准确完整；文字标示清楚；图形布局、图框插入合理。

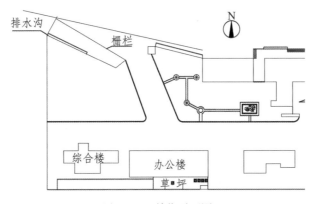

图1-219　单位平面图

2. 图1-220所示为一幅手绘的绿地设计小景平面图（见"随书光盘/项目1素材/手绘绿地图.jpg"文件），试将其插入到CAD软件中，描绘成标准的设计图纸，并标注尺寸，放于A4图框中。

图1-220 手绘绿地设计小景平面图

3. 按照图1-221所示的尺寸，绘制树池的平面图、立面图和剖面图，然后进行合理的布局和尺寸、文字标注，放入A3图框中，同时确定合适的比例。

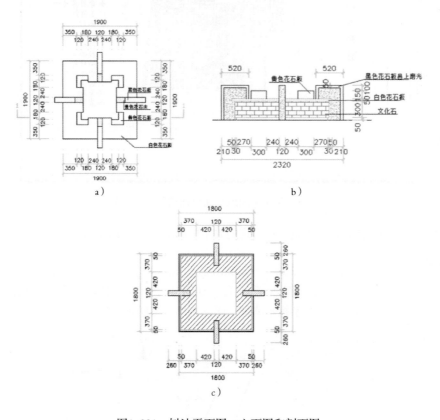

图1-221 树池平面图、立面图和剖面图

a）树池平面图 b）树池立面图 c）树池剖面图

Photoshop CS3的操作技能

　　Photoshop是Adobe公司推出的图形图像处理软件，是当前使用最为广泛、效果最为出众的专业级图像编辑及设计软件，可以绘制并创作园林平面效果图、园林立面效果图、园林透视效果图和园林鸟瞰效果图等。使用Photoshop可以大幅度提高绘图及编辑的效果，已成为园林设计人员展现自己作品和获取设计项目的重要手段。

任务1　Photoshop CS3基本操作技能

◎ 子任务1　文件操作技能

任务目标

　　Photoshop CS3中图像文件的基本操作包括新建文件、打开文件、存储文件和关闭文件等。通过本例的实际操作，使学生达到熟练进行在新建文件时正确设置参数、打开文件时正确选择文件的格式、保存文件为实际需要的格式做出相应的设置以及正确关闭文件的目的。

任务实施

● 新建文件

1）启动Photoshop CS3后，选择【文件】/【新建】命令或者按下【Ctrl+N】组合建，出现"新建"对话框，设置参数如图2-1所示。

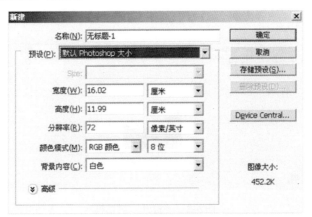

图2-1　"新建"对话框

2）单击【确定】按钮或按下回车键，就可以建立一个新文件。其文件名"未标题-1"、显示比例"100%"、颜色模式"RGB"显示在图像窗口标题栏中。

知识链接

"新建"对话框中各选项的含义：

【名称（N）】：可输入新文件的名称。若不输入，则以默认名"未标题-1"为名称。如果连续新建几个，则文件按顺序为"未标题-2"、"未标题-3"，依此类推。

【预设（P）】：如果需要创建的文件尺寸属于常见的尺寸，可以在该对话框的"预设"下拉列表中选择相应的选项，从而简化操作。

【分辨率（R）】：用于指定新建图像的分辨率。分辨率的大小必须根据图像的用途来确定。例如，视频编辑应用程序中显示图像时，图像品质看起来也不一定会很好；用于网页制作或软件的界面时，分辨率也只有一种可能，那就是72ppi（小于72ppi，清晰度降低；大于72ppi，文件变大而清晰度不会有丝毫改善，所以72ppi是最适合的）；用于印刷时，尤其是四色印刷（如产品的包装盒、海报和图书封面），一般要求采用300ppi或更高；而用于写真或喷绘时，150ppi就足够了。

【颜色模式（M）】：用于选择模式的类型，有位图、灰度、RGB颜色、CMYK颜色、Lab颜色可供选择。通常选择"RGB颜色"模式。同时可在该列表框后面设置色彩模式的位数，有1位、8位与16位。

【背景内容（C）】：用于设置新图像的背景层颜色，包括"白色"、"背景色"和"透明"三个选项。单击【高级】按钮还可以扩展"新建"窗口，扩展后可以选择【颜色配置文件（O）】和【像素长宽比（X）】。这两个选项如无特殊需要，一般默认即可。

● 打开文件

1）选择【文件】/【打开】命令，弹出如图2-2所示的"打开"对话框。

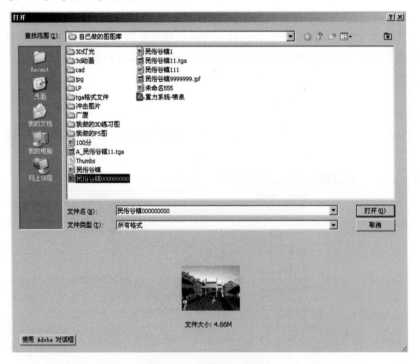

图2-2　"打开"对话框

2）选择要打开的文件，该文件的名称就会出现在【文件名（N）】文本框中。

3）在【文件类型（T）】：下拉列表中选择打开文件的类型，默认情况下是"所有格式"。

4）单击 打开(O) 按钮，即可打开该文件，如图2-3所示。

图2-3 打开的文件

● **保存文件**
◎ **保存图像**

首次选择【文件】/【存储】命令，或按【Ctrl+S】组合键，可以打开图2-4所示的对话框保存当前操作的文件。但以后再对该文件使用【存储】命令时，将不会出现对话框，系统将以首次设置的文件名、文件格式和存储位置对文件进行保存。

说明

> 只有当前操作的文件具有通道、图层、路径、专色和注释选项，而且在"格式"下拉列表中选择支持保存这些信息的文件格式，对话框中的这些选项才会被激活。

图2-4 "存储为"文件对话框

○ 保存为其他文件格式

选择【文件】/【存储为】命令，或按【Ctrl+Shift+S】组合键，可以改变图像的格式、名称、保存路径来保存图像，并开始操作新存储的文件。

● 关闭文件

直接单击图像窗口右上角标题栏下面的关闭图标 ✕，或执行【文件】/【关闭】命令，还可以通过快捷键【Ctrl+W】键来关闭文件。

◎ 子任务2　AutoCAD图形输出

🖐 任务目标

在CAD中完成的园林平面设计图，经过仔细推敲，确定各部分不再改动，即可导入Photoshop中，以便制作平面效果。通过实际操作，使学生达到正确地将CAD图输出为各种图片格式文件的目的。

🖐 任务实施

● 输出EPS封装格式

1）在AutoCAD 2008中，打开一个".dwg"格式的文件。

2）单击【文件】/【输出】选项，打开"输出数据"对话框，在【文件类型】下拉框中选择"封装PS*eps"，在【文件名】中输入文件名，再通过【保存】选择指定图形输出的位置，单击【保存】按钮，返回图形界面。

🖐 说明

用Photoshop打开此格式的文件时，可通过调整分辨率和图像的长、宽数值，确定图像文件的大小。用这种方法可以打印出所需要的任何大小图幅的图像。

● 输出JPG格式

在AutoCAD 2008中，通过设置虚拟打印机，进行JPG格式图形的输出。

1）在AutoCAD 2008中，打开一个".dwg"格式的文件，单击【文件】/【打印】，打开"打印–模型"对话框，如图2-5所示。

2）在"打印/绘图仪"区域，打开【名称】下拉列表，选择打印机，单击打印机名称后的【特性】按钮，打开"绘图仪配置编辑器"对话框，如图2-6所示。

3）在【设备和文档设置】选项卡窗口，单击【自定义图纸尺寸】，而后在下面的【自定义图纸尺寸】框中单击【添加】按钮，出现"自定义图纸尺寸–开始"对话框，如图2-7所示。

4）在"自定义图纸尺寸–开始"对话框，选择【创建新图纸】，单击【下一步】按钮，在出现的"自定义图纸尺寸–介质边界"对话框中，输入需要的图纸尺寸，如图2-8所示，再单击【下一步】/【完成】按钮，完成图纸尺寸的设定。

5）系统返回"绘图仪配置编辑器"对话框，在下面的【自定义图纸尺寸】框中选择刚刚设置的用户（2500.00×1800.00像素），单击【另存为】，在打开的窗口中输入文件名为"US ER1"，选择路径单击【保存】返回"绘图仪配置编辑器"对话框，再单击【确定】后回到"打印–模型"对话框。在【图纸尺寸】下拉表框中选择"用户1（2500.00×1800.00像素）"，单击确定，出现"浏览打印文件"对话框，如图2-9所示。

图2-5 "打印-模型"对话框

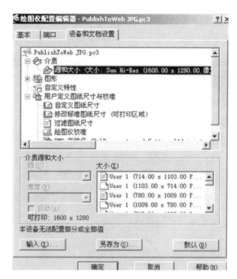

图2-6 "绘图仪配置编辑器"对话框

图2-7 "自定义图纸尺寸-开始"对话框

图2-8 "自定义图纸尺寸-介质边界"对话框

图2-9 "浏览打印文件"对话框

6）在"浏览打印文件"对话框中确定【文件名】和【保存于】选项内容后单击【保存】按钮，图形输出结束。

● 输出BMP格式

1）在AutoCAD 2008中，打开需转化的图层并关闭不需要的图层，确认当前屏幕作图区的颜色为白色。

2）单击【文件】/【输出】命令，打开的"输出数据"对话框，在【文件类型】下拉框中选择"位图（*.bmp）"，在【文件名】中输入文件名，再通过【保存】选择指定图形输出的位置，然后单击【保存】按钮，返回图形界面，框选图形，按【回车】键。

● **屏幕抓图**

1）在AutoCAD 2008中，打开需转化的图层并关闭不需要的图层，确认当前屏幕作图区的颜色为白色。

2）按下键盘上的【Prtsc Sys Rq】键，将当前屏幕的形式存入剪贴板，关闭CAD。

3）打开Photoshop使用菜单命令【文件】/【新建】，选择文件尺寸，选择【白色】选项为选择状态。

4）单击【编辑】/【粘贴】命令，将剪贴板暂存的图像粘贴到当前文件之中，利用【剪切】工具将周围不用的区域剪裁掉。

说明

> 屏幕抓图操作简单，易于使用；但只能获得固定尺寸的图像，且所获得图像的大小取决于屏幕所设的分辨率大小，仅适用于输出小图时使用。

练习

1. 启动Photoshop CS3，然后分别按下F5～F9,Tab、Shift+Tab键，看一看能够产生什么变化。

2. 打开一个图像文件，在工具箱中选择任何工具按钮，然后在图像窗口中点击鼠标右键，看看打开的快捷菜单是什么，同时看看工具栏中都有哪些参数选项设置。

3. 启动Photoshop CS3，分别进行新建、打开、存储和关闭文件的操作。

4. AutoCAD图形输出常用的有哪几种形式，如何操作？

5. 在CAD中打开"项目2素材/汀步方案.dwg"文件，如图2-10所示，试将其分别存储为EPS封装格式、JPG格式和BMP格式的文件。

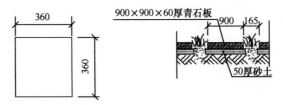

图2-10　汀步方案

任务2　Photoshop CS3图像绘制处理操作技能

▶ 子任务1　基本绘图操作技能

任务目标

在Photoshop中的许多操作都是基于选区的，Photoshop CS3中提供了多种选区工具。通过本任务的学习，使学生能够运用Photoshop选区的创建、变换与修改功能；利用渐变、橡皮等工具的属性设置和使用，来创建、绘制各种基本图形。

任务实施

● 用【矩形选框工具】、【椭圆选框工具】、【渐变工具】、【变换选区】等工具绘制一个圆锥体

1）按下键盘上的【Ctrl+N】组合键，或执行菜单栏上的【文件】/【新建】命令,打开"新建"对话框，设置如图2-11所示。

2）在文档窗口中间创建一条纵向辅助线，选择【矩形选框工具】（快捷键M），按下【Alt】键不放，以该辅助线为对称中心创建一个矩形选区，如图2-12所示。

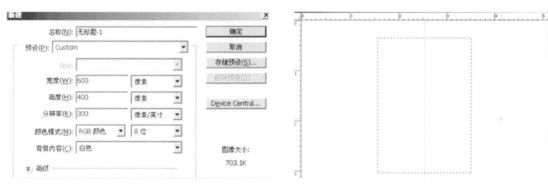

图2-11　新建文件对话框设置　　　　　　　图2-12　创建矩形选区

3）选择【渐变工具】（快捷键G），在属性栏上设置渐变方式为"线性渐变"，然后打开"渐变编辑器"，设置渐变，如图2-13所示。

4）单击图层面板底部的 按钮，新建一个图层，按下【Shift】键，分别以矩形选区的两条垂直的边为起点和终点创建一个水平的渐变，执行菜单栏上的【编辑】/【变换】/【透视】命令，拖动上面的控制点，使它们在辅助线上相交，得到锥形效果，如图2-14所示，回车，去掉选择。

5）单击工具栏中的【椭圆选框工具】（快捷键M）按照创建矩形选区的方法，以辅助线为圆心创建一个椭圆形选区，如图2-15所示。

6）执行菜单栏上的【选择】/【变换选区】命令，再执行菜单栏上的【编辑】/【变换】/【透视】命令，将选区透视变换，如图2-16所示。

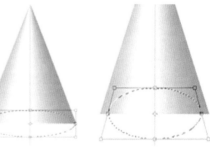

图2-13　设置渐变编辑器　　图2-14　锥形效果　图2-15　椭圆形选区　图2-16　透视变换选区

7）将选区变换大小，并移动到合适位置，如图2-17所示。

8）按下【Shift+Ctrl+I】组合键将选区反选，再用【橡皮擦工具】（快捷键E）擦掉多余的部分，得到锥体的效果，如图2-18所示。

9）下面绘制圆锥体的"投影"部分，单击图层面板底部的 按钮，新建一个图层，选择【多边形套索工具】（快捷键L），绘制如图2-19所示的选区。

10）设置前景色为深灰色，按下【Alt+Ctrl+D】组合键，将选区羽化5像素，再按下【Alt+Delete】组合键，将前景色填充到选区，效果如图2-20所示。

11）用橡皮擦工具将圆锥上的阴影部分擦除，最终效果如图2-21所示。

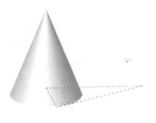

图2-17　将选区移动到合适的位置　　　　图2-18　锥体效果　　　　图2-19　绘制选区

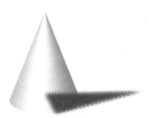

图2-20　填充前景色到选区　　　图2-21　Photoshop绘制的圆锥体

▶ 子任务2　滤镜应用操作技能

🖌 说明

　　滤镜主要用来制作各种图像特效，Photoshop CS3中包括扭曲、像素化、艺术效果滤镜和特殊滤镜等14组滤镜。其应用原理是：当选择一种滤镜，并将其应用到图像中时，滤镜就会通过分析图像或选择区域中的色度值和每个像素的位置，采用数学方法进行计算，并用计算结果代替原来的像素，从而使图像生成随机化或预先确定的形状。

🖌 任务目标

　　滤镜功能可以在很短的时间内彻底改变图像的外观效果，制作出许许多多、变换万千的特殊效果。本任务主要通过几种滤镜功能来表现树木的平面效果，使学生能举一反三，达到制作各种不同树木平面效果的目的。

🖌 任务实施

● 将"树-落叶.dwg"平面图制作成平面树实体效果。

1）在AutoCAD 2008中，利用设计中心插入"树-落叶（平面）"图块，设置模型空间背景为白色，单击菜单【文件】/【输出】将其保存为"*.eps"封装格式文件。

2）运行Photoshop CS3软件，打开刚才保存的"*.eps"格式文件。用裁切工具裁切图像至合适的大小。然后单击菜单【图像】/【图像大小】，设置图像大小，参数如图2-22所示。

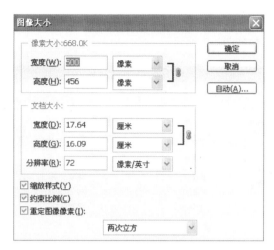

图2-22 设置图像大小

3）拖动"图层1"至【创建新图层】按钮 上，复制图层4次，合并这些图层，使图线清晰，效果如图2-23所示。

4）新建一个"图层2"，拖动"图层2"到"图层1"下方，用白色填充"图层2"。

5）新建一个"图层3"，确定"图层3"为当前图层，利用【椭圆选框工具】，画一个与图线大小相同的圆形选区。

6）设置前景色为浅绿色，背景色为深绿色，从圆的中间偏上位置开始下拉实施线性渐变，并将"图层3"置于"图层1"之下，结果如图2-24所示。

7）确认图层3处于被激活状态，执行【滤镜】/【杂色】/【添加杂色】命令，设置"数量"为12%，分布为【高斯分布】，单击【确定】按钮，结果如图2-25所示。

说明

【添加杂色】滤镜就是通过给图像增加一些细小的像素颗粒（即干扰的粒子），使干扰粒子在混合到图像内的同时产生色散效果，也有人将它译为"增加噪声"滤镜。

8）仍然对"图层3"进行操作，执行【滤镜】/【艺术效果】/【海报边缘】命令，设置"边缘厚度"为3，"边缘强度"为3，"海报化"为2，单击【确定】按钮，结果如图2-26所示。

说明

【海报边缘】滤镜可以减少图像中的颜色数目，使图像海报化，并查找图像的边缘，然后在上面添加黑色阴影。图像的大范围区域用简单的阴影表示，精细的深色细节分布在整个图像中。

图2-23 复制并合并图层后　　图2-24 渐变后　　图2-25 添加杂色效果图　　图2-26 海报边缘效果

9）制作阴影。合并"图层1"和"图层3"，双击合并后的图层，在出现的"图层样式"对话框，选择【投影】，设置参数如图2-27所示。

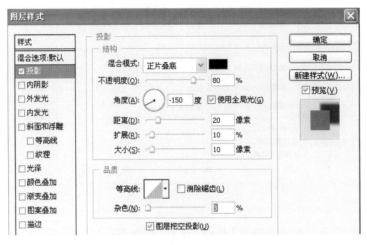

图2-27　图层样式阴影设置

10）最终效果如图2-28所示。将其存储为PSD格式，以备后用。

图2-28　平面树效果

▶ 子任务3　创建并编辑选区、图层操作技能

任务目标

本任务在继续熟练选区操作的基础之上，学习图层面板、图层的基本操作、填充图层和调整图层、应用图层特殊样式以及图层的混合模式与透明度等知识，以实现图像进一步编辑的目的。

任务实施

● 用创建规则选区、不规则选区、魔棒、色彩范围、全选等工具创建不同形状的选区，设计并制作一个书签

1）按【Ctrl+N】键，弹出"新建"对话框，参数设置如图2-29所示。

2）单击工具箱中的【矩形选框工具】和【椭圆选框工具】按钮，绘制书签形状并填充绿色（R、G、B分别是63、218、15），结果如图2-30所示。

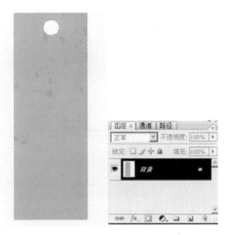

图2-29 新建文件参数设置 图2-30 书签形状和填充结果

3）单击工具箱中的【画笔工具】按钮，再单击属性栏中的 画笔 按钮，打开【画笔预设】选取器，选取画笔形状并设置其半径为192，如图2-31所示。

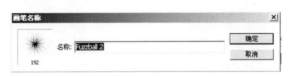

图2-31 画笔形状和大小

👉 说明

①单击工具箱中的【椭圆选框工具】时，按住【Shift】键的同时单击鼠标，可绘制正圆；按住【Shift】键+空格键可移动正圆。②直接按【Shift】键，再创建第二个选区，能将所画选区添加到原来的选区中，成为新选区。③按【Alt】键的同时建立选区，可起到"从选区中减去"的作用。

4）新建图层，设置前景色为白色，单击鼠标在新建的图层中适合点单击，结果如图2-32所示。

5）按【Ctrl+O】键，打开"项目2素材/黑龙江生物1.jpg"文件，单击 按钮，将图像文件拖拽到新建的图像中，在图层面板中自动生成新图层，单击【编辑】/【自由变换】命令，效果如图2-33所示。

6）单击工具箱中的【椭圆选框工具】按钮，在图层3上绘制圆形选区，如图2-34所示。

7）单击【选择】/【修改】/【feathe…】命令，设置羽化值为1。然后单击【选择】/【反向】命令，单击【Delete】键删除选择部分，按【Ctrl+D】键取消选区，效果如图2-35所示。

8）单击工具箱中的【横排文字工具】T 按钮，设置字体、大小和颜色，输入文字"Yuanlin book"，双击"图层3"，在出现的"图层样式"对话框中选择【投影】选项，效果如图2-36所示。

图2-32 画笔绘制　　图2-33 移动和自由变换　　图2-34 绘制的圆形选区

图2-35 修改后　　　　　图2-36 文字和图层样式

9）合并除背景层以外的所有图层，单击 按钮，然后按住【Alt】键配合鼠标复制两个书签，利用【自由变换】命令旋转摆放至合适的位置。激活背景层，对其实施黑白线性渐变，最终效果如图2-37所示。

图2-37 书签设计最终效果

知识链接

调整面板

一、图层调整面板

图层就像一张没有厚度的透明纸，可以在纸上绘画，没有绘画的部分保持透明。将各图层叠放在一起，可以组成一幅完整的画面。

当对一个图层进行操作时，图像文件的其他图层不会受到影响，即如果想要修改某个图层中的图像时，应先点击一下该图层，将其激活。同一个图像文件中，所有图层具有相同的分辨率、通道数和图像模式，但是每一个图层可以有各自不同的混合模式和不透明度。

二、调板区中的其他调板

1. "导航器"面板

"导航器"面板用于对图形进行缩放显示。对于较大的图形，拖动显示框中的红色方框可以很方便地选择在工作区中显示图像的各个部分。

2. "直方图"面板

"直方图"面板提供许多选项，用来查看有关图像的色调和颜色信息。默认情况下，直方图显示整个色调范围。若要显示图像某一部分的直方图数据，可以先选择该部分。

3. "信息"面板

"信息"面板上面的两个部分用来显示所选部分的色彩信息。单击其上的 ⚲ 图标，可以选择想要显示的颜色模式（如RGB、CMYK、Lab等）的颜色信息。"信息"面板上各部分的含义如图2-38所示。

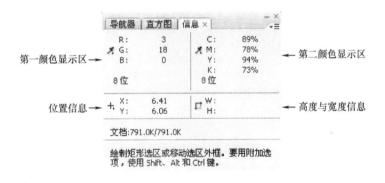

图2-38 "信息"面板

4. "颜色"面板

"颜色"面板可以用来方便地选择颜色。在"颜色"面板中可以通过滑块 ◣ 选择想要使用的颜色，也可以直接在右边的编辑框中输入想要颜色的数值，或是在面板下方的颜色条中单击选择所需要的颜色。"颜色"面板如图2-39所示。

5. "色板"面板

"色板"面板就是一个颜色库，其中保存着一些系统定义好的颜色样本，直接在其中的颜色块中单击就可以选择所需的颜色。可以通过单击"色板"面板下方的"创建前景色的新色板" ❑ 按钮，把当前的前景色加入到色板中保存起来，方便以后取用；也可以用鼠标把不想要的色板中保存的颜色样本拖到"色板"面板中的"删除色板" 🗑 按钮上，删除该颜色样本。"色板"面板如图2-40所示。

6. "样式"面板

"样式"面板中存放的是一些图层样式，单击其中的选项，就会把所选样式加入到当前的操作图层中。可以通过单击 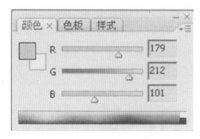 按钮把现在选择的图层样式加入到"样式"面板中保存起来，方便以后运用；也可以用鼠标将不想要的在"样式"面板中保存的图层"样式"拖到样式面板上的 🗑 按钮上。另外，单击"样式"面板上的"清除样式" ⊘ 按钮，可以去掉当前图层中所选用的图层样式。"样式"面板如图2-41所示。

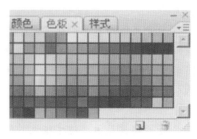

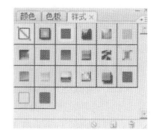

| 图2-39 "颜色"面板 | 图2-40 "色板"面板 | 图2-41 "样式"面板 |

7. "历史记录"面板

"历史记录"面板记录了对图像建立的快照（指在图像处理过程中对图像建立的副本。使用快照可以迅速地恢复对图像的错误操作，也可以对比不同的方法处理图像的效果）和操作。

"历史记录"面板分为两部分：位于面板上部的"历史快照"部分和下部的"历史操作"部分。其中高亮显示的快照或操作是图像当前所处的状态。将鼠标置于某个快照或操作上，指针变为"小手"，单击便可使图像恢复到相应的状态。

在默认设置下，"历史记录"面板最多可保存20条操作记录。当对图像的操作超过20次后，最前面的记录将自动被删除。若想记录更多的操作，可在【编辑】/【首选项】/【常规】命令中进行设置，但这需要更多的系统内存。

◉ 子任务4　路径应用操作技能

🔧 任务目标

本任务通过对实际案例的绘制，学习路径面板、路径的绘制、路径的编辑工具、描边路径、路径填充等路径操作的基本知识，使学生可以使用路径工具在图像中绘制各种复杂的图形，并生成选区以便进行更复杂的编辑。

🔧 任务实施

● 用钢笔工具、相关滤镜和图层样式等工具绘制植物模纹图案

1）打开"项目2素材/草坪04.jpg"文件。在工具箱中单击【钢笔工具】 ✒️ ，在其属性栏中绘图选项选择为【路径】 📐 ，在绘图区绘制如图2-42所示的一个三角形路径区域。

2）使用【添加锚点工具】在三角形的三条边上添加三个锚点，再用鼠标分别拖动三个锚点，将种植图案的外轮廓画出来，如图2-43所示。

3）打开【路径】调板，点击下部的【将路径作为选区载入】 ⬭ 按钮（或者在路径区域内点击鼠标右键，在出现的快捷菜单中选择【建立选区】按钮），路径即可变为选区。

在【图层】调板中新建一个图层，命名为"植物模纹"，设置前景色的颜色为紫色（也可自定）并填充到选区中，按下【Ctrl+D】键去掉选区，如图2-44所示。

4）单击【编辑】/【自由变换】命令，将"植物模纹"缩小，再按【Alt】+【移动命令】复制三个"植物模纹"，旋转并摆放，大小和位置如图2-45所示。

   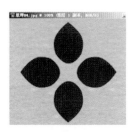

图2-42　三角形路径　　图2-43　调整图案形状　　图2-44　填充颜色到选区　　图2-45　复制"植物模纹"旋转
　　　　　　　　　　　　　　　　　　　　　　　　　　　　　　　　　　　　　　　并摆放

5）单击绘图工具栏中的【椭圆选框工具】，新建一个图层，命名为"圆形"，按住【Shift】键拖出一个正圆，前景色的颜色为黄色（也可自定）并填充到选区中，如图2-46所示。

6）单击绘图工具栏中的【矩形选框工具】，新建一个图层，命名为"矩形"，按住【Shift】键拖出一个正方形，调整前景色的颜色为红色（也可自定）并填充到选区中，复制3个并调整位置，如图2-47所示。

图2-46　填充颜色到选区　　　　　　　图2-47　绘制矩形模纹复制并摆放

7）确认激活的是最上面的图层，按【Ctrl+E】键向下合并，合并除了"背景"层以外的所有图层，并重新命名为"植物模纹"。

确认"植物模纹"图层处于被激活状态，执行【滤镜】/【杂色】/【添加杂色】，数量设置为10；再执行【滤镜】/【纹理】/【纹理化】，参数设置如图2-48所示，单击【确定】按钮，效果如图2-49所示。

 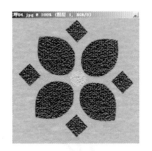

图2-48　纹理化参数设置　　　　　　图2-49　滤镜后的效果

8）双击"植物模纹"图层，对其添加【斜面和浮雕】效果，设置为默认值；再对其添加【投影】效果，参数设置如图2-50所示，最终效果如图2-51所示。

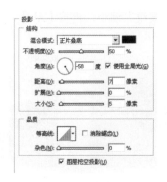

图2-50　投影参数设置　　　　　　　　图2-51　植物模纹图案

 说明

　　在绘制路径的过程中，若对所绘制的路径不满意，可以按【Esc】键取消绘制。当选择了【磁性钢笔】工具时，若对绘制的路径不满意，可以单击鼠标手动添加锚点。使用【BackSpace】键或者【Esc】键可以删除用磁性钢笔绘制的上一个锚点。

●　用钢笔工具、画笔工具、模糊工具等绘制树枝树叶

1）新建一个500像素×400像素，背景色为白色的RGB文件。

2）新建一个图层，命名为"树枝"，然后用【钢笔工具】勾出树枝的路径，如图2-52所示。

3）单击【路径】面板下方的【将路径作为选区载入】 按钮或者在所画的路径区域内单击鼠标右键，在级联菜单中点击【创建选区】命令，将路径转换为选区，然后填充R、G、B分别为50、15、1的颜色，按【Ctrl+D】键取消选区，效果如图2-53所示。

4）单击工具箱中的【加深工具】 按钮，对树枝的边缘部分涂抹，使其颜色变深，再选择【减淡工具】 按钮，把树枝的中间及有节点的部分涂亮一点，效果如图2-54所示。

图2-52　绘制的树枝路径　　　　图2-53　填充颜色　　　　图2-54　加深减淡处理效果

5）新建一个图层，命名为"树叶"，用【钢笔工具】勾出一片叶子的路径，如图2-55所示。

6）设置前景色的R、G、B分别为8、139、48，背景色的R、G、B分别为8、78、23。

7）单击【路径】面板下方的【将路径作为选区载入】 按钮，将路径转换为选区。单击工具箱中的【渐变工具】，在其属性栏中设置"前景到背景"，如图2-56所示。"渐变模式"设置为"径向渐变"，对树叶进行填充，然后按下【Ctrl+D】键，取消选区，效果如图2-57所示。

8）用钢笔工具创建图2-58所示的主叶脉路径。

图2-55　绘制树叶路径　　　　　　　图2-56　渐变色设置

图2-57　渐变填充效果图　　　　图2-58　绘制主叶脉路径

9）将路径转换为选区，并填充R、G、B分别为228、247、234的颜色，效果如图2-59所示。

10）用和上一步相同的方法，继续绘制叶脉并填充颜色，效果如图2-60所示。

11）单击工具箱中的【画笔工具】，设置画笔笔刷大小为"1px"，硬度为"100%"，新建一个图层，用画笔工具画出细小的叶脉，效果如图2-61所示。

图2-59　填充颜色　　　图2-60　绘制叶脉并填充颜色　　　图2-61　画出细小的叶脉

12）新建一个图层，用钢笔勾出如图2-62所示的路径，然后转换为选区并填充和树叶相同的颜色，取消选区，并将新建的这个图层和"树叶"图层合并，仍然命名为"树叶"。

13）移动并缩放树枝和树叶的位置，如图2-63所示。

图2-62　钢笔路径　　　图2-63　摆放树枝和树叶的位置

14）复制多片树叶，调整大小，并选择【模糊工具】对后面的树叶做适当的模糊处理，再填充一个灰色背景，合并所有图层，最终效果如图2-64所示。

图2-64　树枝树叶效果

● **用路径填充、路径描边等工具设计绘制"时钟"花坛**

1）按下键盘上的【Ctrl+N】组合键，或执行菜单栏上的【文件】/【新建】命令，打开"新建"对话框，设置参数如图2-65所示。

2）制作草坪。按【Ctrl+O】键，打开"项目2素材/草坪03.jpg"文件，单击工具箱中的【移动】按钮，将其拖拽到当前文件中，自动生成图层1，命名为"草坪"，调整到合适的大小。再新建一个图层，命名为"渐变"，设置前景色为浅绿色，背景色为深绿色，执行线性渐变，将其图层属性设置为【正片叠底】，向下合并图层，结果如图2-66所示。

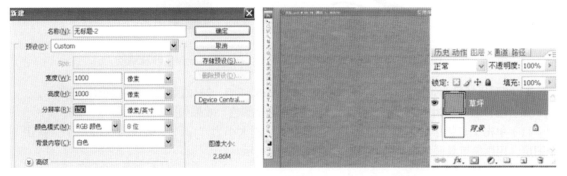

图2-65　新建文件参数设置　　　　　　　图2-66　草坪和图层调板

3）再新建一个图层，命名为"外墙"，在按住【Shift】键的同时，用【椭圆选框】工具画一个圆形选区，如图2-67所示。

4）确认"外墙"图层处于激活状态，设置前景色为灰色（R、G、B分别为222、225、219），单击【编辑】/【描边】命令，设置【宽度】为"15Px"，【位置】为"居外"，并在"图层样式"中选择【投影】和【斜面浮雕】，效果如图2-68所示。

5）激活"外墙"图层，用【魔棒工具】选取"外墙"的外部，删除"草坪"和"渐变"的图形，新建一个图层，命名为"地面"，放在最下面。打开"项目2素材/人行路铺装.jpg"文件，执行【Ctrl+A】命令,全选，单击【编辑】/【定义图案】，关闭此文件，然后在"花坛"文件的选区内，执行【编辑】/【填充】，用定义了的图案填充，结果如图2-69所示。

图2-67　圆形选区　　　　图2-68　"描边"后的外墙图　　　图2-69　图案填充的地面

6）新建一个图层，命名为"辅助"，单击工具箱中的【自定形状工具】　　　按钮，其属性栏设置如图2-70所示。

图2-70　【自定形状工具】的属性栏

设置前景色的R、G、B值分别为192、13、208，在"辅助"图层上单击鼠标左键并拖动，绘制图形如图2-71所示。

7）按住【Ctrl】键的同时单击"辅助"图层，使"花"的选区浮起，如图2-72所示。

8）单击【编辑】/【定义画笔预设】/【确定】，按下【Ctrl+D】复合键，取消选区，然后删除"辅助"图层。

9）新建一个图层，命名为"外围花"，单击工具箱中的【自定形状工具】　　　按钮，在属性栏中按下【路径】 按钮，绘制工作路径，单击【编辑】/【自由变换路径】调整路径的大小，单击工具箱中的【路径选择工具】 按钮，调整路径的位置，如图2-73所示。

图2-71　绘制的图形

图2-72　"花"的选区

图2-73　绘制路径的形状、
大小和位置

10）单击工具箱中的【画笔工具】 按钮，在属性栏中选择刚才定义的画笔预设，将画笔的主直径设置为80；单击【窗口】/【路径】，打开【路径】调板，在【工作路径】上单击鼠标右键，选择级联菜单中的【描边路径】，从中选择画笔，单击【确定】，结果如图2-74所示。

可见，花重叠到了一起，单击【F5】键，打开画笔设置对话框，并设置【间距】值为99，如图2-75所示。

11）按下【Ctrl+Alt+Z】复合键，退回上一步，重新进行【描边路径】操作，结果如图2-76所示。

12）在【工作路径】上单击鼠标右键，删除该工作路径。回到【图层】调板，将所有的"花"复制两个图层以加深颜色，然后合并复制图层，将该图层仍然命名为"外围花"，结果如图2-77所示。

图2-74　用描边路径排列的花

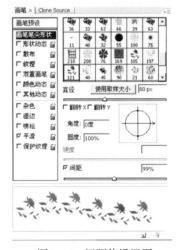

图2-75　间距值设置图

图2-76　重新描边路径

13）将"外围花"图层复制两个，单击【编辑】/【自由变换】，分别调整大小和位置后将复制的图层和原图层合并，双击该图层，在【图层样式】对话框中选择【投影】，结果如图2-78所示。

14）继续制作中心花。设置前景色R、G、B分别为246、10、43，【定义画笔预设】如图2-79所示。

15）新建一个图层，命名为"中心花"，在此图层上，单击【自定形状工具】 按钮，绘制路径，大小、位置如图2-80所示。

16）设置画笔【主直径】为42像素，【间距】为107%，和上面一样进行【描边路径】操作，结果如图2-81所示。

图2-77 加深颜色

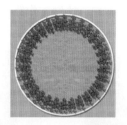
图2-78 复制"花"并添加图层样式

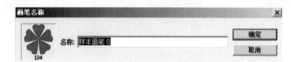
图2-79 定义画笔预设

17）复制一个"中心花"图层，与原图层合并以加深颜色，然后执行【滤镜】/【纹理】/【颗粒】，【强度】设置为40，【对比度】设置为50，单击【确定】按钮，结果如图2-82所示。

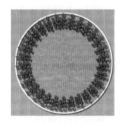
图2-80 绘制的路径

图2-81 描边路径

图2-82 颗粒处理图

18）设置前景色的R、G、B分别为210、246、44，单击工具箱中的【横排文字工具】 **T** 按钮，设置其属性如图2-83所示。

19）在图形中输入文字"12"，位置如图2-84所示。

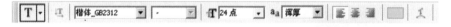
图2-83 横排文字工具属性设置

20）双击文字层，打开【图层样式】对话框，选择【投影】和【描边】，双击"描边"字样，设置描边大小为2像素，颜色R、G、B分别为210、246、44，结果如图2-85所示。

21）用相同的方法，设置并输入其他文字，结果如图2-86所示。

图2-84 文字"12"的输入

图2-85 文字的图层样式效果图

图2-86 其他文字的输入

22）绘制"指针"。设置前景色的R、G、B分别为210、246、44，新建一个图层命名为"时针"。单击工具箱中的【多边形套索工具】绘制选区，如图2-87所示。

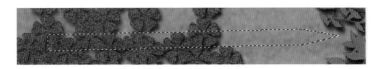

图2-87 "时针"选区

23）按下【Alt+Delete】复合键，填充前景色，执行【滤镜】/【纹理】/【纹理化】，参数设置如图2-88所示，单击【确定】按钮。

24）双击"时针"图层，在【图层样式】对话框中选择【投影】和【斜面浮雕】，时针在图中的大小、位置如图2-89所示。

图2-88 纹理化参数设置　　图2-89 "时针"效果　　图2-90 "时钟"花坛

25）用相同的方法制作"分针"，再用【椭圆选框工具】绘制一个轴心，颜色自己设置，最终结果如图2-90所示。合并所有图层，保存。

知识链接

路径和画笔

一、路径

路径是由一些直线段和曲线段所组成的线条或图形，是不可打印的矢量图形。使用路径可以在图像中创建复杂而精确的选区。与铅笔、画笔等绘制的图形不同，它不包含像素，因此可以随意地放大和缩小，并可对其进行复制、存储、颜色填充或描边等操作，同时路径和选区之间能够相互转换。

创建完成路径后，可以使用路径面板对路径进行管理和编辑。在默认状态，路径面板处于显示状态，若在窗口中没有显示路径面板，可以选择【窗口】/【路径】命令，将其打开。

在Photoshop CS3中，可以通过钢笔工具、自由钢笔工具和形状工具组来创建路径。

二、画笔

1. 画笔预设

画笔预设可以通过两种方法选择当前所使用的画笔设置：一个是通过绘图或编辑工具选项栏的画笔弹出调板，一个是通过执行【窗口】/【画笔】的命令调出画笔调板。

1）选择画笔的任何一个绘图或编辑工具，在其选项栏中单击画笔形状预览图右侧向下的三角形，就会出现画笔弹出式调板，可以选择不同的预设好的画笔，也可以通过拖拉"主直径"上的滑块改变画笔的直径。

2）通过执行【窗口】/【画笔】命令调出画笔调板，当单击【画笔预设】名称时，与工具选项栏中弹出的调板类似。在画笔调板的下方有一个可供预视画笔效果的区域。将鼠标放在某一个画笔上停留几秒钟，直到右下角出现文字提示框，然后移动鼠标到不同的预览图上，随着画笔的移动，画笔调板上方会动态显示不同画笔所绘制的效果。

2. 画笔的显示方式

画笔的预览方式很多，包括纯文本、缩览图、列表等。

1）纯文本：只列出画笔的名字。

2）小或大缩览图：可以看到画笔预览图，两个选项的区别是显示缩览图大小不同。

3）小或大列表：可以看到画笔的缩览图连同名称的列表。

4）描边缩览图：可以看到画笔绘制线条的效果显示。

此外，在画笔弹出的调板或画笔调板弹出的菜单中还可进行下列操作：

1）选择【载入画笔】命令，在弹出的对话框中选择要加入的画笔。选择"替换画笔"命令，可用其他画笔替换当前所显示的画笔。

2）选择【复位画笔】命令，可恢复到软件初始的位置。

3）选择【存储画笔】命令，可将当前调板中的画笔存储。

⊙ 子任务5 图片加工与处理操作技能

🔧 任务目标

利用Photoshop强大的图像处理功能，充分调用并调整配景素材，制作四个不同的图像效果，从中学习编辑渐变的颜色编辑条，【模糊】、【素描】、【锐化】、【扭曲】、【艺术效果】、【其他】、【渲染】等滤镜工具，图像色彩调整方法，达到掌握图片加工与处理操作技能的目的。

🔧 任务实施

● 制作彩虹效果

1）打开"项目2素材/山水画.jpg"文件，如图2-91所示。按下键盘上的【D】键，即前景色为黑色，背景色为白色，然后单击【图层】调板下方的【创建新图层】 ☑ 按钮，得到"图层1"，使它为当前工作图层。

图2-91 山水画

2）单击工具箱中的【渐变工具】，在"渐变"属性栏中选择【渐变类型】为"径向渐变"，再单击"编辑渐变"条，弹出"渐变编辑器"对话框，如图2-92所示。

3）在对话框的渐变式列表中选择【色谱渐变】 ，则色谱渐变将出现在渐变名称输入框中。单击输入框右侧的【新建】按钮，在输入框中输入新渐变的名字"彩虹渐变"，如图2-93所示。

图2-92　"渐变编辑器"对话框图　　　　　图2-93　输入渐变名称为"彩虹渐变"

4）在颜色编辑条下端，选择右边第二个颜色块，并在下边的【位置】输入框中输入99%，使其右移一定位置，然后设置右边第三个颜色块【位置】为98%，依此类推，由右至左，颜色块【位置】分别为97%、96%、95%、94%。各颜色块位置如图2-94所示。

5）在颜色编辑条上端任意位置单击鼠标，添加一个不透明块，将其【位置】设置为94%，【不透明度】为100%，如图2-95所示。

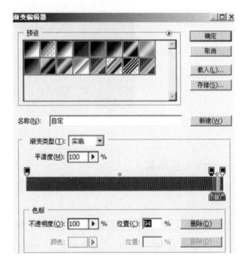

图2-94　设置各颜色块位置　　　　　　　　图2-95　添加一个不透明的色块

6）再用同样方法添加一个不透明块，并将其【位置】设为100%，【不透明度】为0。选择左边第一个不透明块，将其【位置】设为93%，【不透明度】为0。此时的颜色编辑条编辑完毕，状态如图2-96所示，单击【确定】按钮退出。

7）在图像窗口中由下至上拖动鼠标，即可绘出一条彩虹，如图2-97所示。

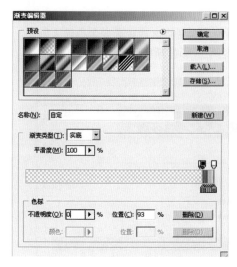

图2-96　完成各项设置

图2-97　拖出彩虹效果

8）在【图层】控制面板，将"图层1"混合模式设置为"柔光"；单击【滤镜】/【模糊】/【高斯模糊】，设置【半径】为4像素，单击【确定】按钮。然后用【橡皮擦】工具在图像中擦去彩虹应当被挡住的部分，最终效果如图2-98所示。合并图层，保存。

图2-98　彩虹效果

● **制作大雪效果**

1）按【D】键，前景色为黑色，背景色为白色。然后打开"项目2素材/别墅雪景透视图.jpg"文件，如图2-99所示。

2）单击【图层】控制面板下面的【创建新图层】 按钮，新建"图层1"。然后单击【编辑】/【填充】命令，使用"50%灰色"填充，如图2-100所示，得到效果如图2-101所示。

3）单击【滤镜】/【素描】/【绘图笔】命令，在弹出的"绘图笔"对话框中设置【线条长度】为15，【明/暗平衡】值为27，【描边方向】为右对角线，单击【确定】按钮，得到的效果如图2-102所示。

4）单击【选择】/【色彩范围】命令，在对话框的【选择】下拉列表中选择"高光"，单击【确定】按钮，得到白色选择区域如图2-103所示。

5）按【Delete】键删除选区内容，结果如图2-104所示。

6）单击【Shift+Ctrl+I】键或执行【选择】/【反向】命令，填充白色，按【Ctrl+D】键，取消选区，结果如图2-105所示。

图2-99　别墅雪景透视图　　　　　图2-100　填充"50%灰色"　　　　图2-101　填充后效果

图2-102　"绘图笔"效果　　图2-103　白色选区域　　图2-104　删除选区内容　　图2-105　填充白色

7）单击【滤镜】/【模糊】/【高斯模糊】命令，在对话框中设置模糊半径为0.5像素，单击【确定】按钮。

然后单击【滤镜】/【锐化】/【USM锐化】命令，在对话框中设置数量值为100%，半径值为3，"阈值"为10，单击【确定】按钮，合并图层，保存，最终效果如图2-106所示。

图2-106　大雪效果

 说明

　　在锐化工具箱中，【USM锐化】滤镜是最重要的工具之一，如果只能使用一个锐化工具的话，当首选【USM锐化】滤镜。它速度快、功能强，使用起来非常灵活。【锐化】、【锐化边缘】和【进一步锐化】都是自动执行的，而【USM锐化】在对图像进行锐化时，具有很强的可控性。

● **制作炫彩光线效果**

1）按【Ctrl+O】快捷键，打开"项目2素材/人物02.jpg"文件，素材图像如图2-107所示。

图2-107　人物

2）打开"图层"控制面板，将"背景"图层拖至底部的【创建新图层】　　按钮上，复制出一个新图层，自动命名为"背景副本"。

3）单击工具箱中的【套索工具】　　按钮，在页面合适的位置单击并拖拽鼠标，建立如图2-108所示的选区。

图2-108　创建选区

4）按【Ctrl+Shift+I】快捷键将选区进行反向选择，然后为选中的区域填充黑色，按【Ctrl+D】键取消选区，结果如图2-109所示。

图2-109 反选并填充黑色

5）按【Ctrl+L】键，弹出"色阶"对话框，参照图2-110所示进行参数设置。

单击【确定】按钮，图像效果如图2-111所示。

6）执行【滤镜】/【模糊】/【径向模糊】命令，在弹出的"径向模糊"对话框中设置参数，如图2-112所示。

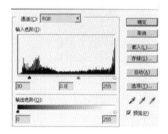

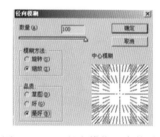

图2-110 "色阶"参数设置　　图2-111 调整"色阶"后的效果　　图2-112 "径向模糊"参数设置

单击【确定】按钮。再按【Ctrl+F】组合键将刚才的径向模糊效果再应用一次（即把效果加强一下），得到如图2-113所示的图像效果。

7）选择"背景副本"图层，将其混合模式设置为"滤色"，如图2-114所示。设置图层混合模式为"滤色"以后的效果如图2-115所示。

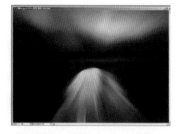

图2-113 "径向模糊"效果加强　　图2-114 图层设置为"滤色"　　图2-115 实施"滤色"以后的效果

8）选择"背景副本"图层，单击调板底部的【添加图层蒙版】 按钮，为该图层添加蒙版，如图2-116所示。

9）单击工具箱中的【画笔工具】 按钮，在其选项栏中设置画笔的各项参数，再在人物头部、身体上进行涂抹，调整效果如图2-117所示。

10）为了使光线更强，复制一个"背景副本"图层，自动命名为"背景副本2"图层，如图2-118所示。

图2-116　添加图层蒙版　　　　图2-117　用画笔涂抹后　　　　图2-118　复制图层

11）单击"图层调板"底部的【创建新图层】 按钮，创建新图层，自动命名为"图层1"。

12）确认"图层1"处于激活状态，单击工具箱中的【套索工具】 按钮，在页面适合的位置建立如图2-119所示的选区。

将前景色设置为黑色，按【Alt+Delete】键将选区中填充黑色，按【Ctrl+D】键取消选区，如图2-120所示。

13）执行【滤镜】/【杂色】/【添加杂色】命令，在弹出的"添加杂色"对话框中进行设置，如图2-121所示。单击【确定】按钮，得到如图2-122所示的图像效果。

图2-119　创建选区　　　　图2-120　填充黑色　　　　图2-121　"添加杂色"参数设置

14）执行【滤镜】/【模糊】/【径向模糊】命令，在弹出的"径向模糊"对话框中进行设置，如图2-123所示。

单击【确定】按钮。再按【Ctrl+F】键将径向模糊效果再应用一次，得到如图2-124所示的图像效果。

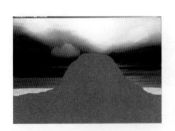
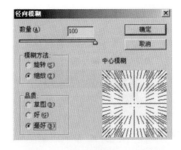

图2-122　添加杂色效果　　　　图2-123　"径向模糊"对话框设置　　　　图2-124　加强径向模糊效果

15）执行【图像】/【调整】/【色相/饱和度】命令，设置"色相/饱和度"对话框如图2-125所示。单击【确定】按钮，得到如图2-126所示的效果。

16）复制"图层1"，自动命名为"图层1 副本"，将"图层1 副本"的图层混合模式设置为"叠加"，图层面板如图2-127所示。此时图像效果如图2-128所示。

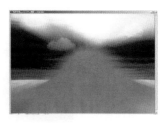

图2-125　"色相/饱和度"参数设置图　　图2-126　图像调整效果　　图2-127　图层设置为"叠加"

17）执行【滤镜】/【扭曲】/【旋转扭曲】命令，设置"旋转扭曲"对话框如图2-129所示，单击【确定】按钮。

18）执行【滤镜】/【艺术效果】/【塑料包装】命令，调出"塑料包装"对话框如图2-130所示，单击【确定】按钮。

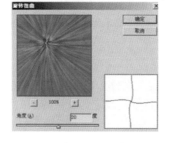

图2-128　图像效果（一）　　图2-129　"旋转扭曲"参数设置图　　图2-130　"塑料包装"参数设置

19）执行【图像】/【调整】/【亮度/对比度】，设置"亮度/对比度"对话框，参数设置如图2-131所示，单击【确定】按钮，此时效果如图2-132所示。

20）合并"图层1"和"图层1副本"两个图层，可以看到合并的图层系统自动命名为"图层1"，设置"图层1"的图层混合模式为"柔光"，图层"不透明度"为60%，效果如图2-133所示。

21）选择"图层1"，单击图层调板底部的【添加图层蒙版】按钮，为该图层添加蒙版。然后选择【画笔工具】，在其选项栏中设置参数，在页面中擦除头部和两侧多余的光线，进行细节涂改。

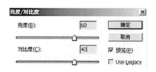

图2-131　"亮度/对比度"参数设置　　图2-132　图像效果（二）　　图2-133　图像效果图

22）复制"背景"图层，自动命名为"背景副本3"，在"背景副本3"图层上执行【滤镜】/【渲染】/【镜头光晕】命令，在弹出的"镜头光晕"对话框中设置参数如图2-134所示。

再根据自己的喜好多设置几次"镜头光晕"，得到最终效果如图2-135所示。合并所有图层，保存。

图2-134 "镜头光晕"参数设置　　　　　　　　图2-135　炫彩光线效果

说明

【镜头光晕】滤镜就是模仿摄影镜头朝向太阳时，明亮的光线射入照相机镜头后所拍摄到的效果。这是摄影技术中一种典型的光晕效果处理方法。

● 制作黑白线描画效果

1）打开 "项目2素材/黛玉葬花.jpg"文件。在图层调板中把背景层移动到底部的 按钮上，拷贝图层，按下【D】键，把前景色与背景色设定为默认的黑白两色。

2）单击【滤镜】/【其他】/【高反差保留】，设置半径为0.3像素，单击【确定】按钮，结果如图2-136所示。

3）单击【滤镜】/【素描】/【便条纸】，设定数据如图2-137所示，单击【确定】按钮，结果如图2-138所示。

图2-136 高反差保留　　　　　　　图2-137　　"便条纸"参数设置

说明

【高反差保留】滤镜会在明显的颜色过渡处，保留指定半径内的边缘细节，隐藏图像的其他部分。去掉图像中的低频率的细节，半径的变化范围是0.1～250像素值。该值越大，保留原图像的像素越多。

【便条纸】滤镜可以创建像是由手工制纸构成的图像，它可以简化图像，图像中的较暗区域就像是纸张顶上图层的洞显露出背景色。

4）把灰色线条转为黑色线描画。单击【图像】/【调整】/【阈值】，设置"阈值色阶"为220，单击【确定】按钮，结果如图2-139所示。

5）单击工具箱中的【铅笔工具】 ✐ 按钮，把前景色设定为白色，设定适合尺寸的笔画，除去画面上的黑色杂点，最终结果如图2-140所示。合并图层，保存。

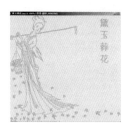  

图2-138   "便条纸"效果   图2-139   "阈值"效果   图2-140   黑白线描画效果

💡 说明

  做这个特效处理，要选取清楚、简易的图片（照片、水彩画都行），不能用过于繁杂的图片，不然会影响处理效果。

💡 知识链接

一、图像的色调和色彩调整

1. 图像色调

（1）色阶 在色阶对话框中，具有"输入色阶"和"输出色阶"两个区域，分别功能如下：

1）输入色阶。左边的编辑框用来设置图像的暗部色调，低于该值的像素将变为黑色，取值范围为0～253。中间的编辑框用来设置图像的中间色调，取值范围为0.10～9.99。右边的编辑框用来设置图像的亮部色调，高于该值的像素将变为白色，取值范围为1～255。

2）输出色阶。左边的编辑框用来提高图像的暗部色调，取值范围为0～255，右边的编辑框用来降低亮部的亮度，取值范围为0～255。它也包括两个滑块，一个是最暗控制滑块，向右拖动它可将最暗色调变的稍亮些；一个是最亮控制滑块，它能够使指定的位置变成最亮处。

（2）自动色阶 选择【图像】/【调整】/【自动色阶】命令，可以将每个通道中最亮和最暗的像素定义为白色和黑色，然后按比例重新分配中间像素值，相当于单击【色阶】对话框中的【自动】按钮。执行此命令的目的是对杂乱的明暗度进行初步调整，从而使图像显得更清晰。

（3）自动对比度 选择【图像】/【调整】/【自动对比度】命令，可快速调整图像的总体色调。使用该命令可将图像中的最亮和最暗像素映射为白色和黑色，从而使图像高光显得更亮，暗调显得更暗。但是该命令不对个别通道进行调整，因此它不能完成某些精细操作，比如图像色偏的调整等。

（4）自动颜色 选择【图像】/【调整】/【自动颜色】命令，可搜索实际图像来调整图像的对比度和颜色。

（5）曲线 【曲线】命令和【色阶】的功能、原理相似，都是用来调整图像色调明暗度和反差的。【色阶】主要是针对图像的整体明暗度，而【曲线】可以综合调整图像的亮度、对比度和色彩等，【曲线】命令实际上是【反相】、【色调分离】、【亮度/对比度】等多个命令的综合。与【色阶】一样，【曲线】允许调整图像的色调范围。但是，它不是只使用3个变量（高光、暗调和中间调）进行调整，而是可以调整0～255范围内的任意点，同时又可保持其他参数值不变。

选择【图像】/【调整】/【曲线】命令，即可打开"曲线"对话框，如图2-141所示。

在曲线上单击一下鼠标即可添加一个控制点，然后在这个控制点上按住鼠标不放并往上或往下拖拽，就可以调整图像的色调；如果想增加多个控制点，可继续在曲线上单击；如果想删除某个控制点，则只要将这个控制点往曲线以外的地方拖拽即可。通过调整"曲线"对话框表格中曲线的形状，可以调整图像的亮度、对比度和色彩等。表格的横坐标代表输出色阶，纵坐标代表输入色阶。

如果在对话框中选择【铅笔工具】 ✏，在曲线表格上可画出各种曲线，如图2-142所示，这样就可以直接对图像进行更多更精密的调节。在绘制完曲线后，选择【平滑】按钮，曲线变得平滑，这时在这条曲线的转折处增加若干个控制点，还可以对这些控制点重新调整，如图2-143所示。

（6）色彩平衡　图像的颜色是相互制约的，对每种色彩进行的调整都会影响图像中整个颜色的平衡。若是图像偏红，可以直接降低红色，或是增加红色的互补色（青色），也可以增加青色两边的颜色（绿色和蓝色），从而达到降低红色的目的。色彩平衡就是按照这个原理来进行的。

（7）亮度/对比度　【亮度/对比度】命令可调整图像的亮度和对比度，它是对图像的色调范围进行简单调整的最便捷的方法。与【色阶】和【曲线】不同，该命令一次性调整图像中的所有像素（包括高光、暗调和中间调）。

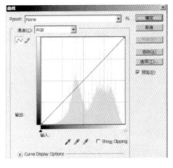 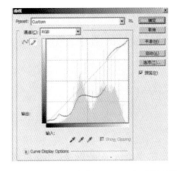 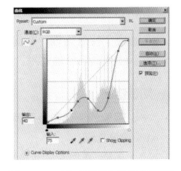

图2-141　"曲线"对话框　　图2-142　用"钢笔工具"绘制曲线　图2-143　用"平滑"使曲线平滑

2. 图像色彩

（1）色相/饱和度　使用【色相/饱和度】命令可以调整图像中单个颜色成分的色相、饱和度和亮度。而且，它还要以通过给像素指定新的色相和饱和度，实现给灰度图像上色的功能。如果选中【着色】复选框，可使灰色图像变为单一颜色的彩色图像，或使彩色图像变为单一颜色的灰度图像。"色相/饱和度"对话框如图2-144所示。

在调整过程中，如果在【编辑】下拉列表中选择单色（除【全图】以外的其他选项，比如【黄色】），则"色相/饱和度"对话框中的3个吸管和下方的颜色滑块被激活，如图2-145所示，它们的作用如下：

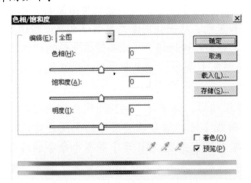 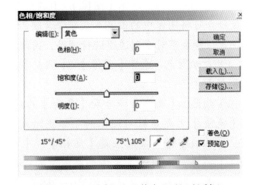

图2-144　"色相/饱和度"对话框图　　　图2-145　选择了"黄色"的对话框

1）✏。选择此工具后，移动到图像窗口中单击，可选中一种颜色作为色彩变化的基本范围。

2）🖌。选择此工具后，移动到图像窗口中单击，可在原有色彩变化范围上加上当前选取的颜色范围。

3）🖌。选择此工具后，移动到图像窗口中单击，可在原有色彩变化范围上减去当前选取的颜色范围。

4）颜色滑块。在对话框中有两个颜色条，它们代表颜色在颜色轮中的次序。上方的颜色滑块为颜色样本，下方的颜色滑块用于观察和设置颜色变化范围。未进行调整前，两个滑块的颜色完全对应，但利用色相、饱和度和亮度3个滑块进行调整后，下方的颜色滑块将反映这种调整结果。

（2）去色　在设计创作中有时为了达到某种效果，要将彩色图像全部或部分变成黑白灰度图像，选择【图像】/【调整】/【去色】命令，即可除去图像中选定区域或整幅图像的颜色，从而将其转变为灰度图像（颜色的饱和度成为0），但是这个命令不会改变图像模式。

（3）替换颜色　用【替换颜色】命令替换某些选定颜色。若要替换图像中的颜色，可进行如下操作：

1）打开一幅图像，选择【图像】/【调整】/【替换颜色】命令，打开【替换颜色】对话框。

2）在对话框的【选区】选项组中选取出要替换颜色的区域。

3）在【替换】选项组中可以拖动【色相】、【饱和度】和【明度】滑块，来更改所选区域的选颜色。

4）单击【确定】按钮，就可以替换选定的颜色。

（4）变化　【变化】命令主要应用于不需要进行精确色彩调整平均色调的图像上。若想将亮度/对比度、颜色平衡和色相/饱和度结合起来，并希望在预览中看到最终画面的话，"变化"命令就可以实现。它以单击的调整方式取代移动滑块输入数值的操作。

（5）可选颜色　【可选颜色】命令可以调整选定颜色的C、M、Y、K的比例，以达到修正颜色的网点增益和色偏的目的。

（6）通道混合器　使用【通道混合器】可将当前颜色通道混合以改变颜色通道，可以从图像的每个颜色通道中选取不同的百分比，以创建出高品质的灰度图像、棕褐色调或其他彩色图像。其最突出的一点就是，可以完成其他色调工具难以实现的、富有创意的颜色调整工具，此外，还可以交换或者复制通道。

（7）渐变映射　【渐变映射】命令可以改变图像的色彩，把相等的图像灰度范围映射到指定的渐变填充色，产生一种特殊的填充效果。

3. 特殊色调

（1）反相　【反相】命令可以获得一种类似照片底版效果的图像。它可以将一个正片黑白图像变成负片图像，或者将扫描的黑白负片转换成正片图像。但是该命令不能把扫描的彩色负片转换成精确的正片图像，这是因为彩色打印胶片的基底中包含一层橙色膜。

（2）色调均化　【色调均化】命令可以重新分布图像中像素的亮度值，以使它们更均匀地呈现所有范围的亮度级。该命令对于调整经扫描的较暗图像很有帮助。执行该命令时，Photoshop会将图像中的最亮值映射为白色，最暗色映射为黑色，然后在整个灰度区域中均匀分布中间像素值。

（3）阈值　【阈值】命令可以将灰度图像或彩色图像转换成为高对比度的黑白图像。指定某个色阶作为阈值，选择该命令打开"阈值"对话框，拖动直方图下面的滑块，调整阈值色价，所有比阈值亮的像素转换成白色，而比阈值暗的像素转换为黑色。

（4）色调分离　【色调分离】是在【色阶】文本框内输入需要分享的色阶数目。该命令对于创建较大的单调区域时非常有用。此外，使用该命令减少灰度图像中的灰色色阶时，效果非常明显。如果在彩色图像上应用这个命令，则会产生颜色过渡粗糙的艺术效果。

二、图像的修复和修补

1. 使图像修复效果最好的方法

在工具箱中单击【修复画笔工具】 按钮后，应首选确定被修复图像的取样点，按【Alt】键，将鼠标移动到要复制的位置并单击，返回到被修复图像上面单击鼠标，重复上面的操作，直到将整个图像修复完成为止。需要注意的是，在选择取样点时一定要找到与被修复图像最接近的位置，然后再进行修复操作。

2. 有效地实现图像修补的方法

在工具箱中选择了修补工具后，最方便的方法就是不用任何选择工具，而直接在需要修补的图像中框选最小的区域，然后将鼠标放置在选区边缘，当鼠标变成带有方框的形状时，可以移动选区到最合适的位置，不松开鼠标，这里可以观察是否与原图一致。如果效果不佳，可以继续移动选区，直到满意为止，最后松开鼠标即会实现图像的修补效果。

◆ 子任务6 通道与蒙版应用的操作技能

任务目标

在Photoshop CS3中，图像的颜色信息都存放在通道中，通过应用通道与蒙版，可以保护图像的某些区域，以方便编辑其他部分，从而制作各种不同的图像效果。

通过实例的操作，学习通道面板、通道的基本操作，蒙版的功能与使用以及图像的合成等知识，以达到熟练掌握通道和蒙版工具的目的。

任务实施

● 制作通道文字效果

1）打开"项目2素材/园林秋景01.jpg"文件，如图2-146所示。

2）在【通道】面板上单击底部的 按钮，建立一个新通道"Alpha1"，并确认为当前活动通道，如图2-147所示。

图2-146 园林秋景

图2-147 通道面板

3）输入文字。单击工具箱中的【横排文字工具】 T 按钮，在其属栏中设置其属性如图2-148所示。

图2-148 文字属性设置

然后在文件中输入："金色园林"字样，用【移动工具】移到合适的位置，如图2-149所示。

4）复制通道。在【通道】面板上将通道"Alpha1"拖到底部的 按钮上，复制成为新通道"Alpha1 副本"，并确认通道"Alpha1 副本"为当前活动通道。按【Ctrl+D】键，取消文字选区。

5）最小化滤镜处理。单击【滤镜】/【其他】/【最小值】，在对话框中设置半径为2。

图2-149　输入的文字

 说明

　　【最大值】滤镜具有收缩的效果，即向外扩展白色区域并收缩黑色区域；【最小值】滤镜具有扩展的效果，即向外扩展黑色区域并收缩白色区域。半径的取值范围为1～100。

6）高斯模糊滤镜处理。单击【滤镜】/【模糊】/【高斯模糊】，在对话框中设置半径为2.5。

7）复制通道。在【通道】面板上将通道"Alpha1 副本"拖到底部的 按钮上，复制成为新通道"Alpha1 副本2"，并确认"Alpha1 副本2"为当前活动通道。

8）再次进行最小化滤镜处理。单击【滤镜】/【其他】/【最小值】，在对话框中设置半径为2。

9）再次进行高斯模糊滤镜处理。单击【滤镜】/【模糊】/【高斯模糊】，在对话框中设置半径为2.5。

10）单击【选择】/【载入选区】命令，在对话框中设置【通道】为"Alpha1 副本"，【操作】为"新建选区"，如图2-150所示。

11）设置背景色为白色，然后按【Delete】键，将载入的通道"Alpha1 副本"的选区删除。

12）按【Ctrl+～】键，返回到RGB混合模式。单击【选择】/【载入选区】命令，在对话框中设置【通道】为"Alpha1"，【操作】为"新建选区"。

13）设置前景色为黄色（R、G、B分别为254、238、0），按【Alt+Delete】键，将前景色填充到文字中。

14）光照滤镜处理。单击【滤镜】/【渲染】/【光照效果】，在对话框中设置参数如图2-151所示。

图2-150　"载入选区"对话框设置

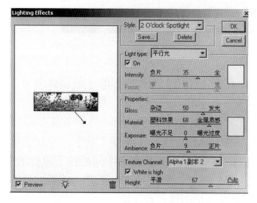

图2-151　"光照效果"参数设置

15）制作金色闪光效果。单击工具箱中的【画笔】按钮，在属性栏中选择这个 画笔笔尖形状，然后设置前景色为黄色，将鼠标在文字上认为合适处单击几下或按住一段时间绘制亮光点。最终效果如图2-152所示，然后保存退出，完成。

图2-152　金色文字效果

💬 **说明**

用笔刷制作闪光点，鼠标单击的次数和按的时间长短将直接影响亮光点的亮度。

● **利用蒙版制作雾气蒙蒙效果**

1）按【Ctrl+O】键，打开"项目2素材/夏04.jpg"文件，如图2-153所示。

2）在【图层】面板中双击背景图层，打开"新建图层"对话框，确认新图层的名称为"图层0"，使背景层具备普通层的层选功能，如图2-154所示，单击【确定】按钮确认并关闭对话框。

图2-153　夏

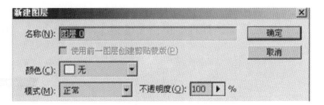

图2-154　"新建图层"对话框

3）单击【图层】面板底部的【创建新图层】按钮，新建一个"图层1"，设置前景色为白色。

4）按下【Alt+Delete】键，填充白色。

5）单击【图层】面板底部的【添加图层蒙版】按钮，为"图层1"添加一个图层蒙版。

6）从工具箱中选择【渐变工具】，并在工具栏中设置：线性渐变、反向、不透明度为80%，然后将鼠标移到图像上，从底部中间处按下鼠标的左键向上拖出直线，如图2-155所示。

7）释放鼠标，图像就产生了雾的效果，最终的效果如图2-156所示。最后选择【图层】/【合并图层】命令，把图像保存下来，即完成雾气蒙蒙效果的制作。

图2-155　拖动鼠标渐变

图2-156　雾气蒙蒙效果

● 利用蒙版抠图

1）按【Ctrl+O】键，打开"项目2素材/汽车03.jpg"文件，如图2-157所示。

2）单击工具箱中的【钢笔工具】按钮（或按快捷键P），将汽车的外轮廓勾选出来。

3）用工具箱中的【直接选择工具】 和【转换点工具】 调整路径点的位置和光滑度。然后在路径的中间空白处点击鼠标右键，选择【建立选区】选项，弹出"建立选区"对话框，回车，路径变成了选区，如图2-158所示。

图2-157　汽车

图2-158　建立选区

4）双击背景层，将背景层变成"图层0"层，按【Ctrl+shift+I】键，反向操作。按【Delete】键，删除背景部分，按【Ctrl+D】键，取消选区，结果如图2-159所示。

5）按【Q】键，进入"快速蒙版"模式，按下【B】键，使用画笔工具进行局部调整，将没有删除干净的非汽车部分画出来，如图2-160所示。

图2-159　删除背景部分

图2-160　使用画笔工具

6）按【Q】键，将所有画红的部分变成选区，按【Ctrl+shift+I】键，反向操作。再按【Delete】键，将这些部分删除，按【Ctrl+D】键，取消选区，结果汽车被从背景中抠出，结果如图2-161所示。

图2-161　抠图效果

练习

1. 绘制如图2-162所示的几何体。

图2-162　几何体

2. 绘制阔叶树木模块。先用CAD软件绘制线框图如图2-163所示，然后用Photoshop软件将其制作成树木模块，效果如图2-164所示。

 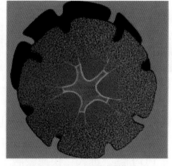

图2-163　CAD树木线框图　　　　　　　　　图2-164　阔叶树模块

3. 搜集素材，制作一个自己喜欢的书签。

4. 绘制如图2-165所示的植物模纹。

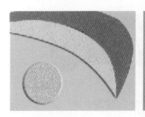 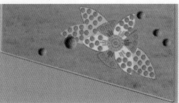 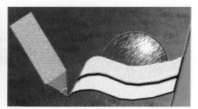

图2-165　植物模纹

5. 使用【路径填充】、【路径描边】命令自己设计绘制一个花坛。

6. 打开"项目2素材/练习/风景.jpg"文件，如图2-166所示，在其上制作彩虹效果。

7. 打开"项目2素材/练习/冬景.jpg"文件，如图2-167所示，在其上制作大雪效果。

8. 打开"项目2素材/练习/落日.jpg"文件，如图2-168所示，在其上制作炫彩光线效果。

图2-166　风景

图2-167　冬景

图2-168　落日

9. 找一个合适的人物图像，制作成黑白线描图效果。

10. 利用【通道】制作金色文字。

11. 打开"项目2素材/练习/小桥流水.jpg"文件，如图2-169所示，将其制作成雾气蒙蒙的效果。

12. 打开"项目2素材/练习/汽车.jpg"文件，如图2-170所示，用【钢笔路径工具】、【蒙版工具】和【画笔工具】将汽车从背景层中抠出，并制作汽车在透明背景上的效果。

13. 结合前面学习的【钢笔工具】的用法，绘制如图2-171所示的小鹿效果。

图2-169　小桥流水

图2-170　汽车

图2-171　小鹿

任务3　Photoshop CS3设计项目实战

▶ 子任务1　常用贴图制作

✋ 任务目标

在3D效果图制作中，经常需要用到真实的纹理贴图，但是纹理库是有限的，如果在项目中大量使用的话，就难免需要制作自己的纹理图形。本子任务通过各种贴图的制作，进一步熟练通道、蒙版和相关滤镜工具的使用，以达到熟练掌握滤镜和通道技术，编辑更多贴图的目的。

✋ 任务实施

● 制作花岗岩贴图

1）单击【文件】/【新建】命令，"新建"对话框设置如图2-172所示。

2）建立新图层，自动命名为"图层1"。

3）设置前景色为蓝色（R、G、B分别为139、211、219），按【Alt+Delete】键，填充到图层1中。

4）建立新通道。单击【通道】面板上部的 ▼☰ 按钮，在弹出的菜单中，单击【新建通道】命令，在弹出的"新建通道"对话框中设置参数，如图2-173所示。

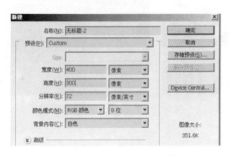

图2-172 "新建"对话框设置

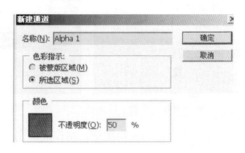

图2-173 "新建通道"对话框设置

5）单击【滤镜】/【杂色】/【添加杂色】，在弹出的"添加杂色"对话框中设置数量为400，如图2-174所示，单击【确定】按钮。

6）单击【滤镜】/【模糊】/【高斯模糊】，在对话框中设置半径为1，单击【确定】按钮。

7）单击【图像】/【调整】/【阈值】，设置阈值色阶为120，单击【确定】按钮。

8）单击【滤镜】/【风格化】/【浮雕效果】，在对话框中设置角度为144、高度为3、数量为500，单击【确定】按钮。

9）单击【滤镜】/【扭曲】/【海洋波纹】，在对话框中设置波纹大小和波纹幅度均为9后，单击【确定】按钮。

10）单击【滤镜】/【模糊】/【高斯模糊】，在对话框中设置半径为1.5，单击【确定】按钮。

11）按【Ctrl+~】键，返回到RGB混合模式。单击【选择】/【载入选区】命令，在对话框中设置【通道】为"Alpha1"，如图2-175所示。单击【确定】按钮。

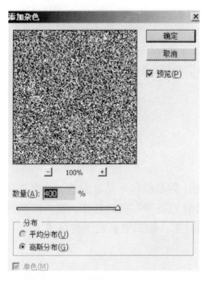

图2-174 添加杂色参数设置图

图2-175 载入选区

12）单击【图像】/【调整】/【亮度/对比度】，在对话框中设置亮度为–90，对比度为–16，单击【确定】按钮。按【Ctrl+D】键，取消选区。

13）单击【图像】/【调整】/【色相/饱和度】，在对话框中设置色相为20、饱和度为8、明度为0，如图2–176所示，单击【确定】按钮。

14）单击【滤镜】/【杂色】/【添加杂色】，在对话框中设置数量为5，选择【高斯分布】和【单色】，然后单击【确定】按钮。保存退出，花岗岩贴图制作完毕，最终效果如图2–177所示。

图2–176 "色相/饱和度"参数设置

图2–177 花岗岩贴图

说明

①【浮雕效果】滤镜可将选区的填充颜色转制为灰色，并用原填充颜色勾画边缘，使选区显得突出或者下陷。②【海洋波纹】滤镜可将随机分隔的波纹添加到图像表面，使图像看上去像是浸在水中。

● 制作石板墙贴图

1）单击【文件】/【新建】命令，"新建"对话框设置如图2–178所示。

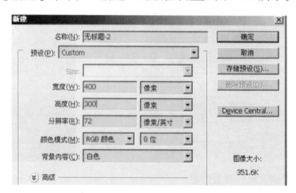

图2–178 "新建"对话框设置

2）建立新图层，自动命名为"图层1"。

3）设置前景色为黑色，背景色为白色，按【Alt+Delete】键，将黑色填充到图层1中。

4）单击【滤镜】/【渲染】/【分层云彩】，对图像进行分层云彩滤镜处理。

5）单击【滤镜】/【风格化】/【查找边缘】，对图像进行边缘滤镜处理。

6）单击【图像】/【调整】/【反相】，对图像进行色彩反转处理。

7）单击【图像】/【调整】/【色阶】，在对话框中设置输入色阶为0、1、20；输出色阶为0、

255。

8）单击【图像】/【调整】/【曲线】，在对话框中设置输出值为127，输入值为155。

9）单击【图像】/【调整】/【自动色阶】，对图像进行自动对比度调节处理。

10）按【Ctrl+A】键，将"图层1"中的图像全部选择，然后按【Ctrl+C】键，将"图层1"中的选区复制到剪贴板上。

说明

①【分层云彩】滤镜使用前景色和背景色对图像中的原有像素进行差异运算，产生图像与云彩背景混合并反白的效果。使用时，它将首先生成云彩背景，然后再用图像像素值减去云彩像素值，最终产生朦胧的效果。②【查找边缘】滤镜用来搜索颜色色素对比度变化强烈的边界。将高反差区变为亮色，低反差区变为暗色，其他介于二者之间，硬边变为线条，柔边变粗。标识图像中有明显过渡的区域并强调边缘。它在白色背景上用深色线条勾画图像的边缘，对于在图像周围创建边框非常有用。

11）单击通道面板底部的█按钮，建立新通道"Alpha1"，确认该通道为当前活动通道，按【Ctrl+V】键将复制到剪贴板上的内容粘贴到通道"Alpha1"中，按【Ctrl+D】键，取消选区。

12）单击【滤镜】/【纹理】/【染色玻璃】，在对话框中设置单元格大小为35，边框粗细为5，光照强度为2。

13）单击【滤镜】/【模糊】/【高斯模糊】，在对话框中设置半径为1。

14）按【Ctrl+~】键，返回RGB混合模式。

15）单击【滤镜】/【渲染】/【光照效果】，设置如图2-179所示。

16）单击【图像】/【调整】/【色相/饱和度】，在对话框中首先勾选【着色】，然后设置色相为38，饱和度为67，明度为0，单击【确定】按钮。按【Ctrl+E】键，合并图层，石板墙贴图即制作完成，最终效果如图2-180所示。

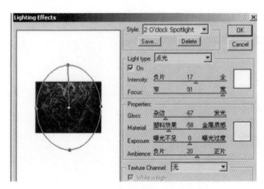

图2-179　"光照效果"参数设置

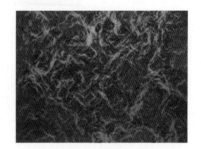

图2-180　石板墙效果

说明

①【染色玻璃】滤镜将图像重绘为以前景色勾画的单色相邻单元格，如同不规则的彩色玻璃格，格子的颜色则用该处像素颜色的平均值来填充，产生一种蜂窝状的效果。②【光照效果】包括17种不同的光照风格、3种光照类型和4组光照属性，可以在RGB图像上制作出各种各样的光照效果，也可以加入新的纹理及浮雕效果等，使平面图像产生三维立体的效果。

● 制作墙壁纸贴图

1）单击【文件】/【新建】命令，设置宽度、高度均为300像素，如图2-181所示。

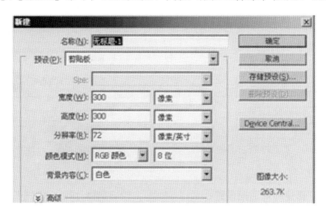

图2-181 新建对话框设置图

2）设置前景色为浅黄色（R、G、B分别为210、209、134），背景色为深色（R、G、B分别为1、20、22）。单击工具栏上的【渐变工具】按钮，设置渐变属性如图2-182所示。

图2-182 渐变属性设置

3）按住【Shift】键的同时，从图像的左上角向左下角拖动鼠标（距离大小自己掌握），渐变结果如图2-183所示。

4）单击工具箱中的【矩形选框工具】，拖动矩形选框如图2-184所示。

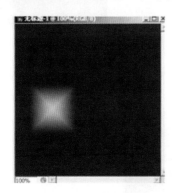
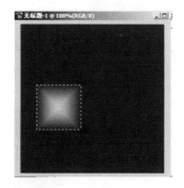

图2-183 渐变结果　　　　　　　　　　图2-184 拖动矩形选框

5）单击菜单栏中的【编辑】/【定义图案】命令，弹出"图案名称"对话框，从中命名为"壁纸单元"，如图2-185所示，单击【确定】按钮。

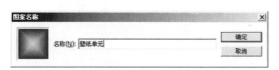

图2-185 定义图案

6）单击【文件】/【新建】命令，设置宽度、高度均为800像素的文件，如图2-186所示。

7）执行【编辑】/【填充】命令，在弹出的"填充"对话框中设置参数，如图2-187所示。

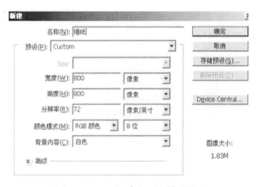

图2-186　"新建"对话框设置　　　　　　图2-187　"填充"对话框设置

8）单击【确定】按钮，效果如图2-188所示。

9）执行【滤镜】/【纹理】/【纹理化】命令，弹出"纹理化"对话框，设置如图2-189所示。

10）单击【确定】按钮，结果如图2-190所示。

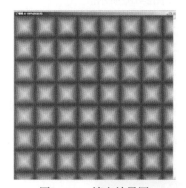

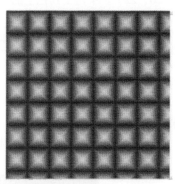

图2-188　填充效果图　　　　图2-189　"纹理化"参数设置　　　　图2-190　"纹理化"结果

11）最后，单击工具箱中的【裁切工具】按钮，裁去边缘一半的格，最终效果如图2-191所示。

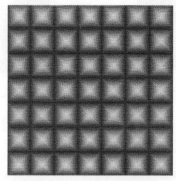

图2-191　墙壁纸贴图

● 制作地板图案贴图

1）单击【文件】/【新建】命令，设置宽度、高度均为400像素，分辨率为200像素/英寸，【颜色模式】为RGB，单击【确定】按钮。

2）建立新图层，自动命名为"图层1"。

3）设置前景色为RGB（42、116、238），背景色为白色。单击【滤镜】/【渲染】/【云彩】命令，图像中出现云彩效果图案，如图2-192所示。

4）单击通道面板底部的 按钮，建立新通道"Alpha1"，确认"Alpha1"为当前活动通道。单击【滤镜】/【杂色】/【添加杂色】命令，设置数量为34，选择"高斯分布"，图像效果如图2-193所示。

5）单击【滤镜】/【模糊】/【动感模糊】命令，在出现的对话框中设置【角度】为45，【距离】为26，单击【确定】按钮。

6）单击【滤镜】/【锐化】命令，按【Ctrl+F】键，重复操作。

7）给图像加入塑料包装滤镜。单击【滤镜】/【模糊】/【动感模糊】命令，在出现的对话框中设置参数【角度】为45，【距离】为21，单击【确定】按钮。

8）单击【滤镜】/【艺术效果】/【塑料包装】命令，在出现的对话框中设置参数【高光强度】为15，【细节】为8，【平滑度】为6，单击【确定】按钮，得到如图2-194所示的效果。

9）在按住【Ctrl】键的同时单击Alpha1通道得到选区。进入图层面板，新建一个图层，自动命名为"图层2"，按【D】键设置前景色为黑色，背景色为白色，按【Alt+Del】键，用前景色填充，连续按两次加强填充效果。按【Ctrl+D】键取消选区。

10）给图像加入模糊效果。单击【滤镜】/【模糊】/【动感模糊】命令，在出现的对话框中设置【角度】为45，【距离】为27，单击【确定】按钮，得到如图2-195所示的效果。

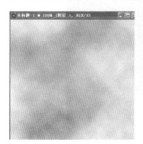   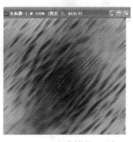

图2-192　云彩效果　　　图2-193　图像加入杂色　　图2-194　"塑料包装"效果　　图2-195　"动感模糊"效果

11）单击【滤镜】/【锐化】/【进一步锐化】命令，按【Ctrl+F】键，重复操作，按【Ctrl+E】键，合并下一层。

12）单击【滤镜】/【扭曲】/【波浪】命令，在出现的对话框中设置参数【生成器数】为1；【类型】为"正弦"；【波长】中的最小为7，最大为613；【波幅】中的最小为7，最大为117；【比例】中的"水平"为100%，"垂直"为100%；选择【随机化】中的"重复边缘像素"。单击【确定】按钮，效果如图2-196所示。

图2-196　　"波浪"效果

> 说明
>
> 　　【波浪】滤镜的工作方式类似【波纹】滤镜，不同的是，它能够精确设置波纹的数目、类型、大小，使图像产生更真实的波浪效果。相对而言，【波浪】滤镜是Photoshop中较为复杂的一种滤镜。

　　13）单击【滤镜】/【扭曲】/【旋转扭曲】命令，在出现在对话框中设置参数【角度】为999，单击【确定】按钮。

　　14）单击【滤镜】/【风格化】/【查找边缘】命令，出现亮色图像，按【Ctrl+T】键，调整图像大小，按【Enter】键退出对话框。

　　15）单击【图像】/【调整】/【亮度/对比度】命令，在出现的对话框中设置参数【亮度】为-56，【对比度】为-1，单击【确定】按钮，得到如图2-197所示的单元图案。

　　16）单击【矩形选框工具】按钮，在图像中选取图案，单击【编辑】/【定义图案】命令，把该图案定义为填充图案，拖动此图层到 🗑 按钮上删除，按【Ctrl+D】键，取消选区。

　　17）新建一个图层，单击【编辑】/【填充】命令，在出现的对话框中选择【使用】下拉菜单中的"图案"选项，单击【确定】按钮，得到最终效果如图2-198所示。

图2-197　单元图案

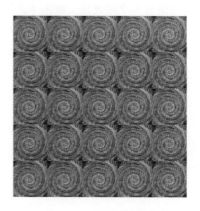

图2-198　地板图案贴图

● 制作木纹材质贴图

　　1）单击【文件】/【新建】命令，设置宽度为450像素、高度为300像素，分辨率为200像素/英寸，【颜色模式】为RGB，单击【确定】按钮。

　　2）设置前景色为RGB（236、198、116），按【Alt+Del】键，使用前景色填充。

　　3）单击【滤镜】/【杂色】/【添加杂色】命令，设置数量为7，选择"平均分布"项和"单色"项，单击【确定】按钮，得到图像效果如图2-199所示。

　　4）单击通道面板底部的 🔲 按钮，建立新通道"Alpha1"。单击【滤镜】/【杂色】/【添加杂色】命令，设置数量为52，选择"平均分布"项和"单色"项，单击【确定】按钮，得到图像效果如图2-200所示。

　　5）单击【滤镜】/【模糊】/【动感模糊】命令，在出现的对话框中设置【角度】为90，【距离】为21，单击【确定】按钮。

　　6）单击【滤镜】/【其他】/【位移】命令，在出现的对话框中设置参数，如图2-201所示，单击【确定】按钮。

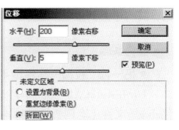

图2-199　在图像中添加杂色　　　　图2-200　在通道中添加杂色　　　　图2-201　"位移"对话框设置

🖌 **说明**

> 【位移】滤镜就是将选区移动指定的水平量或垂直量，而选区的原位置变成空白区域。可以用当前背景色图像的另一部分填充这块区域，如果选区靠近图像边缘，也可以使用所选择的填充内容进行填充。

7）重复步骤5）：在出现的对话框中设置【角度】为90，【距离】为21，单击【确定】按钮。

给图像加入亮光：单击【图像】/【调整】/【亮度/对比度】命令，在出现的对话框中设置【亮度】为50、【对比度】为100，单击【确定】按钮；重复一次【亮度/对比度】的调整，仍然设置【亮度】为50，【对比度】为100，单击【确定】按钮；再重复一次【亮度/对比度】的调整，设置【亮度】为15，【对比度】为100，单击【确定】按钮，得到如图2-202所示的效果。

8）按住【Ctrl】键的同时单击Alpha1通道得到选区。回到图层面板，新建一个图层，自动命名为"图层1"，按【D】键设置前景色为黑色，按【Alt+Del】键，使用前景色填充，按【Ctrl+D】键，取消选区。

9）确认"图层1"为当前活动图层，按【Ctrl+U】键，在出现的"色相/饱和度"对话框中选择"着色"，设置参数【色相】为0，【饱和度】为100，【明度】为16，图像效果如图2-203所示。

10）合并图层，按【Ctrl+L】键，在出现的"色阶"对话框中，设置【输入色阶】为默认值；【输出色阶】为20和255，单击【确定】按钮，最终效果如图2-204所示。完成操作，保存。

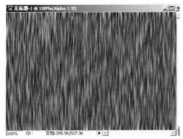
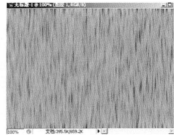
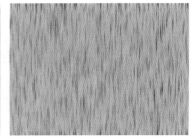

图2-202　"亮度/对比度"后效果　　　图2-203　"色相/饱和度"后效果　　　图2-204　木纹材质贴图

▶ 子任务2　校园一角平面效果图制作

🖌 **任务目标**

通过"校园一角平面效果图"的制作，清楚了解整个图形的制作过程都是以CAD底图为标准的，综合学过的工具和命令，掌握平面效果图的制作方法和技巧。

任务实施

● **把一幅"校园一角绿地平面设计简化.dwg"格式的文件制作成平面效果图**

1）在AutoCAD 2008中打开"项目2素材/校园一角平面效果图素材/校园一角绿地平面设计简化.dwg"文件（本例所用素材均在此文件夹中），如图2-205所示。

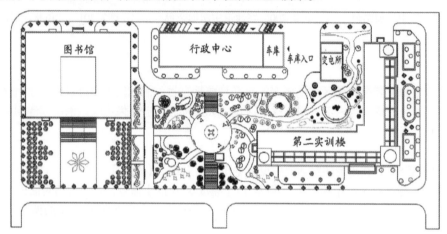

图2-205　在AutoCAD 2008中打开的"校园一角绿地平面设计简化.dwg"文件

单击【文件】/【输出】命令，输出为"校园一角绿地平面设计简化.bmp"文件。

2）在Photoshop CS3中打开"校园一角绿地平面设计简化.bmp"文件，裁切后如图2-206所示。双击背景图层，将其命名为"底图"。

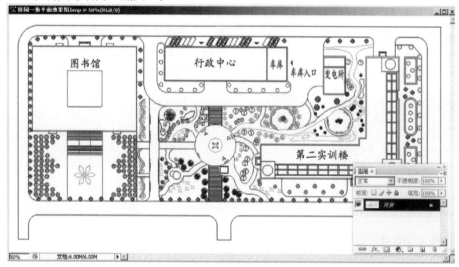

图2-206　在Photoshop CS3中打开的"校园一角绿地平面设计简化.bmp"文件

3）制作草地。打开"草坪.jpg"文件，将"草坪"移入图形中，命名此图层为"草地"。在"草地"图层的上方新建一个图层，命名为"渐变"，设置前景色为浅绿色，背景色为深绿色，在"渐变"图层上从左上角向右下角拖动鼠标实施线性渐变，设置该图层的"混合模式"为【正片叠底】，确认"渐变"图层为当前活动图层，按【Ctrl+E】键，向下合并，将这两个图层合并，名称仍然是"草地"，结果如图2-207所示。

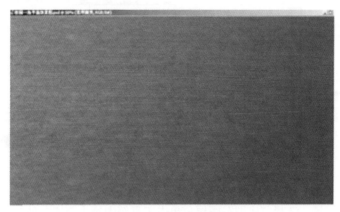

图2-207   草地渐变效果

4）制作主路。点击"草地"图层前面的眼睛，隐藏"草地"图层，激活"底图"图层，单击工具箱中的【魔棒工具】选择主路，如图2-208所示。

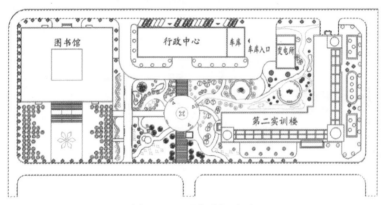

图2-208   "主路"选区

新建一个图层，命名为"主路"。设置前景色为浅灰色，背景色为深灰色，在"主路"图层上从左上角向右下角拖动鼠标实施线性渐变，结果如图2-209所示。

新建一个图层，命名为"主路边"，设置前景色的R、G、B分别为125、112、6，单击【编辑】/【描边】，设置如图2-210所示，单击【确定】按钮。双击"主路边"图层，打开【图层样式】对话框，在"图层样式"对话框中选择【投影】选项，结果如图2-211所示。

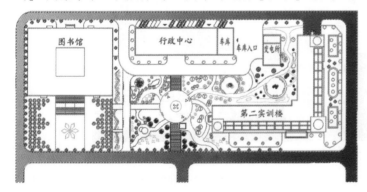

图2-209   "主路"效果

图2-210 "描边"对话框设置

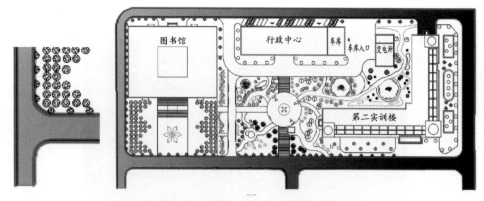

图2-211 "投影"后的"主路边"效果

5）制作小路和广场。选择"底图"图层，单击工具箱中的【魔棒工具】选择所有的小路和广场，对连接部位和里面线条复杂的图形，可按住【Shift】或【Alt】键结合【矩形选框工具】和【椭圆形选框工具】选取，选取结果如图2-212所示。

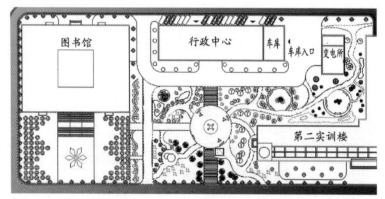

图2-212 小路和广场选区

打开"小路铺装.jpg"文件，单击【编辑】/【定义图案】/【确定】，关闭"小路铺装.jpg"文件。回到图形中，新建一个图层，命名为"小路和广场"，单击【编辑】/【填充】，选择刚刚定义的图案，单击【确定】按钮，结果如图2-213所示。

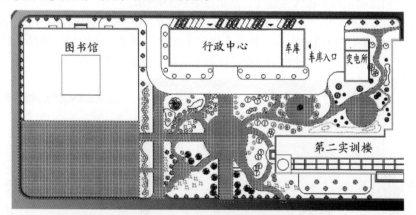

图2-213 小路和广场填充后效果

新建一个图层，命名为"小路边"，设置前景色的R、G、B分别为125、112、6，单击【编辑】/【描边】，设置如图2-214所示，单击【确定】按钮。双击"小路边"图层，打开【图层样式】对话框，从中选择【投影】选项，结果如图2-215所示。

 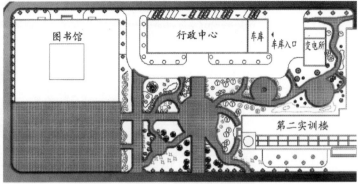

图2-214 "描边"对话框设置　　　　　图2-215 "投影"后的"小路边"效果

6）制作建筑前后的硬质地面。选择"底图"图层，单击工具箱中的【魔棒工具】选择办公楼、第二实训楼前后的硬地。对于不规则的部分，可按住【Shift】或【Alt】键结合【矩形选框工具】、【椭圆形选框工具】和【多边形套索工具】选取，选取结果如图2-216所示。

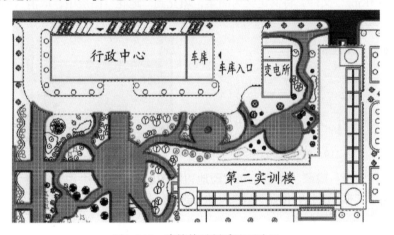

图2-216 建筑前后硬质地面选区

在"小路边"图层上方新建一个图层，命名为"硬地"，填充灰色，结果如图2-217所示。

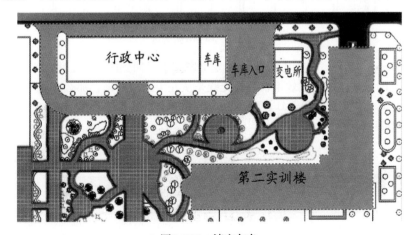

图2-217 填充灰色

新建一个图层，命名为"硬地边"，设置前景色同"小路边"的颜色，和"小路边"做相同的描边，结果如图2-218所示。

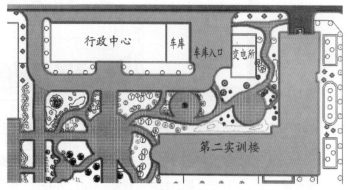

图2-218　硬地边的描边效果

7）制作地花。单击"小路"图层前面的眼睛，将此图层隐藏，新建一个图层，命名为"地花"，按照底图用【多边形套索工具】绘制图书馆门前"地花"的选区，如图2-219所示。

打开"地砖01.jpg"文件，将其定义为图案，填充到"地花"图层中，取消"小路"图层的隐藏，结果如图2-220所示。

图2-219　地花选区

图2-220　地花效果

8）制作建筑屋顶。隐藏"硬地"和"硬地边"图层，新建一个图层，命名为"二实屋顶A面"，单击【矩形选框工具】，按照"底图"绘制选区，如图2-221所示。

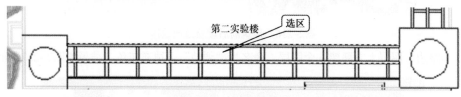

图2-221　屋顶A面选区

打开"瓦01.jpg"文件，单击【编辑】/【定义图案】。回到图形中，将定义的图案填充到选区中。为了表现图像整体的透视效果，假设光线是从左下角射过来，那么此面（A面）即为背光面，明度应该降低一些。按【Ctrl+U】键，打开【色相/饱和度】对话框，在此对话框中设置明度为-23，结果如图2-222所示。

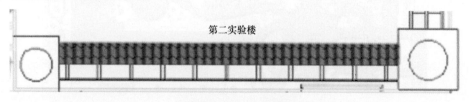

图2-222　屋顶A面效果

用相同的方法绘制"二实屋顶B面"。在【色相/饱和度】对话框中，设置明度为10，结果如图2-223所示。

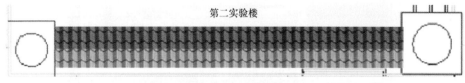

图2-223 屋顶效果

在打开的"瓦01.jpg"文件上，单击【图像】/【旋转画布】/【90° 逆时针】，旋转后定义图案，与上面一样制作第二实训楼的另一侧屋顶，如图2-224所示。

新建一个图层，命名为"正方形屋顶"，用【矩形选框工具】绘制如图2-225所示的选区。

设置前景色为灰色，填充。在【图层样式】中选择【投影】，按【Ctrl+D】键，取消选区，结果如图2-226所示。

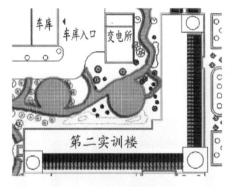
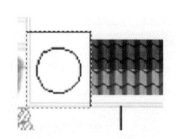
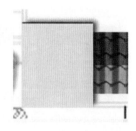

图2-224 第二实训楼整个屋顶效果　　图2-225 正方形屋顶选区　　图2-226 填充灰色

隐藏"正方形屋顶"图层，新建一个图层，命名为"装饰球"。按"背景"图层形状绘制圆形选区，在其上做"橙、黄、橙"的线性渐变，在【图层样式】中选择【投影】，按【Ctrl+D】键，取消选区，取消 "正方形屋顶"图层的隐藏，结果如图2-227所示。用相同的方法，制作另外两处相同的地方，结果如图2-228所示。

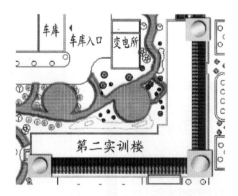

图2-227 正方形屋顶效果　　　　图2-228 另外两处正方形屋顶效果

用相同的方法，制作图书馆、办公楼、车库和变电所的屋顶（车库和变电所屋顶用"瓦03.jpg"文件），取消"硬地"和"硬地边"图层的隐藏，再用【橡皮擦工具】涂去所有交接部位多余的边线，结果如图2-229所示。

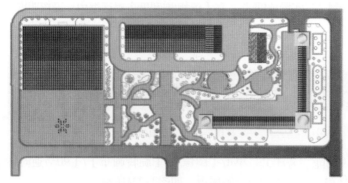

图2-229　所有屋顶制作完毕

9）制作阶梯。打开"阶梯01.psd"和"阶梯02.psd"文件，单击【移动工具】将它们移入图形中，对其进行【自由变换】、【移动】、【复制】和【旋转】等操作，按照"底图"阶梯的位置摆放，结果如图2-230所示。

10）制作建筑阴影。单击工具箱中的【多边形套索工具】按钮，绘制第二实训楼阴影选区，如图2-231所示。

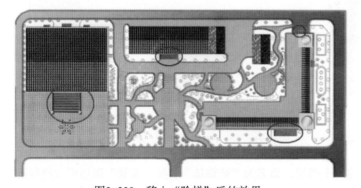

图2-230　移入"阶梯"后的效果

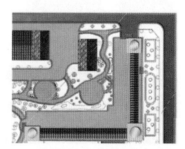

图2-231　第二实训楼阴影选区

新建一个图层，命名为"二实阴影"，填充黑色，设置该图层的不透明度为30%，按【Ctrl+D】键取消选区，结果如图2-232所示。

用相同的方法制作其他建筑的阴影，结果如图2-233所示。

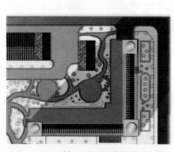

图2-232　第二实训楼阴影效果

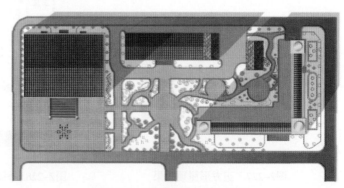

图2-233　所有建筑的阴影效果

11）制作花坛。放大图形的右侧，单击工具箱中的【多边形套索工具】按钮，要根据底图图形绘制右侧中间花坛的选区，如图2-234所示。

新建一个图层，命名为"花坛"，设置前景色为红色，填充。单击【滤镜】/【纹理】/【颗粒】，在弹出的"颗粒"对话框中，设置强度为40，对比度为50，单击【确定】按钮。再新建一个图层，命名为"花坛边"，单击【编辑】/【描边】，在"描边"对话框中设置参数，如图2-235所示。

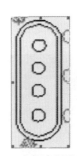

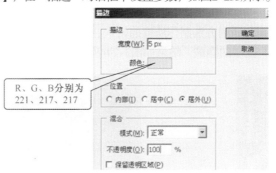

图2-234 右侧中间花坛选区　　　　　　　　　图2-235 "描边"对话框设置

双击"花坛边"图层，打开【图层样式】对话框，选择【投影】后单击【确定】按钮，取消选区，结果如图2-236所示。用相同的方法制作另外两个花坛，结果如图2-237所示。

12）制作长凳。新建图层，用【矩形选框工具】绘制长方形，填入自己喜欢的颜色，选择【图层样式】中的【投影】，复制并摆放于合适的位置，结果如图2-238所示。

13）移入喷泉。打开"喷泉.psd"文件，用【移动工具】移入图形中，根据"底图"尺寸，缩小后放于办公楼前面，效果如图2-239所示。

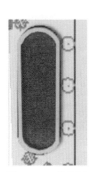

图2-236 花坛边　图2-237 花坛　　　图2-238 加入长凳效果　　　图2-239 移入喷泉

14）制作植物。激活"底图"图层，用【魔棒工具】选择绿带选区，如图2-240所示。

新建一个图层命名为"绿带"，填充绿色后单击【滤镜】/【纹理】/【颗粒】，设置强度为40，对比度为50，单击【确定】按钮，取消选区，结果如图2-241所示。

打开"丁香.jpg"文件，单击【椭圆选框工具】绘制选区，如图2-242所示。

图2-240 绿带选区　　　图2-241 绿带效果　　　图2-242 绘制圆形选区

单击【选择】/【修改】/【羽化】，设置羽化值为5，然后用【移动工具】将其移入到图形当中，将自动生成的图层命名为"丁香"，双击"丁香"图层，在【图层样式】对话框中选择【投影】，用【自由变换】命令对其缩小到合适的大小，复制多个，按照"底图"的位置摆放，结果如图2-243所示。

用和上面相同的方法制作所有的树木、植物，也可以直接用前面制作的树木模块，制作完毕后取消"草地"图层的隐藏，结果如图2-244所示。

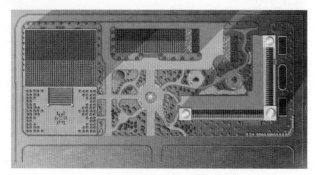

图2-243　丁香效果　　　　　　　　　图2-244　添加所有树木模块的效果

15）单击工具箱中的 T.按钮，输入文字，合并所有图层，再调一下色彩和亮度，保存，最终效果如图2-245所示。

图2-245　校园一角平面效果图

⊙ 子任务3　古建筑立面效果图制作

✎ 任务目标

建筑立面效果图是设计人员在方案投标中最常用的形式之一，它具有制作快速、效果明显两大优点。本例通过"古建筑立面效果图"的制作，进一步熟悉AutoCAD输出位图的方法及制作立面效果图的整个流程，达到熟练掌握制作建筑立面效果图的方法和技巧的目的。

✎ 任务实施

● 把"古建立面图.dwg"文件制作成立面效果图

1）输出位图。运行AutoCAD 2008软件，打开"项目2素材/古建立面图.dwg"文件（本例所有素材均在此文件夹中），将辅助的标注、文字、图框等所在的图层关闭，然后将线框图输出为位图格式，即"古建立面图简化.bmp"文件。

2）抠图。运行Photoshop CS3软件，打开"古建立面图简化.bmp"文件,裁切成合适的大小，然后单击【图像】/【图像大小】，设置如图2-246所示，结果如图2-247所示。

图2-246 "图像大小"对话框

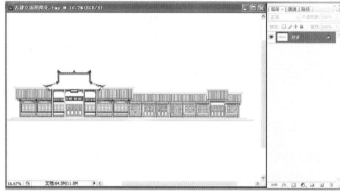

图2-247 图像状态

在【图层】调板中双击背景层，出现"新建图层"对话框，在【名称】栏中填入"建筑线框"，然后单击【好】按钮。

单击【选择】/【色彩范围】，设置颜色容差值为100，在图形中拾取白色，将白色背景选中，然后按下键盘上的【Delete】键删除，再按下【Ctrl+D】键取消选择，结果如图2-248所示。

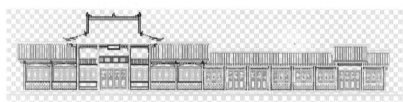

图2-248 删除背景后的结果

3）处理墙体。单击工具箱中的【矩形选框工具】，将图样中的左侧墙体选中，如图2-249所示。

打开"墙3.jpg"文件，全选并拷贝；执行【贴入】命令，将图片粘贴到选取的墙体中，按【Ctrl+T】键，调整大小，结果如图2-250所示。

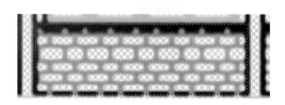

图2-249 选择左侧墙体

图2-250 贴入墙体

图中其他八处墙体均执行和上面相同的操作，或者复制（复制时要删除图层蒙版）也可，合并所有的墙体图层，并命名为"砖墙"，结果如图2-251所示。

图2-251 复制所有相同的墙体

单击工具箱中的【矩形选框工具】，绘制如图2-252所示的选区。设置前景色为浅灰色，背景色为深灰色，新建一个图层，命名为"柱座"。使用工具箱中的"渐变"工具，实施从前景色到背景色的"线性渐变"。在【图层】菜单中，选择【图层样式】/【投影】和【内阴影】选项，结果如图2-253所示。

图2-252　绘制选区

图2-253　渐变填充

将"柱座"图层复制13个，摆放到所有柱座的位置，再用相同的方法做两个"高底座"，摆放到合适的位置，结果如图2-254所示。

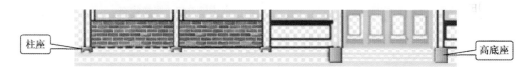
图2-254　柱座和高底座

单击工具箱中的【矩形选框工具】，根据图样绘制左侧柱子的选区，如图2-255所示。

打开"栏杆柱.jpg"文件，全选并拷贝；执行【贴入】命令，并将此图层命名为"柱子"，按【Ctrl+T】键，调整其大小。在【图层】菜单中，选择【图层样式】/【投影】和【内阴影】选项，结果如图2-256所示。将"柱子"图层复制15个，调整大小，摆放到所有柱子的位置，并将所有柱子图层合并，效果如图2-257所示。

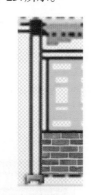
图2-255　柱子选区

图2-256　柱子效果

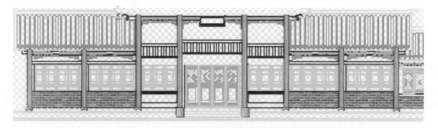
图2-257　复制摆放所有的柱子

4）制作窗户。单击工具箱中的【画笔工具】 按钮，设置画笔主直径为3px，硬度为100%。新建一个图层，命名为"窗框1"，在这个图层上绘制窗框图线，如图2-258所示。

双击"窗框1"图层，在【图层样式】对话框中选择【投影】和【颜色叠加】，叠加乳白色，并将此图层置于"柱子"图层的下面，结果如图2-259所示。

打开"天空1.jpg"文件，全选并拷贝；执行【粘贴】，将其放在"窗框"图层下面，调整其和窗框一样大，合并这两个图层并命名为"窗户"，如图2-260所示。

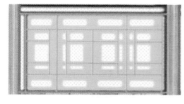
图2-258　窗框图线

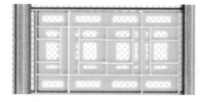
图2-259　窗框效果

图2-260　窗户制作完毕

用相同的方法制作所有的窗户，或者复制，放置在相应的位置，合并所有窗户图层，结果如图2-261所示。

图2-261　复制出所有窗户

5）安装门。打开"门.jpg"文件，单击工具箱中的【移动工具】，将其拖拽到图形中，并将图层命名为"门"，调整其大小，并复制，合并所有的"门"图层，在【图层样式】对话框中选择【投影】，结果如图2-262所示。

图2-262　安装门的效果

6）房顶处理。单击工具箱中的【矩形选框工具】、【多边形套索工具】等，选择所有的屋顶，打开"红瓦1.jpg"文件，全选并复制，单击【编辑】/【贴入】命令，调整大小，命名图层为"瓦"，结果如图2-263所示。

图2-263　贴入"瓦"以后的效果

按住【Ctrl】键的同时单击"瓦"图层，调出瓦的选区，新建一个图层命名为"屋檐"，执行【编辑】/【描边】，设置"描边"对话框，如图2-264所示。

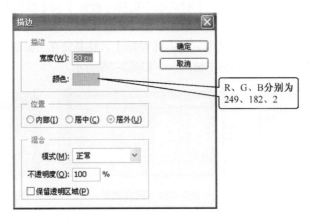

图2-264 "描边"对话框设置

按【Ctrl+D】键，取消选区，双击"屋檐"图层，在弹出的【图层样式】对话框中选择【投影】和【内阴影】，结果如图2-265所示。

图2-265 屋檐

7）处理底座。单击工具箱中的【多边形套索工具】等，根据"建筑线框"图层绘制底座形状，如图2-266所示。

图2-266 绘制底座选区

新建一个图层，命名为"底座"，将此图层向下移至"建筑线框"图层的上面，打开"石材1.jpg"文件，按【Ctrl+A】键，全选，定义图案，关闭"石材1.jpg"文件。然后执行【编辑】/【填充】命令，再执行【图像】/【调整】/【色彩平衡】命令，设置如图2-267所示。双击此图层，在【图层样式】对话框中选择【投影】和【内阴影】，"底座"左右对称，再复制出右侧部分，结果如图2-268所示。

8）处理后墙。激活"建筑线框"图层，单击工具箱中的【魔棒工具】，选取线框外围，然后执行【选择】/【反向】命令，制作的选区如图2-269所示。

图2-267 "色彩平衡"参数设置

图2-268 底座效果

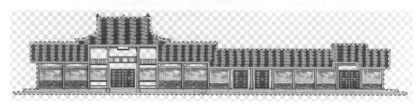

图2-269 创建选区

在"建筑线框"图层上面新建一个图层，命名为"底墙"。打开"墙4.jpg"文件，全选，执行【全选】/【定义图案】，关闭"墙4.jpg"文件。执行【编辑】/【填充】，将刚定义的墙图案填充到选区内，结果如图2-270所示。

图2-270 填充底墙效果

9）制作屋顶装饰。打开"装饰1.jpg"和"装饰2.jpg"，单击工具箱中的【移动工具】将它们移到图形中，选择【图形样式】中的【投影】，用橡皮涂掉部分房檐，结果如图2-271所示。

图2-271 添加屋顶装饰

根据"建筑线框"的形状,单击【矩形选框工具】绘制主楼门、窗上面的横梁选区,如图2-272所示。

图2-272　创建横梁选区

打开"檐枋.jpg"文件,全选,贴入,贴入的图层命名为"横梁"。

设置前景色为暗红色(R、G、B分别是34、5、5),调整画笔大小为8px,绘制图中的所有横梁,选择【图形样式】中的【投影】,隐藏"底墙图层",结果如图2-273所示。

图2-273　横梁效果

新建一个图层,命名为"雕花",单击工具箱中的【自定义形状工具】,设置其属性如图2-274所示。

图2-274　【自定义形状工具】的属性设置

设置前景色仍然是暗红色,在图形中需要的位置绘制图形,选择【图形样式】中的【投影】、【斜面和浮雕】和【描边】(描画笔为1px的黄边),显示"底墙图层",结果如图2-275所示。

图2-275　雕花效果

10)处理阶梯。将"底墙"和"底座"图层隐藏,打开"阶梯1.psd"文件,单击工具箱中的【移动工具】,将阶梯拖拽到文件中,此图层命名为"阶梯",复制两个,放到合适的位置,结果如图2-276所示。

图2-276　阶梯效果

11）后期背景、配景制作。打开"游憩草坪3.jpg"文件，将其拖拽至图形中，命名该图层为"前景"。按【Ctrl+T】键，放大至合适的大小，放于适当的位置，结果如图2-277所示。

单击工具栏中的【仿制图章工具】按钮，在其属性栏中设置大小合适的半径，按住【Alt】键的同时，在广场上点击鼠标左键，拾取地面图形，将建筑前面地面上多余的柱子取代掉，效果如图2-278所示。

图2-277 拖入前景

图2-278 建筑前面地面处理结果

制作天空。单击工具栏中的【矩形选框工具】按钮，创建矩形选区，如图2-279所示。

图2-279 创建矩形选区

新建一个图层，命名为"天空"。设置前景色为蓝色（R、G、B分别为81、123、214），背景色为蓝白色（R、G、B分别为201、211、241），在选区内实施"从前景到背景"的线性渐变，按【Ctrl+D】键取消选区。为了使天空和地面过渡自然，用【矩形选框工具】框选"天空"的最下边，对该矩形选区设置羽化值为20，按下【Del】键，删除选区内的天空，效果如图2-280所示。

打开"树6.psd"等文件，拖拽到文件中，执行【复制】、【自由变换】、【移动】等命令，制作背景树的效果，如图2-281所示。

图2-280 天空制作效果

图2-281 添加背景树后的效果

打开"鸽子.psd"文件，用工具箱中的【移动工具】将其拖拽至图形中，命名该图层为"鸽子",自由变换它的大小,摆放至适当的位置,效果如图2-282所示。

12)添加文字。单击工具箱中的【横排文字工具】,文字的颜色自己选定,输入文字"古建立面效果图"和年月日,调整文字大小,并加上图层样式效果,缩放并移动至合适的大小和位置,结果如图2-283所示。

图2-282　添加鸽子后的效果

图2-283　添加文字效果

13)制作边框。新建一个图层,命名为"边框"。按【Ctrl+A】键,全选,然后单击【矩形选框工具】,按住【Alt】键的同时,在选区内绘制从中减去的矩形选区,获得选区结果如图2-284所示。

对"边框"图层添加颜色或者图案,然后再施加喜欢的图层样式,按【Ctrl+D】键取消选区,最终效果如图2-285所示。合并所有图层,保存,制作完毕。

图2-284　创建的边框选区

图2-285　古建立面效果图

子任务4　透视效果图后期制作

任务目标

透视效果图犹如一幅风景画,美丽、逼真,具有浓厚的艺术氛围。表达这种效果的主要方法就是制作配景。处理渲染图的色彩很重要,是一种比较难掌握的技能,不仅需要具备熟练的软件操作技能,还需要有一定的美术基础和艺术欣赏水平。通过本例的制作,掌握透视效果图的制作流程和技巧。

任务实施

● **制作别墅雪景透视效果图**

1）在Photoshop CS3中打开"别墅雪景透视效果图素材/建筑.psd"文件（本例所用素材均在此文件夹中），如图2-286所示。

2）单击【图像】/【画布大小】，在【画布大小】对话框中设置参数，如图2-287所示。

图2-286 建筑

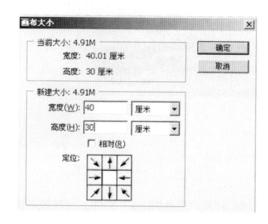

图2-287 画布大小设置

用【橡皮擦工具】涂抹干净"建筑"下面多余的线；用【自由变换】工具将"建筑"适当缩小，再用【移动工具】将其移到中心位置，并将此图层（即"0"图层）命名为"建筑"，结果如图2-288所示。

3）打开"天空02.jpg"文件，单击工具箱中的 ⯮ 按钮，将其拖拽到图形中，命名该图层为"天空"。用【自由变换】将其缩放为合适的大小，并将此图层拖到"建筑"图层的下面，结果如图2-289所示。

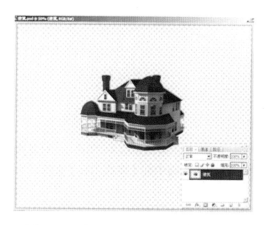

图2-288 建筑的位置并命名图层为"建筑"

图2-289 移入"天空"

4）在"天空"图层上方新建一个图层（自动命名为图层1），单击工具箱中的【渐变工具】，设置渐变颜色由蓝色到白色，渐变方式为线性渐变，将鼠标由右上方向左下方拖动，将"图层1"的混合模式设置为"柔光"，结果如图2-290所示。合并"图层1"和"天空"图层（向下合并），图层名称仍然是"天空"。

5）打开"栅栏02.jpg"文件，将其拖拽到图形中，命名该图层为"栅栏"，复制、自由变换、合并图层，并将此图层拖到"建筑"图层的下面，效果如图2-291所示。

图2-290 "天空"渐变效果   图2-291 "栅栏"效果

6）打开"雪地02.jpg"文件，将其拖拽到图形中，命名该图层为"雪地"，用【矩形选框工具】选择"栅栏"底线以上的"雪地"，按【Delete】键，将其删除，结果如图2-292所示。

7）继续在"雪地02.jpg"文件上，用"矩形选框"工具选择右侧的"山"，选区如图2-293所示。

图2-292 "雪地"效果   图2-293 创建矩形选区

按下工具箱上的【移动工具】按钮，将"山"拖到图形中，并命名该图层为"山"。对其执行【自由变换】、【移动】等操作，将其放到合适的位置。再用工具箱中的【魔棒工具】选择"山"左侧的雪，将其删除，结果如图2-294所示。

8）打开"小路.psd"和"曲路.psd"文件，用【移动工具】移入图形中，相应命名图层为"小路"和"曲路"，调整至合适的大小和位置，按住【Ctrl】键，点击小路图层，浮出小路的选区，激活雪地图层，删除小路下面的雪。用同样的方法删除曲路下面的雪。再将小路和曲路的【色相/饱和度】按图2-295所示设置参数，单击【确定】按钮，图像效果如图2-296所示。

9）打开"松树.psd"文件，移入图形中，图层命名为"松树"，复制一排，合并为一个图层，底部锐利的地方用橡皮擦涂抹掉，结果如图2-297所示。

图2-294 移入"山"的效果

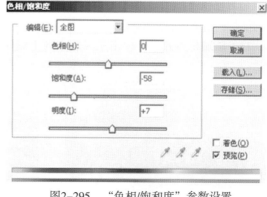

图2-295 "色相/饱和度"参数设置

图2-296 图像效果

图2-297 松树效果

10）打开"小叶黄杨.jpg"文件，单击【选择】/【色彩范围】，颜色容差设置为200，拾取图中蓝色背景，单击【确定】，再单击【选择】/【反向】，用工具箱中的【移动工具】将其移到所做图形中，命名该图层为"小叶黄杨"。对其进行【编辑】/【变换】/【缩放】和【扭曲】调整大小和形状，放于适当的位置；在"色相/饱和度"对话框中设置色相为-7，饱和度为-77，明度为-10，结果如图2-298所示。

11）打开"冬天的树10.psd"、"冬天的树06.psd"、"冬天的树09.psd"、"冬天的树04.jpg"、"tree03.psd"、"tree05.psd"、"雪松01.psd"、"雪松03.psd"、"雪松04.psd"、"雪松09.psd"文件，拖至图中，相应的命名图层名，分别进行缩放、色彩和亮度/对比度的调整，摆放到适当的位置，图层顺序摆放正确，结果如图2-299所示。

图2-298 加入小叶黄杨

图2-299 加入各种树的效果

12）打开"人01.psd"、"人05.psd"、"草坪灯.psd"文件，和前面一样移入图形中，进行相应的操作，结果如图2-300所示。

13）添加积雪效果。单击工具箱中的【魔棒工具】将建筑的深色房顶全部选中，如图2-301所示。

图2-300　加入"人物"和"草坪灯"的效果

图2-301　屋顶选区

单击【选择】/【修改】/【收缩】命令，将选区收缩10像素，新建一个图层，命名为"房顶雪"，填充3次白色。单击【选择】/【修改】/【边界】命令，将选区的边界扩展5像素，再将选区羽化3像素，然后再填充2次白色，取消选区后。图像效果如图3-302所示。

图2-302　屋顶填充白色

说明

> 如果选区小而羽化半径大，则小选区可能变得非常模糊，以至于看不到并因此不可选；如果出现"任何像素都不大于50%选择"的提示，则应减小羽化半径或增大选区大小。

单击工具箱中的【画笔工具】，将前景色设置为白色，新建两个图层，一个命名为"松树上的雪"，一个命名为"黄杨上的雪"，在松树和小叶黄杨上涂抹，制作出白雪覆盖的样子，如图2-303所示。

为了使树上的雪看起来逼真自然，激活"松树上的雪"图层，单击【滤镜】/【模糊】/【高斯模糊】命令，设置高斯模糊半径为8；再激活"黄杨上的雪"图层，单击【滤镜】/【模糊】/【高斯模糊】命令，设置高斯模糊半径为4，在图像中所有需要添加雪的地方（如山上）进行相同操作，结果如图2-304所示。

图2-303　绘制树上的雪

图2-304　树上、山的积雪效果

 说明

　　高斯模糊除了可以用来处理图像外，还可以用来修饰图像。如果图像杂点太多，可以使用该滤镜处理，使图像产生很好的朦胧效果，看起来更为平顺。高斯是指对像素进行加权平均时所产生的钟形曲线。

14）制作飘雪效果。

　　在【图层】面板中选择"天空"图层，点击右键，从打开的快捷菜单中选择【复制图层】命令，单击【确定】按钮，在【图层】面板中新增了一个"天空副本"图层。

　　在"天空副本"图层上单击【滤镜】/【画笔描边】/【强化边缘】命令，设置边缘宽度为7，边缘亮度为35，平滑度为5，单击【确定】按钮；单击【滤镜】/【像素化】/【点状化】命令，设置单元格大小为7，单击【确定】按钮；单击【滤镜】/【模糊】/【动感模糊】命令，设置角度为39，距离为17，单击【确定】按钮；单击【图像】/【调整】/【去色】命令，然后在【图层】控制面板中将本图层的透明度设置成50%，结果如图2-305所示。

 说明

　　动感模糊仿拍摄运动物体的手法，通过对某一方向上的像素进行线性位移而产生运动模糊效果。它是把当前图像的像素向两侧拉伸。

15）选择"天空"图层，单击【图像】/【调整】/【色相/饱和度】，按图2-306所示调整参数。

图2-305　飘雪效果

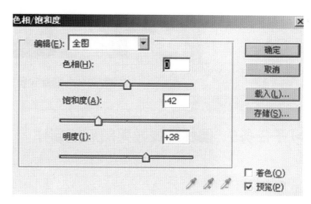

图2-306　"色相/饱和度"参数设置

为了使图像看起来有层次感，打开"树影.psd"文件，移入图形中，缩放、复制、移动，涂抹后的结果如图2-307所示。

16）合并所有图层，存储为*.jpg文件。再打开，将背景层复制，单击【滤镜】/【扭曲】/【扩散亮光】，粒度为6，发光量为10，清除数量为15。再调整这个图层的不透明度为30%，合并这两个图层。单击【滤镜】/【锐化】/【USM锐化】，设置数量为50，半径为250，阈值为0，结果如图2-308所示。

图2-307　加入树影

图2-308　【扩散亮光】、【USM锐化】效果

17）添加文字和边框，最终效果如图2-309所示。

图2-309　别墅雪景透视效果图

子任务5　园林鸟瞰效果图后期制作

任务目标

园林鸟瞰效果图是表现园林景观设计的理想方式，能让设计者直观推敲并进一步完善设计构

思，还能提高与甲方的沟通效率和效果。通过本例制作，掌握园林鸟瞰效果图后期制作全流程，并从中重点掌握水面特效、阴影等的制作技巧，从而达到掌握制作鸟瞰效果图的目的。

任务实施

● 制作园林鸟瞰效果图

1）启动Photoshop CS3。单击【文件】/【打开】命令，打开"项目2素材/鸟瞰效果图.tga"图像文件（本例所用素材均在此文件夹中）。单击工具箱中的 按钮，在图像中拖动出一个区域，按【Enter】键，完成裁图操作，结果如图2-310所示（"鸟瞰效果图.tga"文件的制作过程见本书项目3的任务5。）

2）单击【图像】/【调整】/【色阶】命令，在弹出的"色阶"对话框中，设置各项参数如图2-311所示，使整个画面变亮。

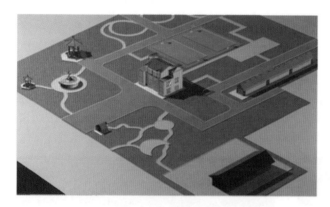

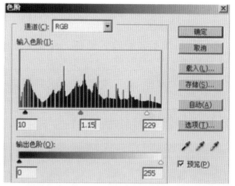

图2-310　裁图效果　　　　　　　　　　　图2-311　"色阶"参数设置

单击【确定】按钮，调整色阶后的鸟瞰效果图如图2-312所示。

3）双击背景图层上的锁头，在"新建图层"对话框中命名为"建筑"，单击【确定】按钮。单击工具箱中的【魔棒工具】 按钮，设置容差值为40，在"建筑"图层上选择外围的蓝色部分和主要道路内的绿色部分，然后按【Delete】键删除，结果如图2-313所示。

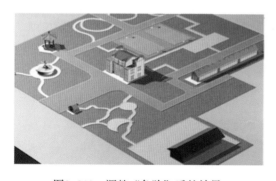

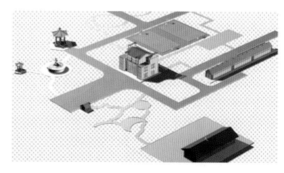

图2-312　调整"色阶"后的效果　　　　　图2-313　删除草地后的效果

4）打开"背景图片.jpg"文件，使用【移动工具】将其拖动到"鸟瞰.tga"文件图像窗口中，并将该图层命名为"草地"，调整"色彩平衡"参数设置，如图2-314所示。

5）将"草地"图层置于"建筑"图层的下面，调整其大小和位置，此时效果如图2-315所示。

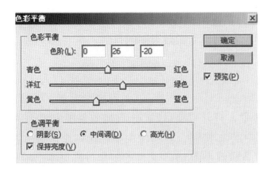

图2-314　"色彩平衡"参数设置

图2-315　添加背景后的效果

6）制作水面。单击"钢笔工具"按钮 ，在"草地"图层上画出要制作成水面效果的部分，将路径转换为选区，并且执行菜单中的【选择】/【修改】/【Feather…】命令，设置羽化半径为7，删除选取范围内的图像，结果如图2-316所示。然后单击【选择】/【存储选区】，将选区命名为"水面"，存储选区。

7）制作水面特效，新建一个图层，命名为"水面渐变"，将其拖放到"草地"图层的下方。载入水面选区，前景色设置为浅蓝色，背景色设置为深蓝色，用渐变工具制作线性渐变效果。

打开"水面.jpg"文件，全选并复制，将其以"贴入"的方式贴到水面选区中，并把图层命名为"水面"，将其施放到"水面渐变"图层的下面，把"水面渐变"图层的混合模式设置为【柔光】，结果如图2-317所示。

图2-316　删除选取范围内的图像

图2-317　水面效果

8）打开"柳树02.psd"文件，将其拖至图中命名为"柳树"，将其放到"建筑"图层的上方，使用"自由变换"功能调整位置和大小，并调整其【色彩平衡】和【色相/饱和度】，如图2-318所示，使色彩和整个图形协调一致。

制作柳树水中倒影，将"柳树"图层复制一次，并命名为"柳树倒影"，单击【编辑】/【变换】/【垂直翻转】，用【移动工具】垂直向下拖至水中，选择菜单中的【滤镜】/【扭曲】/【海洋波纹】命令，制作出水面波纹效果，并把该图层的不透明度调整为60%。

最后分别复制"柳树"和"柳树倒影"图层，位置和大小（远小近大）设置合适后，合并所有"柳树"和"柳树倒影"图层，图像效果如图2-319所示。

9）打开"长椅01.jpg"文件，将其拖放到图形中，将此图层命名为"长椅"。用【橡皮擦工具】涂抹掉背景部分，用"自由变换"功能调整位置和大小，再复制两个摆放到图中合适的位置，然后将这三个图层合并，效果如图2-320所示。

10）打开"长凳01.jpg"文件，单击【选择】/【色彩范围】，颜色容差设置为50，拾取图像中的白色，单击【确定】。再单击【选择】/【反向】，然后用【移动工具】将长凳拖放到图中，命名该图层为"长凳",对其进行【变换】/【扭曲】,再复制七个,放于两个篮球场的中间,效果如图2-321所示。

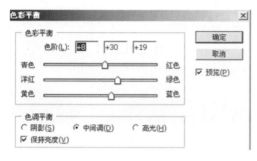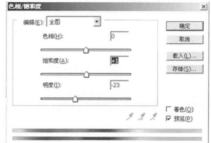

图2-318 "色彩平衡"和"色相/饱和度"参数设置

图2-319 柳树倒影效果

图2-320 放入长椅效果

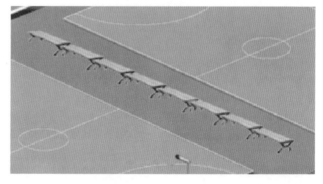

图2-321 放入长凳效果

11)打开"行道树.tif"文件,将其拖放到图形中,命名该图层为"行道树"。在【图层】面板中,将行道树所在的图层复制一层,使用扭曲、变形命令将其作变形处理,然后调整【色相/饱和度】中的明度为-100,再将此图层的不透明度调为50,制作树木阴影(前面柳树的阴影也用相同的方法制作),然后按【Ctrl+E】键,合并"行道树副本"和"行道树"图层,结果如图2-322所示。

按【Ctrl+T】键,将其进行适当缩小,移动到需要栽种行道树的位置,然后按照远小近大和图层顺序,沿道路两侧进行复制。确认合适后,合并所有行道树图层,并用橡皮涂掉不应该遮挡的部分。结果如图2-323所示。

图2-322　行道树和阴影

图2-323　栽植行道树的效果

12）单击【多边形套索工具】 按钮，建立如图2-324所示的选区，新建一个图层，命名为"石板"。

打开"大理石.jpg"文件,按【Ctrl+A】键，全选，单击【编辑】/【定义图案】/【确定】。回到"鸟瞰效果图"中，单击【编辑】/【填充】,选择刚才定义的图案，点击【确定】按钮，按【Ctrl+D】键，取消选区，结果如图2-325所示。

图2-324　创建选区

图2-325　填充大理石板后的效果

13）打开"树06.jpg"、"树07.jpg"文件、"树04.jpg"、"树10.jpg"、"灌木"、"车-1.tif"、"tree1.jpg"和"人群.psd"文件，用和前面相同的方法放入到图中合适的位置，效果如图2-326所示。

14）单击工具箱中的 T 按钮，输入文字"鸟瞰效果图"和年月日，字体和颜色自定，合并所有图层，保存，最终效果如图2-327所示。

图2-326　添加树木、人物、汽车后的效果

图2-327　鸟瞰效果图

◎ 子任务6　外景效果图后期制作

任务目标

在外景效果图的后期处理中，重点要考虑细节上的问题，如阴影、配景的大小、比例关系等。通过本实例的操作，学习住宅小区环境的处理方式，以达到掌握外景效果图后期制作的方法和技巧的目的。

任务实施

● 对住宅楼外景效果图进行后期制作

1）启动Photoshop CS3软件，打开"项目2素材/住宅楼外景效果图/住宅楼外景.tif"文件（住宅楼外景效果图制作见项目3的任务5的子任务6），如图2-328所示。双击"0图层"，将该图层命名为"建筑"。

2）打开通道面板，按住【Ctrl】键的同时，单击"Alpha1"通道，此时选中的部分如图2-329所示。

图2-328　住宅楼外景

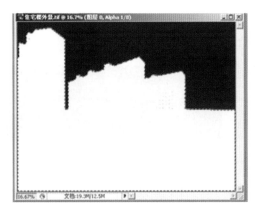

图2-329　背景选区

3）执行菜单栏中的【选择】/【反向】，回到图层面板，按【Delete】键，删除被选中的背景部分，然后按【Ctrl+D】组合键取消选区，结果如图2-330所示。

4）单击工具箱中的【魔棒工具】 按钮，容差设置为20，选择所有建筑的阴影区域，如图2-331所示。

图2-330　删除背景后的效果

图2-331　阴影选区

单击菜单中的【选择】/【存储选区】，弹出"存储选区"对话框，在【名称】后面命名为"阴影"，单击【确定】按钮，以备后用。

5）单击工具箱中的【裁切工具】 （或按C键）激活裁剪命令，在图像中拖拽出一个变形框，调整变形框的大小来确定构图，效果如图2-332所示。

6）为场景添加天空。按【Ctrl+O】键，在弹出的对话框中打开"项目2素材/住宅楼外景效果图/天空.jpg"文件（本例所用素材均在此文件夹中），在【图层】面板中将其放在建筑的后面，按【Ctrl+T】键，调整图像的大小，并命名该图层为"天空"，效果如图2-333所示。

图2-332　裁切后　　　　　　　　　　　　　图2-333　添加天空的效果

7）激活"建筑"图层，单击工具箱中的【魔棒工具】 按钮，容差设置为50，选择所有草地区域，如图2-334所示。

图2-334　草地区域选区

按【Delete】键，将选择区域中的图像删除，按【Ctrl+D】去掉选区，结果如图2-335所示。

图2-335　删除草地后的效果

8）打开"草坪01.jpg"文件，在【图层】面板中将其放在"建筑"和"天空"图层的下面，按【Ctrl+T】键，调整图像大小，命名该图层为"草地"。激活"天空"图层，用工具箱中的【橡皮擦工具】涂抹掉建筑下面多余的天空，结果如图2-336所示。

图2-336　添加草坪后的效果

9）激活"建筑"图层，单击主菜单中的【选择】/【色彩范围】，在弹出的"色彩范围"对话框中设置【颜色容差】为60，然后在图像中的玻璃上点击，再按住【Alt】键结合工具箱中的【椭圆形选框工具】减去选择的多余部分，选定玻璃选区如图2-337所示。

图2-337　选定玻璃选区

10）打开"环境.jpg"文件，按【Ctrl+A】复合键将其全选，按【Ctrl+C】复合键复制，关闭"环境.jpg"文件。回到图形中，单击【编辑】/【贴入】，自动生成新图层，命名为"窗影"，将此图层的【不透明度】设置为40%，以制作玻璃透明效果，结果如图2-338所示。

11）打开"地面铺装02.jpg"文件，单击工具箱中的【多边形套索工具】 按钮，选择一块地砖，如图2-339所示。

　　图2-338　玻璃透明效果　　　　　　　　　　图2-339　创建选区

单击工具箱中的【移动工具】 按钮（或按V键），将地砖移动到图形中。进行自由变换和复制操作，结果如图2-340所示。合并所有地砖图层，并命名为"地面铺装"。

图2-340　地砖效果

12）打开"远景树.psd"文件，移入图形中，复制一个，合并这两个图层，命名为"远景树"，用虚边橡皮涂抹下面的部分，以使衔接处过渡自然；调整远景树的色彩，使其与图片景色相配，结果如图2-341所示。

图2-341　远景树的效果

13）打开"冬青.psd"文件，用移动工具拖至文件中，复制，用橡皮涂抹，然后将复制修改后的这些图层合并为一个图层，命名为"冬青"，如图2-342所示。

图2-342　添加"冬青"的效果

14）打开"械树01.psd"、"械树02.psd"、"柳树01.psd"、"树07.psd"、"榆树.psd"、"松树.psd"、"tree02.psd"文件，拖至图像中，调整位置，并用前面所学知识制作树木的阴影，结果如图2-343所示。

图2-343　添加其他树木的效果

15）打开"黄杨.psd"、"灌木球.psd"文件，拖至图像中，复制并摆放于合适的位置。

16）打开"郁金香03.jpg"文件，单击【选择】/【色彩范围】，弹出"色彩范围"对话框，【颜色容差】设置为100，拾取蓝色，单击【确定】按钮。单击【选择】/【反向】；再单击【选择】/【修改】/【收缩】，设置【收容量】为2，然后用移动工具将花拖至图形中，进行复制、自由变换操作，摆放于适当的位置。用相同的方法，打开"郁金香04.jpg"、"郁金香05.jpg"放于图形中，结果如图2-344所示。

图2-344　添加"黄杨、灌木球和郁金香"的效果

17）打开"石头.psd"文件，拖至图形中，进行变换、复制等操作，结果如图2-345所示。

图2-345　添加"石头"的效果

18）看一下整体，再调整添加一下树木以增加平衡感，如图2-346所示。

19）打开"人物01.psd"文件，移入图像中，执行自由变换，并制作阴影，再摆放于场景中，并且再改变一下郁金香花的方向和大小，如图2-347所示。

图2-346　继续添加树木的效果　　　　　　　图2-347　添加人物并制作人物阴影

20）打开"地灯.psd"、"路灯.jpg"文件，用【色彩范围】抠图，然后移动到图像中，对其实施复制、自由变换、扭曲、斜切等操作，制作阴影并摆放，操作时注意图层顺序和比例。

添加整体阴影。单击【选择】/【载入选区】，在弹出的"载入选区"对话框中，载入前面存储的选区。单击【通道】下拉按钮下的"阴影"，单击【确定】按钮，新建一个图层，填充黑色，将图层的不透明度设置为50%，然后用橡皮擦涂抹掉遮挡的部分，结果如图2-348所示，合并所有图层。

21）最后再调整一下图像的【亮度/对比度】，设置如图2-349所示，最终效果如图2-350所示。

 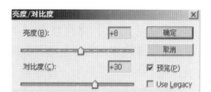

图2-348　添加地灯、路灯和整体阴影的效果　　　图2-349　"亮度/对比度"参数设置

图2-350　住宅楼外景效果图

⊚ 子任务7　日景效果转化为黄昏效果

🏷 任务目标

通过本实例的操作，学习照片滤镜、亮度/对比度、匹配颜色、添加图层蒙版、设置图层的混合模式等内容，从而掌握完整的日景效果转化为黄昏效果的制作过程。

🏷 任务实施

● 把蓝天白云下的住宅楼外景效果图变成黄昏夕阳效果图

1）打开前面做好的"住宅楼外景效果图.jpg"文件，将"背景层"拖动到【图层】面板底部的【创建新图层】按钮上，将该图层复制两个，复制后的图层分别被自动命名为"背景副本1"和"背景副本2"，如图2-351所示。

2）在【图层】面板中，选择"背景副本2"，单击【图像】/【调整】/【照片滤镜】命令，在打开的"照片滤镜"对话框中设置颜色为橘黄色（R、G、B分别为236、138、0），其他参数设置如图2-352所示。

单击【确定】按钮，图像效果如图2-353所示。

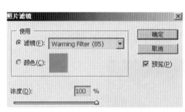

图2-351　图层面板　　　　图2-352　"照片滤镜"参数设置　　　　图2-353　"照片滤镜"效果

3）单击【图像】/【调整】/【亮度/对比度】命令，在"亮度/对比度"对话框中，设置亮度为-25，对比度为30，单击【确定】按钮，图像效果如图2-354所示。

4）在【图层】面板中，隐藏除"背景层"以外的其他两个图层，如图2-355所示。

图2-354　"亮度/对比度"效果　　　　　　　　图2-355　图层面板

5）选择"背景层"，单击【图像】/【调整】/【匹配颜色】命令，打开"匹配颜色"对话框，在【源】下拉列表框中选择【原始图】，在【图层】下拉列表框中选择【背景副本2】，其他参数设置如图2-356所示。

单击【确定】按钮，图像效果如图2-357所示。

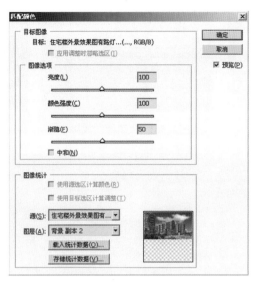

图2-356 "匹配颜色"设置

6）在【图层】面板中，选择图层"背景副本2"，单击面板底部的【添加图层蒙版】按钮，为"背景副本2"添加图层蒙版，此时【图层】面板如图2-358所示。

7）单击工具箱中的【渐变工具】，设置渐变颜色由白色到黑色，在其属性栏中设置其他参数，如图2-359所示。

图2-357 "匹配颜色"效果

图2-358 添加图层蒙版

图2-359 渐变属性设置

8）设置完成后，将鼠标指针移至图像窗口，按下鼠标，垂直向下拖动，松开鼠标后，图像中就被填充渐变，图像效果如图2-360所示。

9）在【图层】面板中，将"背景副本2"及其蒙版，向下拖动到"背景副本1"图层的下方，然后隐藏"背景副本1"，并将"背景副本2"的混合模式设置为【滤色】，此时图像效果如图2-361所示。

10）在【图层】面板中，显示"背景 副本"，将其【不透明度】设置为10%，图像效果如图2-362所示。

11）在【图层】面板中，选择"背景副本2"，单击【图像】/【调整】/【亮度/对比度】命令，在"亮度/对比度"对比度对话框中，设置亮度为-75，对比度为72，单击【确定】按钮，得到图像最终效果如图2-363所示。合并所有图层，保存。

图2-360 "渐变"效果

图2-361 "图像"效果

图2-362 "滤色"效果

图2-363 "黄昏"效果图

知识链接

作品的打印和输出

完成一幅作品，可以通过多种方式进行输出，如应用到网络图像中，或者是以多媒体的方式输出等。但是在实际工作中，更多的是印刷输出，那就需要做如下设置。

一、打印

完成作品后，可以直接在Photoshop CS中打印出来，以便查看最终作品的效果。

1. 页面设置

设置页面选项包括设置要打印图像的打印方向、页面宽度和高度、纸张大小、打印质量等。设置这些选项，应按如下步骤操作：

1) 执行【文件】/【页面设置】命令或者按【Shift+Ctrl+P】组合键，打开"页面设置"对话框，如图2-364所示。

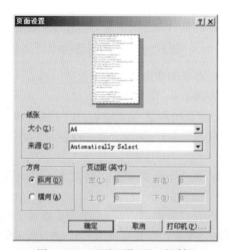

图2-364 "页面设置"对话框

2）在【纸张】选项组中，单击【大小】列表框右侧的箭头，从打开的下拉列表框中选择一种纸张类型（如A4、A5、B5等）；打开【来源】下拉列表框，选择一种进纸方式，有【手动送纸器】和【自动选择】两种，一般为【自动选择】。

3）在【方向】选项组中选择纸张打印方向，【纵向】或者【横向】。

4）单击【打印机】按钮打开打印机属性对话框，从中设置打印机的属性，如打印质量等。完成设置后，单击【确定】按钮返回到【页面设置】对话框。

5）完成以上设置之后，单击【确定】按钮即完成页面设置操作。

2. 设置打印选项

正式打印之前，还可以设置各种打印参数，如裁切线、图像标题、套准标记、角裁切标记、居中裁切标记等选项，并对图像进行预览打印效果。详细操作如下：

1）执行【文件】/【打印】命令，打开"打印"对话框，如图2-365所示。

图2-365 "打印"对话框（一）

2）在【位置】选项组中可以设置图像在打印页面中的位置。详细的选项设置如下：

【顶】：设置图像到页面顶边的距离。

【左】：设置图像到页面左边的距离。

【居中图像】：选择此复选框，可以使图像在页面的中央打印。如果未选择此复选框，则可以在预览框中按下鼠标，拖动图像来定位打印图像的位置，但此时必须选择【缩放后的打印尺寸】选项组中的【显示定界框】。

3）在【缩放后的打印尺寸】选项组中，可以缩放图像的打印大小。详细的选项设置如下：

【缩放】：在此文本框中可以输入打印图像的尺寸缩放比例值。

【高度】：在此文本框中可以输入一个高度数值来确定打印图像的尺寸。

【宽度】：在此文本框中可以输入一个宽度数值来确定打印图像的尺寸。

【缩放以适合介质】：选择此复选框，图像将以最适合的打印尺寸显示在可打印区域。

【显示定界框】：选中此复选框，可以手动调整图像在预览窗口内的大小。

在【缩放后的打印尺寸】选项组中还有一个【打印选定区域】复选框，要使用该功能，必须在打开【打印】对话框之前先选取一个范围，选中该复选框，表示只打印在图像中选取的范围。

4）在【打印】对话框中单击 页面设置(G)... 按钮，弹出如图2-366所示的对话框。根据图像的形状选择对话框中的【横向】或是【纵向】，然后单击【确定】按钮，此时【打印】对话框如图2-367所示。

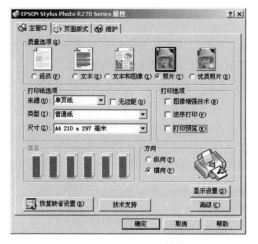

图2-366 设置"横向"

图2-367 "打印"对话框（二）

说明

> 本台电脑上安装的打印机是爱普生270，如果是其他型号的打印机会有不同的显示框，但基本设置方法不变。

单击【完成】按钮，完成打印设置。

3. 进行打印

设置好页面和打印选项后，就可以打印图像了。选择【文件】/【打印】命令，在打开的【打印】对话框中单击【打印】 打印(P)... 按钮，弹出如图2-368所示的"打印"对话框。

图2-368　"打印"对话框（三）

在该对话框中，可以设置以下打印参数：

【选择打印机】：如果计算机上安装了多台打印机，可以在上面的打印机图标框中选择指定的打印机。

【份数】：确定图像打印的份数。

【页面范围】：用于设置图像的打印范围，默认为【全部】。如果在图像中选择了【范围】，则选择【选择范围】，以打印选取范围中的图像；也可以选择【当前页面】和【页码】，以确定合适的页码进行打印。

在【打印】对话框设置完毕后，单击【打印】按钮，Photoshop即开始打印。

二、输出

Photoshop可兼容多种图像格式，不同的图像格式适用于不同的领域，如TIF格式的图像适用于印刷输出，GIF格式的图像适用于网络图像等。一个图像要应用到什么地方，需要考虑以下几个方面：图像分辨率、图像文件尺寸、图像格式、色彩模式等，不同的输出情况对图像有不同的要求。

1. 印刷输出

Photoshop可用于制作效果图、封面、招贴画、包装盒以及其他一些艺术品。这些作品的共同特点是最终都要印刷输出。因此，在制作时就需要有较高的专业水准。一般而言，制作封面等作品之前，需要考虑到文件尺寸、颜色模式和分辨率等是否符合印刷的标准。

（1）分辨率　为了能够印刷出高清晰度、高品质的图像，用于印刷输出的图像（比如效果图、封面、招贴画）的分辨率最少要达到300dpi（像素/英寸）。但也不必过高，假如使用600dpi或更高的分辨率，只能浪费内存、磁盘空间、时间和精力。分辨率越高，图像文件越大，所需的内存和磁盘空间越多，同时工作速度越慢。

（2）颜色模式　印刷输出的图像是以4色分色印刷的，印刷之前需要先将图像输出为4色胶片，即C、M、Y、K四色，然后用胶片印刷出产品。因此，印刷输出的图像在颜色模式方面有特定要求，不管是什么模式的图像，都需要选转成CMYK模式才能印刷输出。如果不转换为CMYK模式，那么输出的胶片就会失真，最终产品将与原来的设计产生色偏。

（3）图像文件格式　印刷输出的图像，还需要考虑图像文件的格式，通常使用最多的是TIF格式。因为这种格式可以在PC机和苹果机之间互换，兼容性较好，并且是带压缩保存，图像文件小，符合印刷的标准。所以，一般印刷输出时的图像格式都是以TIF格式存储。

注意：如果把图像转换成JPEG格式去印刷，则会直接影响作品的质量，印刷出的作品暗淡无光。这是因为JPEG格式的图像会丢失许多肉眼看不到的数据，在屏幕上显示看不出有什么区别，一旦印刷出来则会截然不同。

2. 网络输出

用Photoshop可以设计用于网页的图像，操作方法如下：

1）图像设计完成后，执行【文件】/【存储为Web所用格式】命令，打开如图2-369所示的对话框。

图2-369 "存储为Web所用格式"对话框

2）在对话框右侧的【预设】（【preset】）选项组中，通过设置要输出的网络图像的格式、颜色(Colors)数目等选项（设置如图2-370所示），可以进行图像的优化，然后单击【存储】（【save】）按钮确认。

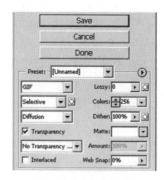

图2-370 图像优化设置

3）打开【将优化结果存储为】（【Save Optimized As】）对话框，在对话框中设置文件保存位置、文件名和保存类型，最后单击【保存】按钮就可以将图像输出为网络图像。

注意：以网络输出的图像与印刷输出的图像要求完全不同，印刷输出的图像非常注重输出品质，而网络图像则非常注重图像尺寸。因为图像在网络上传输时，较大的图会使网页下载时间过长，甚至出现打不开的情况，会大大减慢网页浏览速度。

因此，对于网络图像，需要考虑以下几个方面的因素:分辨率、图像格式、颜色数目和颜色模式。

分辨率：网络图像的分辨率一般不需要很高，只要采用屏幕分辨率（一般为72dpi）就可以了，甚至可以更低一些。

图像格式：图像格式主要采用GIF、JPEG和PNG格式，目前使用较多的是GIF和JPEG格式。一般而言，GIF格式的文件要小一些，而PNG格式的文件则要大一些，而JPEG格式的文件介于两者之间。

颜色数目：选择某一种网络图像格式后，还可以确定图像的颜色数目，以决定最终输出的文件大小。例如将同一图像分别存储为256色和16色的GIF格式的图像，则256色的图像要比16色的图像大得多。因而，在选择颜色数目时，确保图像在屏幕显示不失真即可。

颜色模式：网页图像都是在屏幕上显示，对颜色有特别严格的要求，一般都以RGB模式输出。

3. 多媒体式输出

在Photoshop中设计的图像还可应用于多媒体设计，如多媒体光盘的动画和图像等。

输出多媒体图像的要求不高，与网络图像一样，其分辨率采用屏幕分辨率即可。对于一些特定的图像可以稍高一些，颜色模式也采用RGB模式。多媒体图像的格式则需要根据当前使用软件的要求来确定，例如用于多媒体动画软件的图像，则可以输出GIF或JPEG格式，这样文件最小。此外，也可以存储成BMP或TIF格式，以便应用于不同的软件中，如插入到Authorware多媒体软件中使用。

4. 其他输出方式

如果使用Photoshop处理Word文字处理软件（或者是其他一些排版软件，如方正书版、飞腾排版软件等）的图形时，则可以按以下要求进行处理。

（1）分辨率　用于插入到Word中的图形，分辨率不要求很高，否则会因为图像太大而增大Word文档的尺寸，使Word文档打开时慢，且工作速度很慢。因此以屏幕分辨率即可。

（2）图像格式　图像格式一般采用BMP和TIF格式，因为这两种格式是Word完全兼容的格式。当然，在Word中也能插入JPEG或GIF格式的图像，但这两种格式的图像不建议插入到Word中使用。因为，印刷后会出现图像不清楚、网点很虚的问题。此外，还应注意，当在Photoshop中存为TIF格式时，一定要合并图层后再进行保存，这样可以减小文件尺寸。

（3）颜色模式　如果是黑白印刷的图像，则可以先保存成灰度模式的图像，这样可以大大减小文件的尺寸。而如果存成RGB模式的图像，则会增加图像尺寸。在Word中插入该图像后，同样也会增大Word文档的尺寸。当然，以RGB模式保存也未必不可，如果计算机配置较高，则没有什么影响。

三、打印操作

1. 打印指定图层

在默认情况下，Photoshop将会打印一个复合所有可见图层的图像。如果需要打印一个或几个图层，只需设置它为一个单独可见的图层，然后进行打印即可。可按如下步骤进行:

1）打开"项目2素材/阔叶树.psd"文件，并打开【图层】面板，如图2-371所示。

2）这里以只打印"绿叶"图层为例。在【图层】面板中依次单击其他各图层的眼睛图标，使其隐藏，如图2-372所示。

3）按下【Ctrl+P】键，打开【打印】对话框，再单击"打印"对话框右下角上的【打印】按钮，在其上单击【确定】按钮即可开始进行打印。

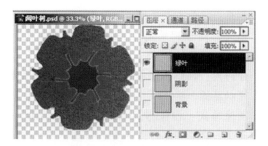

图2-371　打开的图像文件及"图层"面板　　　　图2-372　隐藏不需要打印的图层

2. 使用A4纸打印一个封面

1）打开"项目2素材/园林秋景02.jpg"文件。

2）单击【文件】/【页面设置】命令，弹出的"页面设置"对话框中，从【大小】下拉列表中选择A4，其他参数的设置默认，单击【确定】。

3）单击【文件】/【打印】命令，在弹出的"打印"对话框中选择【缩放以适合介质】，再单击对话框中的【页面设置】按钮，从中选择【横向】。

4）单击"打印"对话框右下角的 [打印(P)...] 按钮，从中进行最后的设置，然后单击【确定】按钮即可在A4纸上打印图像。

练习

1. 自己搜集素材，将前面"项目1的任务5的子任务3"中CAD绘制的"住宅立面图.dwg"文件制作成立面效果图。

2. 自己搜集素材，将前面"项目1的任务5的子任务4"中CAD绘制的"单位绿地平面设计.dwg"文件制作成平面效果图（可以参考图2-373所示的平面效果进行绘制）。

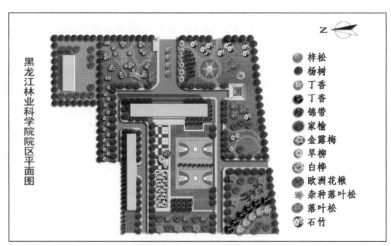

图2-373　平面效果图

3. 试用A4图纸打印一幅自己设计制作的作品。

3ds Max 9 园林效果图绘制

3ds Max是计算机图形行业中最流行的三维制作软件，它广泛应用于建筑设计、广告、影视、工业设计、园林设计、多媒体制作、游戏、辅助教学以及工程可视化等领域。本书将侧重其在园林设计中的应用。

园林透视效果图是将处理过的园林CAD设计施工图导入到3ds Max中进行建模，通过编辑材质、设置相机和灯光，得到任意透视角度、不同质感的园林效果图，然后使用Photoshop软件进行后期处理。其绘制包括四个基本过程：利用3ds Max进行建模、赋予材质和贴图、设置灯光和相机、渲染场景。

任务1　3ds Max 9 基本操作技能

◇ 子任务1　基本工具使用技能

任务目标

在任何软件中，工具都是非常重要的组成部分。通常情况下，工具栏是常用菜单命令的集合，它是菜单命令的一种图形化表达方式，如选择工具、变换工具、对齐和镜像工具等。本子任务通过物体的复制、镜像、对齐及其阵列的实际操作，达到掌握基本工具使用技能的目的。

任务实施

● 物体的复制

◎ 移动复制——制作楼梯

1）选择菜单【文件】/【重置】命令，初始化3ds Max 9。

2）单击【创建】/【几何体】/【长方体】按钮，在顶视图中创建一个长方体，并将其命名为"台阶"，如图3-1所示。

3）激活左视图，单击 ✥ 按钮，按住【Shift】键不放，启用顶点捕捉，将长方体复制移动到如图3-2所示的位置，释放鼠标，出现"克隆选项"对话框，设置参数如图3-3所示。

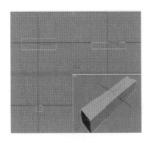
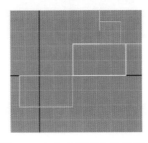

图3-1　创建长方体　　　　图3-2　向右上移动台阶位置　　　图3-3　"克隆选项"对话框

4）单击【确定】完成复制。按【Shift+Ctrl+Z】组合键全屏显示。移动复制生成的楼梯踏步造型如图3-4所示。

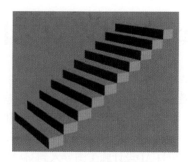

图3-4 移动复制结果

◎ 旋转复制——茶壶和茶杯的摆放位置

1）在顶视图中创建一个茶壶和一个茶杯，位置如图3-5所示。

2）选择圆锥体，点击工具栏中的【参考坐标系统】下拉项，从中选择【拾取】项，如图3-6所示，在视窗中拾取茶壶，并选择【使用变换坐标中心】命令 按钮，单击【选择并旋转】 按钮，打开【角度捕捉】 按钮，按住【Shift】键不放，用鼠标旋转茶杯到60°的位置，释放鼠标，在"克隆选项"对话框中设置参数，如图3-7所示，点击【确定】按钮完成复制,透视图效果如图3-8所示。

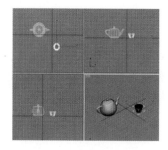

图3-5 创建茶壶和茶杯

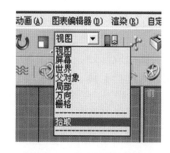

图3-6 使用拾取坐标

图3-7 "克隆选项"对话框

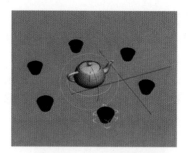

图3-8 旋转复制结果

◎ 缩放复制——制作同心管状体

在顶视图中创建一个管状体，选择物体，点击【选择并缩放】 命令按钮，按住【Shift】键不放，用鼠标放大物体一定距离，释放鼠标，在"克隆选项"对话框中设置副本数为3，点击【确定】按钮，完成复制，透视图效果如图3-9所示。

图3-9 缩放复制结果

说明

如果要创建一个新文件，打开3ds Max 9，选择【文件】/【重置】命令重新设定系统。这样，本次操作就不会受到以前操作过程中所设定参数的影响。

● 物体的镜像

1）重置3ds Max 9，单击【创建】/【扩展基本体】/【L-Ext】按钮，在前视图中创建一个异型体。

2）单击 按钮，参数设置如图3-10所示，可修改镜像对象的颜色，结果如图3-11所示。

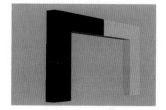

图3-10 "镜像"选项对话框 　　　图3-11 物体的镜像结果

● 物体的对齐

重置3ds Max 9系统，在透视图中分别创建一个立方体和一个球体，将当前选择的球体（原物体）与目标物体（立方体）按照轴向对齐，设置如图3-12所示，沿Z轴调整球体的高度，结果如图3-13所示。

图3-12 "对齐当前选择"设置 　　　图3-13 物体的对齐结果

● **物体的阵列**

◎ **直线阵列**

1）单击【创建】 / 【几何体】按钮，在透视图中创建一个半径为20的茶壶。

2）在主工具栏空白处单击鼠标右键，选择【附加】，在出现的浮动工具栏上点击【阵列】 按钮，弹出"阵列"对话框，设置参数如图3-14所示，点击【确定】按钮。第一次阵列完成，结果见图3-15a所示。

3）第二次阵列，选择视口中所有的对象，选择【阵列】，设置对话框中的参数如图3-16所示，阵列完成结果如图3-15b所示。

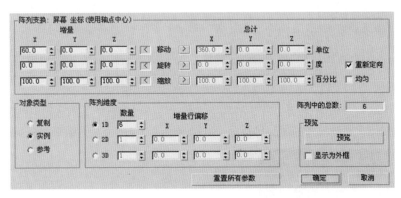

图3-14　茶壶第一次阵列变换参数设置

4）第三次阵列，选择视口中的所有对象，选择【阵列】，设置对话框中的参数如图3-17所示，阵列完成结果如图3-15c所示。也可以按图3-18所示设置，一次性完成上面的直线阵列。

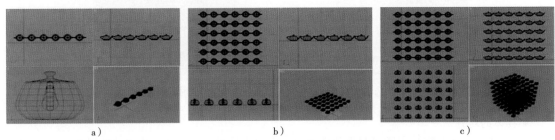

a）　　　　　　　　　　b）　　　　　　　　　　c）

图3-15　茶壶第一次、第二次、第三次阵列结果

a）第一次阵列　b）第二次阵列　c）第三次阵列

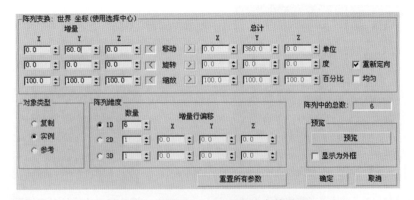

图3-16　茶壶第二次阵列变换参数设置

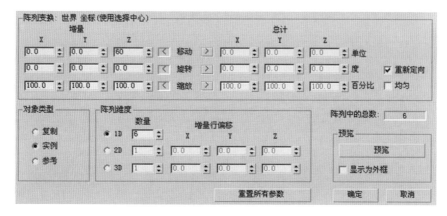

图3-17　茶壶第三次阵列变换参数设置

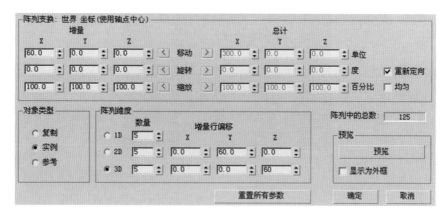

图3-18　一次性完成茶壶三维直线阵列的参数设置

◎ **旋转阵列**

1）重置3ds Max 9，在顶视图中创建一个圆柱，选择圆柱，点击【选择并缩放】 按钮，在顶视图中沿着Y轴对圆柱进行压扁操作，做出单个花瓣。

2）单击 按钮打开层次面板，按下【仅影响轴】按钮，调整花瓣的影响轴到花心部分，如图3-19所示，取消【仅影响轴】按钮的按下状态。

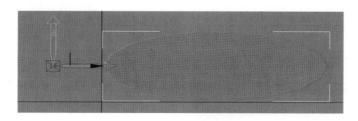

图3-19　调整花瓣的影响轴

3）打开【工具】菜单，选择【阵列】项，在弹出的"阵列变换"对话框中设置参数如图3-20所示，点击【确定】按钮，阵列效果如图3-21所示。

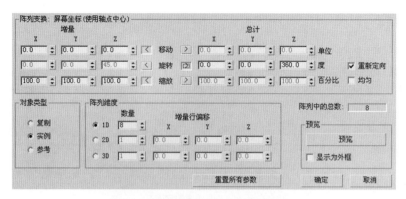

图3-20 花瓣旋转阵列的参数设置

图3-21 花瓣旋转阵列效果

◎ 间隔阵列

1）单击【创建】 / 【图形】 / 【直线】按钮，并在【直线】命令的参数面板中选择【平滑】选项，然后在顶视图中创建一条曲线路径。

2）单击【创建】 / 【几何体】 按钮，再单击【标准几何体】下拉列表，从中选择【AEC扩展】选项，点击【植物】按钮。在植物列表中选择一种植物，然后在顶视图中单击鼠标左键创建一株植物，点击【选择并缩放】 按钮，将其调整到合适的大小，如图3-22所示。

3）选择植物，按住 按钮不放，在弹出的工具中选择【间隔工具】 按钮，此时会弹出"间隔工具"对话框，设置参数如图3-23所示。

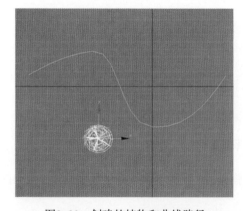

图3-22 创建的植物和曲线路径

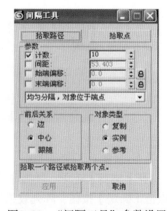

图3-23 "间隔工具"参数设置

单击【拾取路径】按钮，在顶视图中用鼠标单击曲线路径，然后单击【应用】/【关闭】按钮完成操作。选择多余的植物，按【Delete】键将其删除，最后保留10株植物，得到最终效果，如图3-24所示。

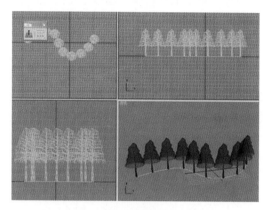

图3-24　树木间隔阵列效果

知识链接

1）复制的基本操作方法有：

① 右键复制：选择物体，单击右键，选择【克隆】选项。

② 快捷键复制：选择物体，按【Ctrl+V】键。

③ 菜单复制：选择物体，单击【编辑】/【克隆】命令。

④ 用【Shift+移动】、【Shift+旋转】、【Shift+缩放】命令复制。

复制操作后会有三个选项，分别是：【复制】、【实例】和【参考】。选择【复制】项，复制后的物体和原物体形成两个独立的个体，修改时互不相干；选择【实例】选项，复制后的物体和原物体相互关联，对其任何一个进行操作修改，两个物体均会同时变化，但需注意的是，它们还有一些属性不同，如名称、材质等，特别是当前位置不同，受到相同空间扭曲物体影响而产生的形态也可能不同；选择【参考】选项，即单项关联，对原物体进行修改时会同时影响到复制物体，而选择复制物体进行修改操作时，不会影响到原物体。

2）【镜像】即利用镜像工具对所选择的物体用镜像的方式复制出来。

3）【对齐】操作可以方便快捷地把场景中的物体按照某种方式对齐，免去了手动修改的麻烦和不准确性。

4）【阵列】即复制出物体以后，使这些物体以某种形式和顺序排列，如直线、环形等。间隔阵列的作用是以预定的路径复制对象。

◎ 子任务2　二维形体造型操作技能

任务目标

二维，即长、宽两度空间。二维形体，即曲线、直线所构成的图形，如圆形、方形、椭圆形、星形等一系列平面图形都是标准的二维模型。3ds Max的二维建模是指用二维创建命令面板中各种标准二维模型进行创建和编辑图形的过程。通过实际操作，达到掌握二维形体造型操作技能的目的。

任务实施

● 编辑二维形体子对象的顶点

1）在顶视图中创建一个矩形，单击鼠标右键，选择【转换为可编辑样条线】，进入修改命令面板，从【修改器列表】中打开【可编辑样条线】前面的加号，进入二维对象的子对象级，点击【顶点】或点击 ∴ 按钮，选择视图中的顶点1，单击鼠标右键，在弹出的菜单中选择【角点】。

2）选择视图中的顶点2，单击鼠标右键，在弹出的菜单中选择【Bezier】。

3）选择视图中的顶点3，单击鼠标右键，在弹出的菜单中选择【Bezier角点】。

4）选择视图中的顶点4，单击鼠标右键，在弹出的菜单中选择【平滑】。

5）单击【移动】命令，对图形中的顶点进行适当的调整，结果如图3-25所示。

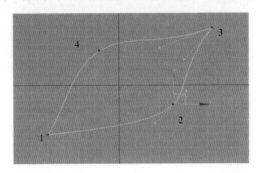

图3-25　顶点的四种编辑方式（角点、Bezier、Bezier角点、平滑）

说明

> 按下【优化】按钮可以在曲线上添加顶点，按下【Delete】键可以删除顶点。

● 编辑二维形体子对象的线段

在顶视图中创建一个六边形，进入修改命令面板，从【修改器列表】下拉选框中选择【编辑样条线】命令，进入二维对象的子对象层级，单击【分段】或 ✎ 按钮，选择视图中的线段，进入编辑状态，单击【移动】、【缩放】和【旋转】按钮，即可以对线段进行移动、缩放、旋转的编辑，结果如图3-26所示。

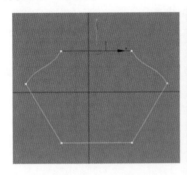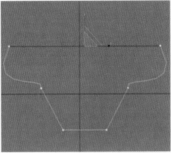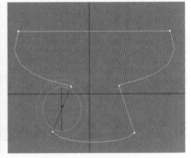

图3-26　线段的移动、缩放和旋转

● 编辑二维形体子对象的样条线

1）在顶视图中分别创建一个三角形、一个圆形和一个矩形，位置形态如图3-27所示。

2）选择矩形，进入修改命令面板，从【修改器列表】下拉选框中选择【编辑样条线】命令，然后激活【几何体】卷展栏下面的【附加】按钮，在视图中依次选择圆形和三角形。

3）激活 ∧ 按钮，在视图中任意选择一个图形，使其变红色，再单击【布尔】/【并集】◇，拾取其余两个图形，效果如图3-28所示。激活【轮廓】按钮，在视图中拖拽图形，偏移结果如图3-29所示，或在【轮廓】窗口内设置一个合适的数值，按【Enter】键，视图中就会出现一个偏移线。对曲线进行编辑，一般常用【轮廓】来产生新的形体，如墙体的厚度等。

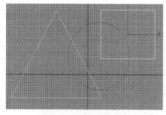

图3-27　图形的创建

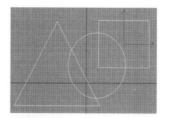

图3-28　图形的连接图

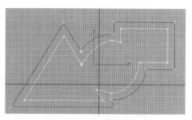

图3-29　布尔运算并轮廓

● 编辑修改二维形体生成三维图形

◎ 制作镜框

1）初始化3ds Max 9，单击【创建】↖/【图形】⊙/【直线】按钮，在顶视图中创建一个三角形，按住【Shift】键，创建水平线和垂直线，如图3-30所示。

2）打开修改面板，从【修改器列表】中单击次对象的【顶点】按钮。然后向上拖动参数面板，从中找到【优化】按钮并单击，在三角形的斜边上增加一个节点，之后单击【优化】按钮使其关闭。选择新增加的点，单击鼠标右键，将点的属性改为【Bezier】项，并调整其状态。同样，修改三角形左下方点的属性为【Bezier角点】并调整其位置，如图3-31所示。

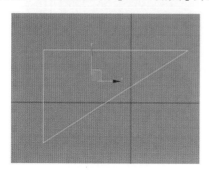

图3-30　三角形

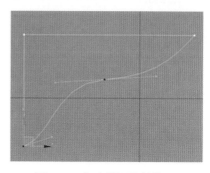

图3-31　加点并调整其位置

3）在顶视图中创建两个矩形和一个圆形，其大小和位置如图3-32所示。

4）选择修改后的三角形，右键单击鼠标，选择【附加】项，到视口中分别拾取两个矩形和一个圆形，将它们都附加到一起，结果如图3-33所示。

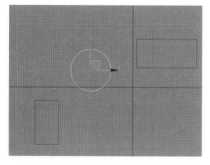

图3-32　其他图形的创建

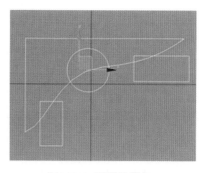

图3-33　图形的附加

5）进入修改面板，激活∧按钮，在视图中选择修改后的三角形，使其变成红色，如图3-34所示。然后单击【布尔】/【差集】 ⊘ ，分别拾取两个矩形，再单击【并集】 ⊘ ，拾取圆形，布尔运算结果如图3-35所示。

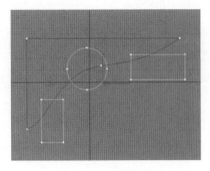

图3-34　布尔运算前选择原对象

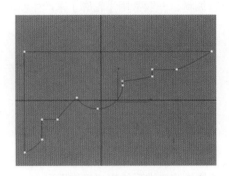

图3-35　布尔运算结果

6）取消子对象的选择状态，单击主菜单中的【修改器】/【面片/样条线编辑】/【车削】命令，调整修改器面板下的【分段】数为4，再打开【修改器列表】中【车削】前面的加号，激活【轴】，如图3-36所示。在顶视图中拖动【轴】，最终效果如图3-37所示。

图3-36　布尔运算

图3-37　镜框效果

◎ 制作拱形桥

1）初始化3ds Max 9，单击菜单栏上的【自定义】菜单，从子菜单中选择【单位设置】，将显示单位和物体单位均设置为"毫米"。

2）单击【创建】 ↖ /【图形】 ⊙ 按钮，在前视图中创建一个长度为120mm、宽度为6000mm的矩形，单击鼠标右键，选择【转换为可编辑样条线】，进入修改命令面板，从【修改器列表】中打开【可编辑样条线】前面的加号，进入二维对象的子对象级，点击【线段】，在前视图中选择矩形上端的线条，再回到修改命令面板，找到【几何体】项下的【拆分】，在后面数值栏输入3，按下【拆分】按钮，这样被选择的线段就被均匀的分为三段。

3）在【修改器列表】中切换到【可编辑样条线】的【顶点】子对象级，到前视图中选择矩形上端线条的中间点，选择移动工具向上拖动，做出桥面的拱形，如图3-38所示。

4）继续在前视图创建三个图形，如图3-39所示，方法还是通过创建矩形，再【转换为可编辑样条线】，进入子一级进行编辑。

5）对前视图中的四个图形进行【附加】，然后进行二维布尔运算，结果如图3-40所示。

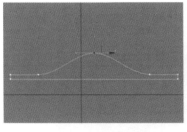
图3-38 桥面拱形效果

图3-39 桥洞图形位置

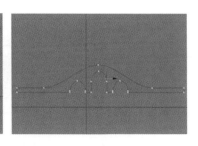
图3-40 布尔运算后的结果

6）选择布尔运算后得到的图形，单击【修改】命令 按钮，在【修改器列表】下拉菜单中选择【挤出】命令，调整【参数】栏下的【数量】后面的数值为1500mm，得到三维带有桥洞的拱形桥面，如图3-41所示。

7）制作桥面护栏。进入修改命令面板，从【修改器列表】中打开【可编辑样条线】前面的加号，点击【线段】，进入二维对象的【线段】子对象层级，在前视图中按住【Ctrl】键，选择拱形桥面上层的线段，如图3-42所示。再回到修改命令面板，找到【几何体】项下的【分离】，按下【分离】按钮，在弹出的对话框中输入"护栏线"，如图3-43所示，单击【确定】按钮，分离出一条独立的、与拱形桥面完全吻合的线条。

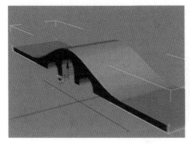
图3-41 拱形桥面

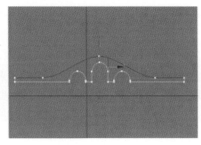
图3-42 选择拱形桥面上层的线段

图3-43 "分离"对话框

8）选择刚分离出来的护栏线，单击鼠标右键，选择【克隆】，在弹出的面板中设置参数，如图3-44所示，复制出一条"护栏基座"线，进入修改命令面板，选择【样条线】子对象层级，对其进行【轮廓】，设置轮廓数值为60mm，按【Enter】键确认。在【修改器列表】下拉菜单中选择【挤出】命令，调整【参数】栏下【数量】后面的数值为100mm，得到三维桥面护栏基座，在图3-45中可见。

9）在顶视图中，在护栏基座的中间位置创建一个半径为20mm、高度为500mm的圆柱，打开【工具】菜单下的【间隔工具】，在弹出面板中点击【拾取路径】按钮，点击【按名称选择】 按钮，在弹出【拾取对象】面板中选择"护栏线"项，点击【拾取】按钮，在【间隔工具】面板中设置【计数】为50，如图3-46所示。点击【应用】按钮确认，删除多余的圆柱，效果如图3-45所示。

10）选择护栏基座，按住【Shift】键，用【移动】工具向上拖动到圆柱顶端，复制为护栏扶手，这样单侧的护栏就做好了，效果仍如图3-45所示。选择护栏基座、护栏扶手和所有圆柱，将其成组，命名为"单侧护栏"。

11）将"单侧护栏"复制出对面一侧的护栏，拱形桥制作完成。最终效果如图3-47所示。

图3-44 "克隆选项"面板

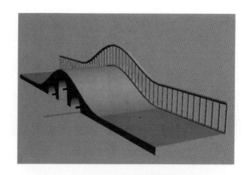

图3-45 单侧护栏

图3-46 "间隔工具"面板设置

图3-47 拱形桥效果

说明

①在精确建模中，应当首先设置系统单位，一般选用"毫米"。②要养成给对象起名字的好习惯。随着学习的深入，场景中的对象可能会越来越多，如果不赋予对象自己的专属名字，在进行选择的时候会比较麻烦。③如果场景中有多个对象可以归为一类来管理，那么可以考虑把它们组成组。

知识链接

3ds Max 9图形面板的【对象类型】下有11个按钮，可以直接点击11种二维形体创建命令。

创建方法：

1）在视图中拖拽光标进行初步建模后，再在修改命令面板中的【参数】卷展栏下修改图形的参数，完成绘制。

2）在 `键盘输入` 栏中，用键盘输入二维形体的坐标点并创建参数。默认状态下，顶端的【开始新图形】是选择的，表示每建立一个二维图形，都是一个新的独立的物体；如果将它关闭，建立的多条曲线就都作为同一个物体来对待。

下面以创建"线"为例来说明具体的创建方法和各选项的含义：

单击图形面板上的【线】命令按钮，创建时可以在视图中单击开始创建过程；也可以在 `键盘输入` 卷展栏下，用键盘输入坐标点，然后单击【增加点】。

在图形面板上出现的各选项的含义：

`名称和颜色` ：设置线段的名称和颜色。

`渲染` ：选择【可渲染】选项，绘制的二维线形即能够被渲染。

`创建方法` ：此项用来设置以怎样的方式绘制线。

`键盘输入` ：利用键盘输入坐标点的方法绘制线段。

　　插值　　　：此项主要用于对样条曲线步数的设置和优化控制，其中包括【步数】、【优化】和【自适应】三个选项。

　　【步数】：设置的值大小决定曲线的圆滑程度。

　　【优化】：激活该项，计算机会自动对图形进行检测。

　　【自适应】：当勾选此项时，系统会将曲线自动设置为最佳圆滑状态。

◯ 子任务3　三维形体造型操作技能

任务目标

　　在创建命令面板中，可快速地创建三维对象，这些三维对象包括标准几何体和扩展几何体。在实际三维建模过程中，通过布尔运算或修改命令，对这些三维对象进行编辑就可以创建复杂的三维模型。本子任务通过实际操作，以达到掌握三维形体造型操作技能的目的。

任务实施

● **基础建模**

◎ **制作方凳**

　　1）创建方凳面：单击【创建】 /【标准基本体】/【长方体】按钮，在顶视图中创建一个长方体，创建的图形和参数设置如图3-48所示。

　　2）创建方凳腿：点击【长方体】按钮，在顶视图中创建一个长方体，创建的图形和参数设置如图3-49所示。用移动工具将其移动到合适的位置。

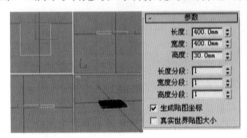

图3-48　创建的方凳面和参数设置

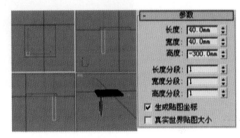

图3-49　创建的方凳腿和参数设置

　　3）克隆另外三条腿：顶视图选中刚创建的方凳腿，激活【移动】工具，按住【Shift】键，拖动复制出方凳的第二条腿；按住【Ctrl】键，加选其中一条非选择状态的方凳腿，再按住【Shift】键，拖动复制出方凳的第三和第四条腿，如图3-50所示。

　　4）创建方凳的横撑：点击【长方体】按钮，在顶视图中创建一个长方体，创建的图形和参数设置如图3-51所示。用移动工具将其移动到合适的位置。

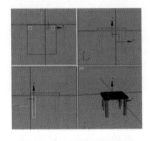

图3-50　方凳的四条腿

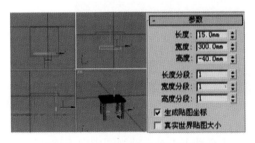

图3-51　方凳的横撑和参数设置

5）克隆另外三条横撑：在顶视图选择刚刚创建的横撑，激活【移动】工具，按住【Shift】键，向对侧拖动复制出方凳的第二条横撑，并调整好位置；按住【Ctrl】键，加选其中一条非选择状态的横撑，激活【旋转】工具，再按住【Shift】键，旋转复制出方凳的第三和第四条横撑。全部选中场景中对象，统一给颜色设置，最终效果如图3-52所示。

图3-52　方凳效果图

◎ 制作沙发

1）单击 /【长方体】按钮，在顶视图中创建一个长方体，注意要给长方体分段，参数设置如图3-53所示。

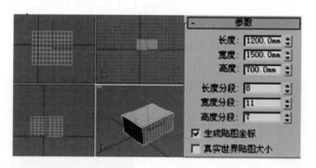

图3-53　长方体和参数设置

2）右键单击鼠标，在浮动面板中选择【转换为】下的【转换为可编辑网格】，进入修改面板，在【修改器列表】中打开【可编辑网格】前面的加号，选择【顶点】子一级，激活【选择】工具，到顶视图中框选部分点，然后右键激活前视图，按住【Alt】键，减选掉下端的点，如图3-54所示。

3）激活【缩放】工具，在前视图中向下拖动鼠标，对选中的点进行压缩，如图3-55所示。

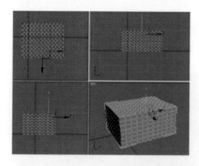

图3-54　选中的点

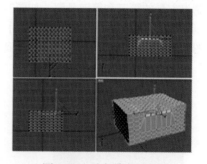

图3-55　对点单向压缩

4）激活【移动】工具，前视图中向下移动被压缩了的点，注意移动的点不能超过下端原有的点，这样沙发的雏形就基本形成了，效果如图3-56所示。

5）前视图中选中沙发两边扶手位置中间一排的点，激活【移动】工具，向上拖动鼠标，做出沙发扶手的弧面，如图3-57所示。

6）顶视图选中沙发靠背位置的点，右键激活前视图，按住【Alt】键，减选掉下端的点，激活【移动】工具，向上拖动选中的点，效果如图3-58所示。

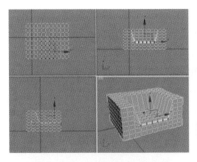 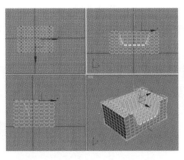 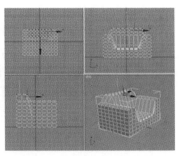

图3-56　向下移动压缩的点　　　图3-57　向上移动扶手中间点　　　图 3-58　向上移动靠背上的点

7）保持当前选择，右键激活顶视图，按住【Alt】键，减选掉上端和下端的点，激活前视图，激活【移动】工具，向上拖动选中的点，效果如图3-59所示。

8）激活左视图，框选靠背上部的点，激活【移动】工具，沿X轴向左拖动鼠标，做出沙发靠背的倾斜面，如图3-60所示。

9）激活前视图，框选中第三排点，激活【缩放】工具，沿X轴向上拖动鼠标，做出沙发底端外侧的内收造型；在前视图中框选底部中间位置的两排点，激活【缩放】工具，沿Y轴向下拖动鼠标，将两排点压扁，再激活【移动】工具，向上拖动鼠标，这样就做出了沙发支撑腿造型，如图3-61所示。

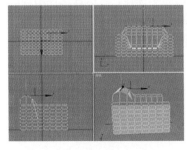 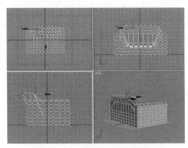 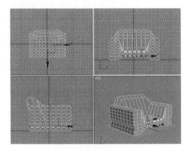

图3-59　向上移动靠背中间点　　　图3-60　靠背点向后移动　　　图3-61　支撑腿造型

10）取消【顶点】子一级的选择状态，打开【修改器】菜单，选择【细分曲面】下的【网格平滑】，这样沙发的造型就完成了。再给沙发配上一个坐垫（倒角长方体），最终效果如图3-62所示。

图3-62　沙发效果

● 运用布尔运算建模制作高低柜

1）单击【几何体】 ⊙ /【长方体】按钮，在前视图中创建两个长方体，比例和位置如图3-63所示。

2）确认大长方体处于选择状态，单击【创建】 ↖ /【几何体】 ⊙ 按钮，打开【标准基本体】下拉列表，选择【复合对象】，点击【布尔】按钮，并点击下方的【拾取操作对象B】按钮，到前视图中拾取小长方体，完成第一次布尔运算，结果如图3-64所示。

3）在前视图中继续创建四个等大的长方体，调整大小和位置，如图3-65所示。选择这四个长方体中的一个，右键单击鼠标，选择【转换为】后面的【转换为可编辑多边形】，再右键单击鼠标，选择【附加】，到前视图中依次拾取另外三个长方体，这样就把这四个长方体变为一个对象了，目的是为了后续的布尔运算更方便。

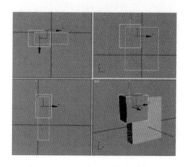
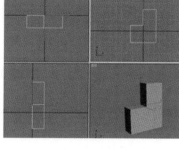
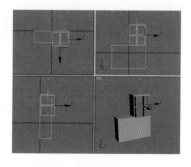

图3-63 创建的两个长方体　　图3-64 第一次布尔运算结果　　图3-65 创建的四个等大的长方体位置

4）选择第一次布尔运算得到的对象，右键单击鼠标，选择【转换为可编辑多边形】（目的是避免一个对象因进行多次布尔运算而出错），然后执行本例第二步的布尔操作，一次性挖掉附加后的四个小长方体（现在是一个对象），完成第二次布尔运算，结果如图3-66所示。

5）在前视图创建一个长方体（抽屉）和一个圆锥（把手），调整好它们的位置，如图3-67所示，并把它们复制两个，结果如图3-68所示。

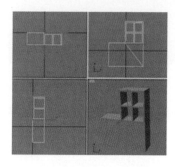
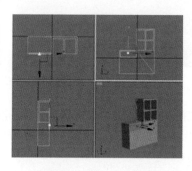
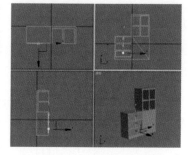

图3-66 第二次布尔运算结果　　图3-67 创建一个抽屉　　图3-68 复制出所有抽屉

6）再在前视图创建一个长方体（门扇），调整位置，激活【移动】工具，选择抽屉上的一个把手，按住【Shift】键拖动鼠标进行复制，调整门扇把手的位置，如图3-69所示。

7）在前视图中选择刚创建的门扇和把手，激【镜像】 ▷ 工具，在弹出的镜像浮动面板中选择【实例】项，并调整【偏移】项的数值，镜像设置和镜像结果如图3-70所示，最后结果如图3-71所示。

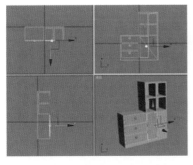

图3-69 创建高低柜的门扇

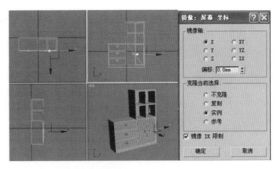

图3-70 镜像复制出另外一个门扇

图3-71 高低柜效果

 说明

布尔运算就是将两个物体进行差集、交集和并集运算，生成独立物体的运算方法。

● 车削建模——制作碗

1）点击【图形】 ◐ /【线】命令，在前视图中画一图形，如图3-72所示。

2）进入修改命令面板，从【修改器列表】下拉选框中选择【编辑样条线】命令，进入二维对象的子对象层级单击 ·· 按钮，选择视图中的顶点，修改成如图3-73所示的形状。

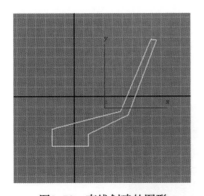

图3-72 直线创建的图形

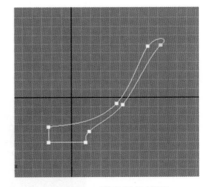

图3-73 修改后的图形

3）选择视图中的图形，单击【修改器列表】下的【车削】命令，按下【最小】按钮，再选择【焊接内核】，最后调大【分段】后面的数值，效果如图3-74所示。

图3-74　碗

🖐 说明

　　车削原理是通过旋转一个二维图形来产生三维造型。【车削】命令主要是为了制作轴对称模型而设计的，如苹果、高脚杯、葫芦、碟子、瓶子等对象的制作。

● 弯曲建模——制作弯曲靠背沙发

　　1）单击【创建】 /【几何体】 /【扩展基本体】/【切角长方体】按钮，在前视图中创建一个切角长方体，注意要给长方体分段，参数设置如图3-75所示。

　　2）选择当前图形，点击【修改器列表】中的【弯曲】命令，设置【弯曲】修改器下的参数，【角度】值为"-90"，【方向】值为"90"，【弯曲轴】选择"Y"，注意选择【限制效果】，并调整【上限】后的数值为"40"，效果与参数如图3-76所示。

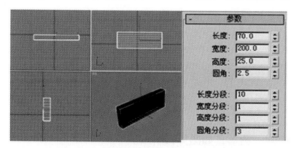

图3-75　创建的切角长方体及参数设置

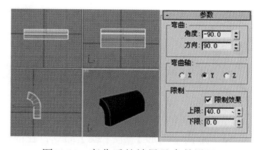

图3-76　弯曲后的效果及参数设置

🖐 说明

　　【弯曲】修改器允许将当前选中的对象围绕轴弯曲360°，使几何体产生均匀弯曲。可以在任意三个轴上控制弯曲的角度和方向，也可以对几何体的某一局部限制弯曲。

　　3）沙发的其他组成部分用【切角长方体】命令制作，最终效果如图3-77所示。

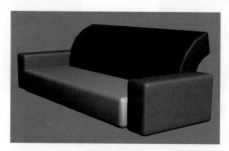

图3-77　弯曲靠背沙发效果

● 扭曲建模——制作冰淇淋效果

1）先运用前面学过的【车削】建模的方法创建一个蛋卷模型，如图3-78所示。

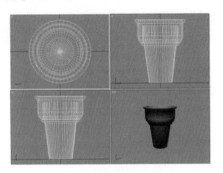

图3-78 创建的蛋卷模型

2）单击【图形】 /【星形】按钮，在顶视图中创建一个星形，设置其半径1为20，半径2为16，点为8，圆角半径1为2，圆角半径2为2，并命名为"冰淇淋"。

3）选择冰淇淋，点击【修改器列表】下的【挤出】命令，设置数量为40，分段为10，选择【生成贴图坐标】。

4）选择冰淇淋，点击【修改器列表】下的【扭曲】命令，设置角度为180，偏移为40。

5）选择冰淇淋，点击【修改器列表】下的【锥化】命令，设置数量为-1，曲线为1，调整大小和位置，结果如图3-79所示，最终渲染效果如图3-80所示。

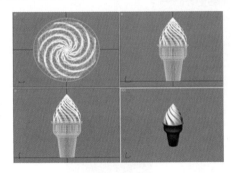

图3-79 创建冰淇淋并调其位置后

图3-80 蛋卷冰淇淋渲染效果

说明

【扭曲】命令能使物体沿着X、Y、Z轴的某一个轴向进行扭转变形，一般可用于制作栏杆、绳子等。

● FFD、散布建模——制作草地

1）在创建命令面板中单击【几何体】 /【平面】按钮，在前视图中创建一个平面，命名为"草"，并设置其参数，如图3-81所示。

2）选择草，在【修改器列表】中选择【FFD3×3×3】命令，激活【控制点】次物体级，在前视图中选择最上面所有的控制点，激活工具栏上的 按钮，锁定X轴进行调整，结果如图3-82所示。

3）在前视图中选择中间所有的控制点，锁定X轴，在左视图中用 命令向左进行调整，如图3-83所示。关闭"控制点"次物体级。

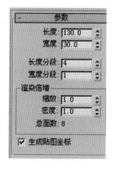

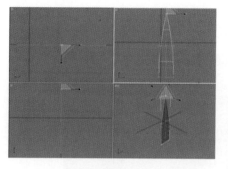

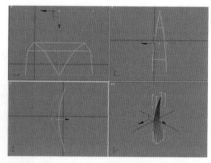

图3-81　参数设置　　　　　图3-82　调整控制点（一）　　　　图3-83　调整控制点（二）

4）在顶视图中创建一个长方体，参数设置如图3-84所示，命名为"草坪"。

5）在视图中选择"草"，在创建命令面板中单击【标准基本体】/【复合对象】/【散布】按钮，在【拾取分布对象】卷展栏中单击【拾取分布对象】按钮，然后在左视图中拾取"草坪"，进行散布。

6）在修改命令面板中打开【散布对象】卷展栏，设置【源对象参数】中的【重复数】为10000，取消【分布对象参数】中的【垂直】选项，选择【区域】选项，此时效果如图3-85所示。

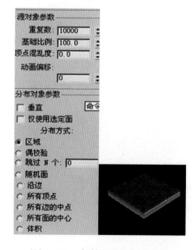

图3-84　长方体的参数设置　　　　　　图3-85　参数设置及其效果

7）在修改命令面板中打开【变换】卷展栏，设置参数如图3-86所示。在【显示】卷展栏中，选择【隐藏分布对象】复选框，操作完毕，最终效果如图3-87所示。

图3-86　变换参数　　　　　　　图3-87　草地渲染效果

说明

【FFD】是Free From Deformations（自由变形）的简称，通过少量的控制点来改变物体形态，产生柔和的变形效果。它的原理是在对象的外围加入一个结构线框，由控制点构成。在它的结构线框子对象级别，可以对整个线框进行变换操作；在它的控制点子对象级别，可以移动每个控制点来改变物体的造型；如果开启【自动关键点】按钮，所有变形效果都可以制作成动画。

【散布】工具的作用是将源对象分布在目标对象的表面，通常使用结构简单的对象。作为散布分子，通过【散布】工具，将它以各种方式覆盖到目标对象的表面上，产生大量的复制品。这是一个非常有用的造型工具，通过它可以制作头发、胡须、草地、长满羽毛的鸟或者全身是刺的刺猬，这些都是一般造型工具无法制作的。

- 噪波、地形命令建模
◎ 创建千岛湖效果

1）在顶视图中创建一个平面，其参数设置如图3-88所示。

2）点击【修改】 / 【噪波】命令，设置参数如图3-89所示。形成山地地形如图3-90所示。

 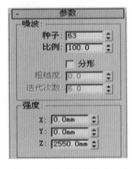 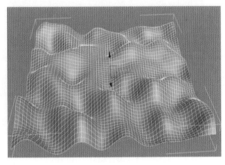

图3-88　参数设置（一）　　图3-89　参数设置（二）　　图3-90　噪波处理形成的山地地形

3）选择"地形"，在修改器列表下的选择【编辑网格】/【顶点】，打开【软选择】卷展栏，设置参数如图3-91所示。在顶视图中选择要调整的部分，在前视图中调整高度，如图3-92所示。

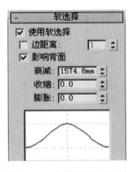 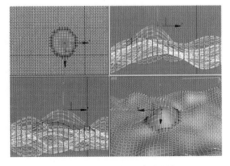

图3-91　参数设置（三）　　　　　图3-92　地形的局部调整

4）再创建一个平面，并调整其位置作为水面，最终效果如图3-93所示。

 说明

【噪波】命令可以用来制作一些不规则的物体，比如起伏不平的山地表面。

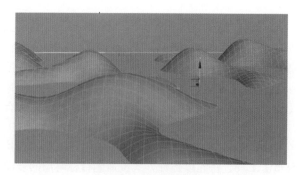

图3-93　千岛湖效果

◎ 创建地形效果

1）单击【线】命令，在顶视图创建一组等高线，如图3-94所示。等高线间距离越近，表示地形越陡峭，反之则越平缓。

2）在前视图中向上移动等高线，确定地形将要生成的高度，如图3-95所示。

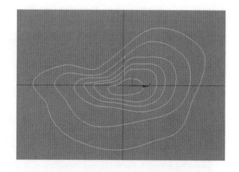

图3-94　顶视图中的等高线

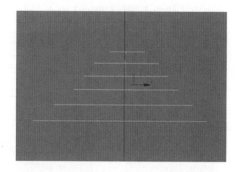

图3-95　在前视图中移动后的线形

3）选择最外圈的等高线，然后点击 ◉ /【复合物体】/【地形】按钮，再单击【拾取操作对象】，在视图中从下往上依次拾取等高线，结果如图3-96所示。

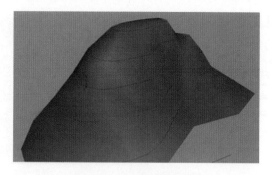

图3-96　创建地形效果

可以看出，生成的地形是独立于等高线之外的物体。如果在【拾取操作对象】时选择的是参考方式，修改等高线形状将影响新生成的模型。

选择【修改器列表】中的【网格平滑】命令，调节【细分量】中的【平滑度】，可以改变地形的平滑度；选择【编辑网格】命令还可以调节坡度和走向。

说明

　　【地形】命令是利用等高线来产生地形的变化，是非常快速而准确的三维建模方式。【地形】命令类似于【放样】命令效果，所不同的是【地形】命令不需要建立路径，截面之间的高度就是地形的高度。

● **放样建模——创建窗帘效果**

　　1）点击 ⚒️/【线】，在顶视图创建三条曲线，如图3-97所示，作为放样的图形对象。然后在前视图创建一条直线（窗帘的高度线），作为放样的路径对象。

　　2）选择窗帘高度线，点击 🖱️/【标准基本体】/【复合对象】/【放样】按钮，再单击【获取图形】按钮，拾取作为截面图形的"曲线1"，结果如图3-98所示。

　　3）在【放样】修改面板下，【路径】后的数值输入"50"，再单击【获取图形】按钮，拾取作为截面图形的"曲线2"，结果如图3-99所示。

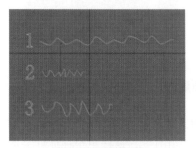 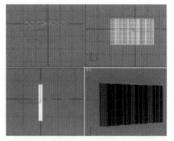 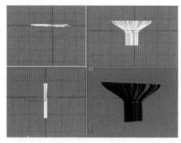

图3-97　放样图形　　　　图3-98　拾取"曲线1"的造型　　　图3-99　拾取"曲线2"的造型

　　4）在【放样】修改面板下，【路径】后的数值输入"100"，再单击【获取图形】按钮，拾取作为截面图形的"曲线3"，结果如图3-100所示。

　　5）在【放样】修改面板下，进入修改器堆栈，打开【Loft】（即放样）前面的加号，选择【图形】子一级，到前视图中分别框选放样图形的上端、中间和下端，选择截面图形进行横向缩放和位置调整，结果如图3-101所示。

　　6）选择调整后的放样图形，进行镜像复制，最终效果如图3-102所示。

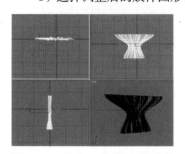 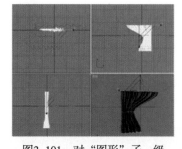 

图3-100　拾取"曲线3"的造型　　图3-101　对"图形"子一级　　　　图3-102　窗帘效果
　　　　　　　　　　　　　　　　　　　调整后的造型

 说明

　　一个放样对象至少由两个2D图形组成。其中一个图形被称为"路径"，主要用于定义对象的深度；另一个图形则通常被称为"截面图形"，用于放置在路径的不同位置来影响放样对象的外形。在放样过程中，截面和路径是两个最基本的概念，可以看成是截面沿着路径运动留下来的轨迹所形成的三维图形。

路径可以是开放的线段，也可以是封闭的图形，但必须是唯一的一条。而作为截面的图形，可以在路径的任意位置插入若干个，其数目、形态均没有限制。

● **挤出建模——创建罗马柱效果**

1）点击【图形】 ◎／【星形】按钮，在顶视图中创建一个星形，星形及参数设置如图3-103所示。

2）选择星形，进入修改命令面板，从【修改器列表】下拉选框中选择【挤出】命令，将其参数面板中的数量值设为130，此时星形生成柱形，如图3-104所示。

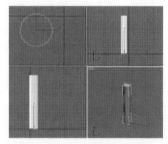

图3-103 星形及其参数   图3-104 星形挤出后效果

3）在顶视图创建一个长方体，参数如图3-105所示。选择新建的长方体，激活 ◆ 对齐工具，到顶视图中拾取柱形，弹出对齐设置面板，设置如图3-106所示。在前视图中，选择长方体，激活【移动】工具，把长方体拖动到柱子的低端，并按住【Shift】键，复制一个到柱子的顶端，全部选中场景中的对象，单击【组】／【成组】命令，名称为默认的"组01"，这样单个柱体就完成了，如图3-107所示。

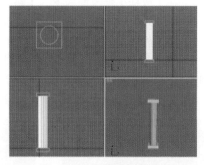

图3-105 长方体参数   图3-106 对齐设置面板   图3-107 单根柱形效果

4）在顶视图中创建一个长方体作为底座，再创建两个长方体作为台阶，然后选择"组01"，将其复制三个，并调整位置。整体渲染效果如图3-108所示。

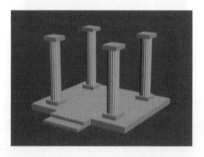

图3-108 罗马柱渲染效果

● 倒角建模——制作倒角文字

1）单击【图形】 / 【文本】按钮，此时弹出参数面板，从中选择"黑体"字体，并在文本框中输入"园林"二字，如图3-109所示。

2）在前视图中单击鼠标左键，即可创建文字，如图3-110所示。

3）选择文字，进入修改命令面板，从【修改器列表】下拉选框中选择【倒角】命令，按照图3-111所示的设置修改面板下的倒角参数。倒角文字最终效果如图3-112所示。

图3-109 输入文字

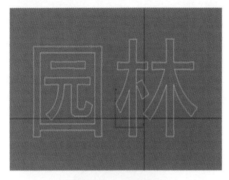

图3-110 创建文字

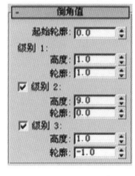

图3-111 设置倒角参数

图3-112 倒角文字的效果

 说明

【倒角】命令对二维形体产生拉伸和倒角的效果。

● 倒角剖面建模

◎ 创建建筑外形

1）在前视图中创建一个开放的二维线形，在顶视图中再创建一个矩形，如图3-113所示。

2）选择"矩形"，单击【修改器列表】右侧的 按钮，在弹出的下拉列表中选择【倒角剖面】命令，单击【拾取剖面】按钮，在前视图中选择线形，即产生一个建筑外观的模型，如图3-114所示。

3）如果对建筑外观模型的顶端不满意，可打开修改堆栈中【倒角剖面】前面的加号，选择【剖面Gizmo】命令，如图3-115所示，到前视图中拖动鼠标予以调整即可，最终效果如图3-116所示。

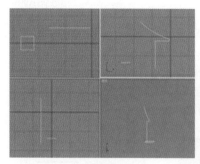

图3-113　创建线形和矩形

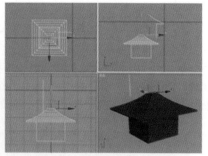

图3-114　倒角剖面效果

图3-115　倒角剖面修改堆栈

图3-116　建筑外形透视效果

◎ **创建花坛**

1）在顶视图中绘制一个长度为500、宽度为550的矩形。用【线】命令在前视图中再绘制一条封闭的二维线形，如图3-117所示。

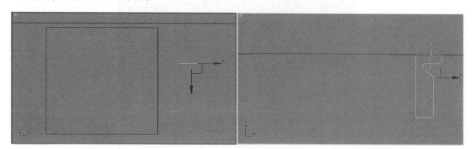

图3-117　矩形和封闭的线形

2）选择矩形，单击【修改器列表】右侧的 ▾ 按钮，在弹出的下拉列表框中选择【倒角剖面】命令，单击【拾取剖面】按钮，然后在前视图单击封闭的线形，即可生成花坛的三维造型，如图3-118所示。

3）在顶视图中创建一个650×650×0的长方体，作为花坛的土壤模型，位置如图3-119所示。

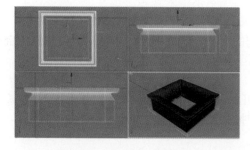

图3-118　花坛的三维造型

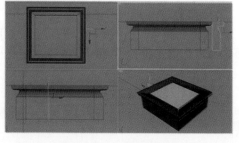

图3-119　土壤模型位置

4）单击【创建】/【几何体】/【标准基本体】/【AEC扩展】/【植物】按钮，在【收藏的植物】卷展栏中选择几种植物，在透视中创建植物，然后调整其大小（树高约为200mm）并置于合适的位置，渲染结果如图3-120所示。

图3-120　花坛渲染结果

📝 **说明**

【倒角剖面】是以封闭的曲线为截面，以任意曲线为物体的边缘轮廓线，来生成三维物体。

📝 **知识链接**

在创建标准基本体时，不同的基本体有不同的创建参数，主要包括尺寸、分段数和平滑等。

（1）尺寸　尺寸用于定义对象的几何外形。

（2）分段数　分段数用于定义对象网格的疏密。当准备给对象进行变形时，必须增加对象的分段数。

（3）平滑　平滑用于控制平滑组是否自动分配给物体。对于创建好的物体，可以使用鼠标右键单击该对象，在弹出的菜单中选择【移动】、【旋转】和【缩放】来调整对象的方位、大小，也可选择变换的约束轴，而不必通过工具栏来进行类似的操作，这样可以提高工作效率。

📗 **练习**

1. 使用3ds Max的命令面板创建几何体或者图形，然后使用工具栏中的常用工具进行移动、旋转、复制、对齐、镜像等操作，熟悉各个工具的操作方法和规律。

2. 创建两条线模拟公路，使用【间隔工具】在公路两旁种上树木。

3. 在顶视图绘制一个矩形，然后将其编辑成如图3-121所示的形状。

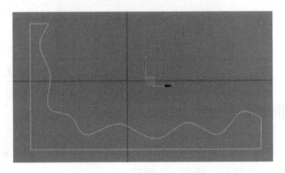

图3-121　编辑的二维线型

4. 绘制如图3-122所示的高脚杯模型。提示：先绘制二维线型，然后用【车削】命令。

图3-122　高脚杯模型

5. 绘制如图3-123所示的牌匾模型。提示：先绘制椭圆形和文字，将文字复制一个。将一个文字和椭圆形附加到一起，然后分别进行"挤出"。

图3-123　牌匾模型

6.绘制如图3-124所示的台历模型。提示：所用工具有【矩形】、【文本】、【圆】、【挤出】、【旋转】以及二维线型可渲染。

图3-124　台历模型

7. 模仿图3-52所示的"方凳"，绘制一个圆凳。

8. 绘制如图3-125所示的生日蛋糕模型。提示：托盘主要用到的修改器是【车削】；蛋糕主要用到的修改器是【扭曲】。

图3-125 生日蛋糕模型

9. 任意输入文字,制作倒角文字效果。

10. 制作如图3-126所示的石拱桥模型。

图3-126 石拱桥模型

11. 制作如图3-127所示的桌子模型。

图3-127 桌子模型

12. 绘制如图3-128所示的柜子模型。

图3-128 柜子模型

13. 用【倒角剖面】命令，绘制如图3-129所示的古建模型。

图3-129　古建模型

任务2　材质与贴图的编辑操作技能

▶ 子任务1　材质编辑器的使用技能

任务目标

在3ds Max 9中，材质与贴图的建立和编辑都是通过材质编辑器来完成的。材质编辑器拥有强大的编辑功能，它能真实的模拟物体表面的质地、色彩和纹理，并通过渲染把它们表现出来，用以展现真实的场景。通过本例操作，了解并掌握材质编辑器最基本的使用方法。

任务实施

● 编辑一个简单的颜色材质并赋予指定的物体

1）单击【创建】/【几何体】/【茶壶】按钮，在透视图中创建一个半径为20的茶壶。

2）按主键盘上的【M】键，打开"材质编辑器材"对话框，从中选择一个空白的样本示例球，参数卷展栏中明暗器基本参数选择【Blinn】，如图3-130所示。

3）点击【Blinn】基本参数卷展栏下【环境光】后面的颜色按钮，弹出"颜色选择器：环境光颜色"对话框，设置参数如图3-131所示；再点击【漫反射】后面的颜色按钮，弹出"颜色选择器：漫反射颜色"对话框，设置参数如图3-132所示。

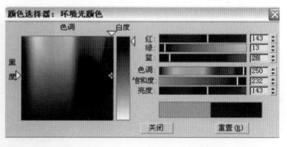

图3-130　明暗器基本参数　　　　　　　　　图3-131　环境光颜色参数

4）在【反射高光】区域【高光级别】输入44，【光泽度】输入24，设置参数如图3-133所示。

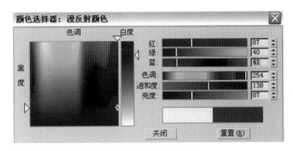

图3-132　漫反射颜色参数

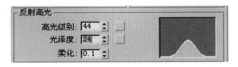

图3-133　反射高光参数

5）在视窗中选中茶壶，之后点击工具行中的【将材质指定给选定对象】 按钮，赋予物体，效果如图3-134所示。

图3-134　实例效果图

知识链接

一、保存材质

在制作效果图的过程中，经常需要自己创建各种材质。辛苦创建的材质如果不保存，那么在新的场景中再想应用这些材质，就只能重新创建，无形中会增加很多无谓的劳动，降低工作效率，所以要对创建好的材质予以保存。

1．创建自己的材质库

1）按下【M】键，打开材质编辑器，单击水平工具栏（工具行）上的【获取材质】 按钮，弹出"材质/贴图浏览器"对话框，如图3-135所示。选择【材质库】选项，单击该对话框上方的【查看小图标】 按钮，此时对话框中会显示系统自带的材质。

图3-135　"材质/贴图浏览器"对话框

2）单击该对话框上方的【清空材质库】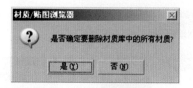按钮，弹出如图3-136所示的提示框，单击【是】按钮，此时对话框中的材质将全部被清空。

图3-136　清空材质库提示框

值得注意的是：单击【清空材质库】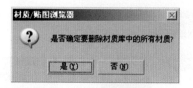按钮，只是将浏览窗口中的材质清空了，而不会将系统自带的材质文件"*.mat"清空。

3）单击对话框中的【保存】按钮，此时弹出"保存材质库"对话框，其中，默认显示的是系统自带的材质文件。在【文件名】中输入创建的材质库名称，如"我的材质库"，接着可以应用默认的保存路径，也可以自己重新选择保存路径。最后单击【保存】按钮即可保存，如图3-137所示。

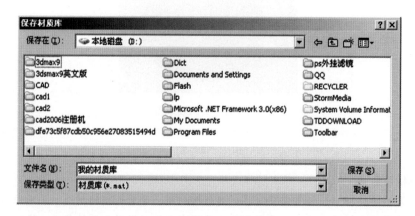

图3-137　创建"我的材质库"

2. 将自己创建的材质保存到"我的材质库"中

假如已经创建好了一个材质，名字叫"乳胶漆"，下面就将此"乳胶漆"材质放于"我的材质库"中，操作方法如下。

单击材质编辑器中的乳胶漆材质的样本球，再单击水平工具栏上的【放入库】按钮，弹出"入库"提示窗口，单击【确定】按钮。乳胶漆材质即被保存于"我的材质库"中。

二、获取材质——在新的场景中调用保存的材质

1）按主键盘上的【M】键，打开【材质编辑器】，选择一个空白的样本示例球。单击工具行上的【获取材质】按钮，弹出"材质/贴图浏览器"对话框，从中选择【材质库】选项，然后单击该对话框上方的【查看小图标】按钮。

2）单击对话框左下方的【打开】按钮，此时会弹出"打开材质库"对话框，如图3-138所示，选择"我的材质库"文件，单击【打开】按钮。

3）此时在对话框中就显示了保存在"我的材质库"中的材质，将其拖动到样本球上即可，如图3-139所示。

图3-138 打开材质库

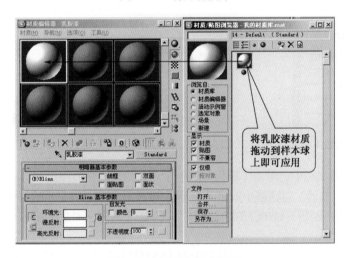

图3-139 调用保存的材质

三、删除材质

按下主键盘上的【M】键,在【材质编辑器】中选择已编辑完成的材质球,单击工具行上的【重置贴图/材质为默认设置】 ✖ 按钮,弹出提示框如图3-140所示。单击【是】按钮,即可删除所选材质。

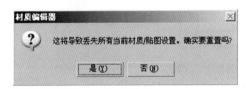

图3-140 删除所选材质提示框

⊙ 子任务2 贴图通道的应用技能

🎯 任务目标

本子任务通过漫反射通道贴图、不透明度贴图通道、凹凸贴图通道及反射贴图通道实例的实际操作,达到掌握应用贴图通道技能的目的。

任务实施

● 用漫反射贴图通道制作石凳材质

1）单击【创建】 /【几何体】 /【圆柱体】按钮，在顶视图中创建一个圆柱体，参数设置如图3-141所示。

2）在视窗中选择圆柱体，单击【修改】 按钮，在修改列表中选择【锥化】，设置参数卷展栏中的锥化区，如图3-142所示。

3）按主键盘上的【M】键，打开材质编辑器，选择一个空白样本球，命名为"石凳"材质，打开材质编辑器，选择一个空白的样本球，在【Phong基本参数】卷展栏中反射高光区【高光级别】输入39，【光泽度】输入24，如图3-143所示。

  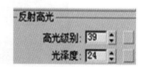

图3-141　圆柱体参数　　　　图3-142　锥化参数　　　　图3-143　反射高光基本参数

4）在【贴图】卷展栏中，单击【漫反射颜色】后面的长按钮，弹出"材质/贴图浏览器"对话框，在"材质/贴图浏览器"对话框中双击【位图】 位图按钮，弹出"选择位图图像文件"对话框，打开"项目3素材/贴图/石材/理石01.jpg文件"，单击【转到父对象】 按钮，返回上一层次，设置参数如图3-144所示。

5）在视窗中选择石凳，然后单击工具行中的【将材质指定给选定对象】 按钮，将材质赋予物体。

6）在视窗中选中圆锥体，单击【修改】 按钮，在修改列表中选择【UVW贴图】，设置参数如图3-145所示。最终效果如图3-146所示。

图3-144　漫反射颜色贴图设置参数　　图3-145　UVW贴图参数　　图3-146　实例效果图

 说明

【漫反射】贴图通道是将一张贴图平铺在选择的物体对象上，以表现材质的纹理效果。它是最常用的贴图方式。

● 用不透明度贴图通道制作树效果

1）单击【创建】 /【几何体】 /【平面】按钮，在前视图中创建一个平面，命名为"树"，设置参数如图3-147所示。

2）按主键盘上的【M】键，打开材质编辑器，选择一个空白的样本球，命名为"树"材质，然后在【明暗器基本参数】卷展栏中选择【双面】复选框。在【Blinn基本参数】卷展栏中设置材质的高光参数，如图3-148所示。

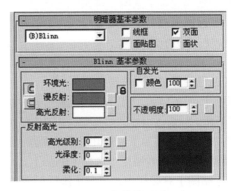

图3-147　参数设置（一）　　　　　　　　　　图3-148　参数设置（二）

3）在【贴图】卷展栏中，单击【漫反射颜色】后面的长按钮，在弹出的"材质/贴图浏览器"对话框中双击【位图】 位图 按钮，弹出"选择位图图像文件"对话框，从"项目3素材/贴图/树"目录下选择"树木01.psd"的位图，如图3-149所示。

4）单击 按钮，返回贴图级别，在【贴图】卷展栏中，单击【不透明度】贴图按钮，在弹出的"材质/贴图浏览器"对话框中双击【位图】 位图 按钮，从"项目3素材/贴图/树"目录下选择"树木01a.jpg"的位图，如图3-150所示。

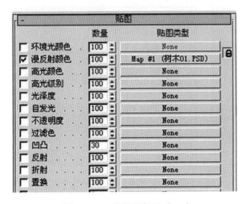

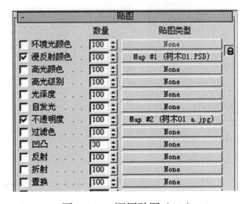

图3-149　调用贴图（一）　　　　　　　　　　图3-150　调用贴图（二）

5）在视窗中选择"树"，在材质编辑器中，单击工具行中的 按钮将材质赋予物体，效果如图3-151所示。

图3-151　不透明贴图效果

说明

【不透明度】贴图通道是利用贴图的明暗程度在物体表面产生透明的效果，贴图中的纯白色区域表现为完全不透明，纯黑色区域表现为完全透明，中间的过渡色呈现半透明状态。通过不透明度贴图通道，可使场景中物体的轮廓发生改变，简单并快速地模拟复杂模型，如树、人、铁花栏杆、玻璃花纹等。

● 用凹凸贴图通道制作浮雕墙

1）单击【创建】 /【几何体】 /【长方体】按钮，在透视图中创建一个长方体，设置参数如图3-152所示。

2）按主键盘上的【M】，打开材质编辑器，选择一个空白的样本球，命名为"浮雕墙"材质，在【明暗器基本参数】卷展栏中选择【Blinn】。

3）在【贴图】卷展栏中，单击【漫反射颜色】后面的长按钮，在弹出的"材质/贴图浏览器"对话框中双击【位图】 位图 按钮，弹出"选择位图图像文件"对话框，从"项目3素材/贴图/石材"目录下选择"大理石（120）.jpg"的位图。单击 按钮，返回上一层次，打开【贴图】卷展栏，如图3-153所示。

4）单击【凹凸】后面的长按钮，在弹出的"材质/贴图浏览器"对话框中双击【位图】 位图 按钮，弹出"选择位图图像文件"对话框，从"项目3素材/贴图/花纹"目录下选择"浮雕墙花纹.jpg"的位图，单击 按钮，返回上一层次，在【贴图】卷展栏中将【凹凸】后面的数值30改为150，如图3-154所示

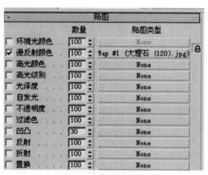

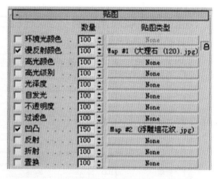

图3-152　长方体参数设置　　　　图3-153　调用贴图　　　　图3-154　调用贴图用设置【凹凸】参数

5）在视窗中选择长方体，单击工具行中的 按钮，将其赋予物体。渲染效果如图3-155所示。

图3-155　凹凸贴图渲染效果

说明

　　凹凸贴图通道编辑材质，所用的贴图将在白色的部分产生凸起，黑色的部分产生凹陷，该通道的【数量】数值为-999～999。

　　它可以通过贴图来模拟场景中的物体对象表面的凹凸变化，凹凸程度由贴图的亮度对比和数量值控制，适合模拟材质表面微弱的凹凸变化，比如粗糙的墙面、凹凸的织物、砖缝、浮雕效果等。

　　凹凸贴图渲染速度快，但不能使物体表面凹凸部分产生阴影投影。

● 用反射贴图通道制作不锈钢效果和光滑木质地面

◎ 制作不锈钢效果

　　1）单击【创建】／【几何体】／【球体】按钮，在透视图中创建一个球体，设置参数如图3-156所示。

　　2）按主键盘上的【M】键，选择一个空白样本球，命名为"不锈钢球"材质，在【明暗器基本参数】卷展栏中选择【金属】，然后，单击【金属基本参数】下的【环境光】后面颜色按钮，设置参数如图3-157所示，再单击【漫反射】后面的颜色按钮，设置参数如图3-158所示，在【反射高光】区【高光级别】输入120，【光泽度】输入75，如图3-159所示。

图3-156　球体参数设置

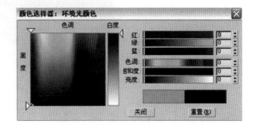

图3-157　【环境光颜色】参数

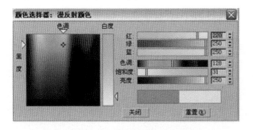

图3-158　【漫反射颜色】参数

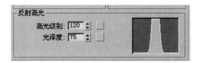

图3-159　参数设置

　　3）在【贴图】卷展栏中，单击【漫反射颜色】后面的长按钮，在弹出的"材质/贴图浏览器"对话框中双击【位图】位图按钮，弹出"选择位图图像文件"对话框，从"项目3素材/贴图/金属"目录下选择"6.jpg"的位图，单击按钮，返回上一层次，打开【贴图】卷展栏，如图3-160所示。

　　4）在【贴图】卷展栏中，单击【反射】后面的长按钮，在弹出的"材质/贴图浏览器"对话框中双击【位图】位图按钮，弹出"选择位图图像文件"对话框，从"项目3素材/贴图/石材"目录下选择"2.jpg"的位图，单击按钮，返回上一层次，在【贴图】卷展栏中将【反射】后面的数值100改为80，如图3-161所示。

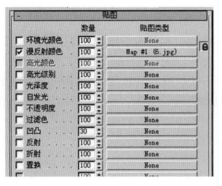

图3-160　调用贴图

图3-161　调用贴图并设置参数

5）在视窗中选中球体，单击工具行中的 ![] 按钮，将其赋予物体，渲染效果如图3-162所示。

图3-162　不锈钢贴图渲染效果

6）单击【文件】/【另存为】命令，存储为"不锈钢球.max"文件。

◎ 制作光滑木质地面

1）打开"不锈钢球.max"文件。单击【创建】![] /【几何体】![] /【平面】按钮，在顶视图中创建一个平面，设置参数如图3-163所示，位置如图3-164所示。

图3-163　平面参数设置

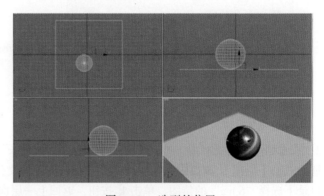

图3-164　造型的位置

2）按主键盘上的【M】键，打开【材质编辑器，】选择一个空白样本球，命名为"光滑木质地面"材质，在【明暗器基本参数】卷展栏中选择【Blinn】。在【反射高光】区设置【高光级别】为40，【光泽度】为70。

3）单击【漫反射】后面的灰色按钮，在弹出的"材质/贴图浏览器"对话框中双击【位图】

[位图]按钮，弹出"选择位图图像文件"对话框，从"项目3素材/贴图/石材"目录下选择"01.jpg"的位图。

4）单击[返回]按钮，返回上一级，在【贴图】卷展栏中，单击【反射】后面的长按钮，在弹出的"材质/贴图浏览器"对话框中双击【光线跟踪】[光线跟踪]按钮，弹出【光线跟踪器参数】卷展栏，设置默认参数。

5）单击[返回]按钮，返回上一层次，在【贴图】卷展栏中将【反射】后面的数值100改为30。

6）在视窗中选中长方体，单击工具行中的[赋予]按钮，将其赋予物体，渲染效果如图3-165所示。

图3-165　渲染效果

知识链接

一、贴图概述

贴图是赋予物体材质表面的纹理。利用贴图可以不用增加模型的复杂程度，就可突出表现对象细节。贴图卷展栏下包括很多贴图通道，单击通道的长按钮就可以选择程序贴图或是位图，可以创建反射、折射、凹凸、镂空等多种效果，比基本材质更精细更真实，以增加模型的质感，完善模型的造型，使创建的三维场景更接近现实。三维模型表面有12种不同属性贴图通道设置，如图3-166所示。可以通过数字和贴图来表现不同的效果。园林常用的有漫反射颜色通道、不透明度通道、凹凸通道和反射通道。

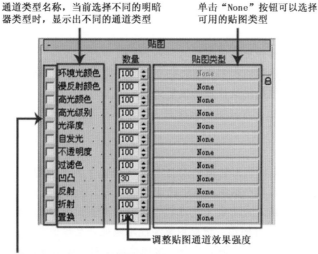

图3-166　贴图通道设置示意图

二、UVW贴图

1. UVW贴图作用和意义

当在场景中创建标准三维物体时系统自动打开"生成贴图坐标"选项，但是如果物体已经塌陷为编辑网格物体或是多边形物体，或物体使用了布尔运算操作，那么默认的贴图坐标就可能丢失，这时就可以给物体使用一个UVW贴图修改器来重新设定贴图的坐标的方向。UVW贴图修改器主要用于重新指定物体的贴图方向，主要调整贴图坐标类型、贴图大小、UVW方向的平铺值、贴图通道、对齐轴向等选项。

2. 使用UVW贴图修改器

在视窗中选中物体，单击【修改】![](按钮，在修改列表中选择【UVW贴图】 ![UVW 贴图] ，设置参数卷展栏中的参数。

3. UVW贴图修改器卷展栏

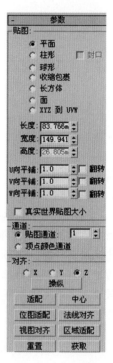

UVW贴图修改器卷展栏如图3-167所示。该卷展栏中的各项参数的含义如下：

（1）UVW贴图类型 UVW贴图坐标的7种类型，即平面、柱形、球形、收缩包裹、长方体、面、XYZ到UVW。

（2）长度、宽度、高度 长度、宽度、高度分别用于调整贴图坐标中的Gizmo子物体的大小。

（3）U/V/W方向平铺 U/V/W方向平铺分别用于调整U、V、W三个方向上的贴图重复参数。

（4）翻转 选择该选项就是把贴图方向进行前后调换。

（5）贴图通道 在该选项的选框内输入贴图通道值。

（6）顶点颜色通道 顶点颜色通道用于指定顶点使用的通道。

（7）对齐选项组 该选项组用于设置贴图坐标的对齐方法。

（8）X、Y、Z 分别单击3个按钮，即可选择不同的贴图坐标对齐方向。

（9）适配 单击按钮打开"选择图像"对话框，选择一张图像，使贴图坐标与图像的坐标长宽对齐。

（10）法线对齐 单击按钮就可以在视图中选择一个表面，并且贴图坐标自动与表面法线对齐。

图3-167 UVW贴图修改器卷展栏

（11）视图对齐 单击按钮把贴图坐标对齐到当前激活的视图。

（12）区域适配 单击按钮在视图拖拽出一个范围，使与贴图坐标相匹配。

（13）重置 重置用于把贴图坐标重新恢复到初始化。

（14）获取 单击此按钮，在视图中选择另一个物体，并且将这个物体的贴图坐标使用到当前物体上。

三、反射贴图类型

在3ds Max 9中能模拟反射倒影的贴图类型有【平面镜】、【光影跟踪】、【反射/折射】和【薄壁折射】。它们都应用在12个贴图通道中的【反射】或【折射】通道中。

（1）【平面镜】 平面镜是应用最为广泛的一种贴图类型，但它只能计算出平面物体的反射倒影，而不能计算曲面物体的反射倒影。该贴图类型能准确地产生镜像效果，而且渲染速度快。在效果图制作的过程中，制作水面反射、地面反射、玻璃幕墙反射时大多使用该贴图类型。

（2）【光影跟踪】 贴图类型能计算出真实的反射效果，但是渲染速度慢。光影跟踪既能计算平面物体的反射倒影，也能计算曲面物体的反射倒影。

（3）【反射/折射】贴图类型只能计算出曲面物体的反射倒影，而不能计算平面物体的反射倒影。

◉ 子任务3　贴图类型的应用和参数设置技能

任务目标

本子任务将通过相应实例操作，学会2D贴图、3D贴图、合成贴图、颜色变动贴图和反射与折射贴图的参数设置及应用操作技能。

任务实施

- **2D Maps（2D贴图）的运用**
- ◎ 位图——制作凉亭顶

1）单击【创建】 /【几何体】 /【四棱锥】按钮，在顶视图中创建一个四棱锥，设置参数如图3-168所示。

2）按主键盘上的【M】键，选择一个空白样本球，命名为"亭子顶"材质，然后在【明暗器基本参数】卷展栏中选择【Blinn】，在【反射高光】区【高光级别】输入40，【光泽度】输入20。

3）在【贴图】卷展栏中，单击【漫反射颜色】后面的长按钮，在弹出的"材质/贴图浏览器"对话框中选择 2D 贴图 ，双击【位图】 位图 按钮，弹出对话框，从"项目3素材/贴图/瓦"目录下选择"1.jpg"的位图。然后在【坐标】卷展栏中U平铺输入5.0，V平铺输入5.0，如图3-169所示。

图3-168　四棱锥参数设置

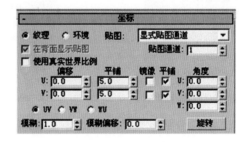

图3-169　坐标参数设置

4）单击 按钮，返回上一层次，在视窗中选中四棱锥，单击工具行中的 按钮，将其赋予物体，渲染效果如图3-170所示。

图3-170　渲染效果

◎ 砖块（平铺）——制作木质铺装

1）单击【创建】 / 【几何体】 / 【平面】按钮，在透视图中创建一个平面，设置参数如图3-171所示。

2）按主键盘上的【M】，选择一个空白样本球，命名为"光滑木质地面"材质，在【明暗器基本参数卷展栏】中选择【Blinn】，然后，在【反射高光】区域【高光级别】输入40，【光泽度】输入70。

3）在【贴图】卷展栏中，单击【漫反射颜色】后面的长按钮，在弹出的"材质/贴图浏览器"对话框中选择 2D 贴图，然后双击【平铺】 平铺 按钮，进入平铺贴图参数卷展栏中，【图案设置】选择 常见的荷兰式砌合 ，【高级控制】参数【平铺设置】参数中点击纹理后面长按钮，弹出"材质贴图浏览器"对话框，从中双击【位图】 位图 按钮，弹出对话框，从"项目3素材/贴图/木纹"目录下选择"10.jpg"的位图，设置水平数为4.0，垂直数为12.0，淡出变化为0.45，砖缝设置参数中水平间距为0.09，垂直间距为0.09，如图3-172所示。

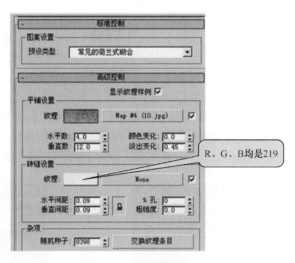

图3-171　平面参数设置　　　　　　　图3-172　参数设置

4）在视窗中选择平面，单击工具行中的 按钮，将其赋予物体，渲染效果如图3-173所示。

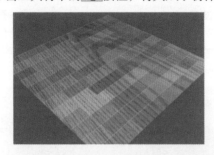

图3-173　渲染效果

◎ 棋盘格——制作地面

1）单击【创建】 / 【几何体】 / 【长方体】按钮，在顶视图中创建一个立方体，设置参数如图3-174所示。

2）按主键盘上的【M】键，选择一个空白样本球，命名为"棋盘格地面"材质，在【明暗器基本参数卷展栏】选择【Blinn】，在【反射高光】区域【高光级别】输入69，【光泽度】输入64。

3）在【贴图】卷展栏中，单击【漫反射颜色】后面的长按钮，在弹出的"材质/贴图浏览器"对话框中选择 ⊙ 2D 贴图 ，双击【棋盘格】 棋盘格 按钮，然后进入【棋盘格参数】卷展栏，设置参数如图3-175所示。

图3-174 参数设置

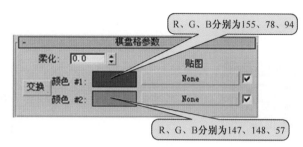

R、G、B分别为155、78、94

R、G、B分别为147、148、57

图3-175 棋盘格参数设置

4）在【坐标】卷展栏中设置参数如图3-176所示。

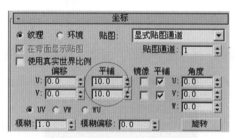

图3-176 设置平铺次数

5）在视窗中选中平面，单击工具行中的 按钮，将其赋予物体，渲染效果如图3-177所示。

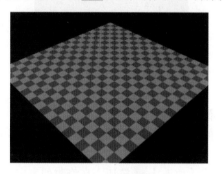

图3-177 渲染效果

- 3D Maps（3D贴图）的运用
◎ cellular（细胞）——制作马赛克墙面

1）单击【创建】 /【几何体】 /【长方体】按钮，在前视图中创建一个长方体，设置参数如图3-178所示。

2）按主键盘上的【M】键，选择一个空白样本球，命名为"马赛克墙面"材质，在【明暗器基本参数】卷展栏中选择【Blinn】，在【反射高光】区域设置【高光级别】为15，【光泽度】为50。

3）在【贴图】卷展栏中，单击【漫反射颜色】后面的长按钮，在弹出的"材质/贴图浏览器"对话框中选择 ⊙ 3D 贴图 ，双击【细胞】 细胞 按钮，然后进入【细胞参数】卷展栏中，设置如图3-179所示。

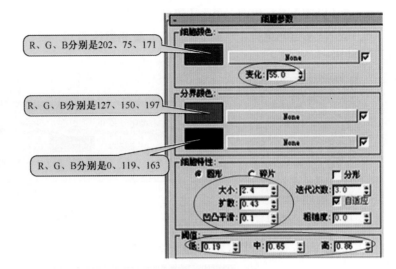

R、G、B分别是202、75、171

R、G、B分别是127、150、197

R、G、B分别是0、119、163

图3-178　参数设置

图3-179　细胞参数设置

4）单击工具行中的 按钮，将其赋予物体，渲染效果如图3-180所示。

图3-180　渲染效果

◎ noise（噪波）——制作石头

1）单击【创建】 /【几何体】 /【球体】按钮，在前视图中创建一个球体，设置参数如图3-181所示。

2）在视窗中选择球体，单击【修改】 按钮，在修改列表中选择【噪波】，在【噪波】参数卷展栏下设置【噪波】和【强度】的参数如图3-182所示。

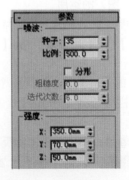

图3-181　参数设置（一）

图3-182　参数设置（二）

3）按主键盘上的【M】键，选择一个空白样本球，命名为"石头"材质，【明暗器基本参数】在卷展栏中选择【Blinn】，在【反射高光】区域中设置【高光级别】为15，【光泽度】为50。

4）在【贴图】卷展栏中，单击【漫反射颜色】后面的长按钮，在弹出的"材质/贴图浏览器"对话框中选择 ◉ 3D 贴图，然后双击【噪波】 🔲 噪波 按钮，进入【噪波参数】卷展栏，设置噪波参数如图3-183所示。

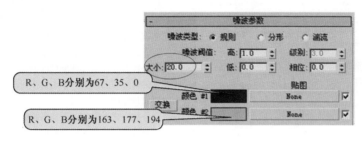

图3-183 噪波参数设置

5）单击 🔝 按钮，返回上一层次，在【贴图】卷展栏中将【漫反射颜色】后面的贴图拖到【凹凸】贴图后面的长按钮上，并输入凹凸数值为50，如图3-184所示。

6）单击工具行中的 🔳 按钮，将材质赋予球体，渲染效果如图3-185所示。

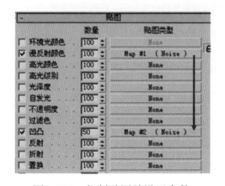

图3-184 复制贴图并设置参数

图3-185 渲染效果

知识链接

贴图类型分为2D贴图、3D贴图、合成贴图、颜色变动贴图和反射与折射贴图。在3ds Max 9中具体提供了35种贴图类型，单击贴图通道中任意一个 None 按钮，都会打开"材质/贴图浏览器"对话框，其中包含所有的贴图类型，其中【位图】贴图类型是最常用的，只要是调用素材库中的贴图，都需要通过【位图】来选择贴图图片。

一、2D贴图

（1）【位图】 位图用以调用贴图。

（2）【平铺】 平铺又称为【砖块】，可以通过它设置砖墙和马赛克等，其基本参数卷展栏如图3-186所示。

【平铺】贴图基本参数的含义：

（3）【棋盘格】 棋盘格选项可产生两色方格交错的图案，用于制作砖墙，地板砖等有序纹理。其参数卷展栏如图3-187所示。

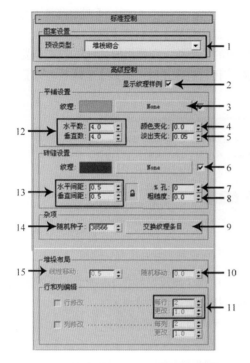

1——单击下拉列表即可
2——选择该选项在视图中就会显示指定的贴图纹理
3——用于修改平铺纹理的颜色，单击长按钮选择一个可用的贴图就可作为平衡纹理的贴图
4——以百分数方式控制平铺纹理颜色之间的变化
5——以百分数方式控制纹理颜色的褪色变化
6——设置砖缝纹理的颜色，单击长按钮选择可用的贴图作为砖缝纹理贴图
7——以百分数方式设定颜色覆盖平铺纹理的程度
8——以百分数控制砖缝的粗糙程度
9——单击该按钮就可以把平铺和砖缝的颜色或者贴图调换
10——用于设置平铺纹理随机移动一个单位的距离
11——选择该选项可以使用参数值手动的控制行数的变化
12——用于控制平铺纹理在水平和垂直方向上的重复值
13——用于控制砖缝的水平和垂直间距的宽度
14——用于设置图案生成的随机性
15——用于设置平铺纹理每隔一行移动的距离

图3-186　平铺贴图基本参数卷展栏

设置方格之间的模糊值，最小值为0，最大值为5

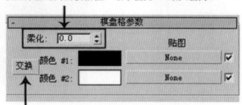

单击"交换"按钮可以将两种方格的颜色或者贴图进行互换；单击颜色样本可以设置颜色或者单击后面的无按钮选择可用的贴图类型

图3-187　棋盘格贴图基本参数卷展栏

（4）【combustion（燃烧）】　combustion（燃烧）选项配合discreet公司的combustion后期制作软件来使用。

（5）【渐变】　渐变选项可产生三色渐变效果，有直线形和射线形渐变两种。

（6）【渐变坡度】　渐变坡度选项可产生多色渐变效果，提供多达12种纹理类型，经常用于制作石头表面，天空，水面等材质。

（7）【漩涡】　漩涡选项可产生两种颜色的漩涡图像，当然也可是两种贴图，常用来模拟水中漩涡、星云等效果。

二、3D贴图

（1）【细胞】　细胞选项除了常用来模拟石头砌墙外，还可用来模拟鹅卵石路面甚至是海面等物体的效果。【细胞参数】卷展栏和其参数的含义如图3-188所示。

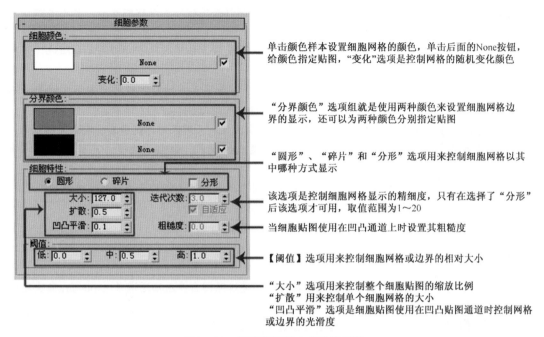

图3-188　细胞贴图基本参数卷展栏

（2）【凹痕】　凹痕选项用于制作风化和腐蚀的效果，常用于bump（凹凸）贴图，可用来模拟岩石、锈迹斑斑的金属等效果。

（3）【衰减】　衰减选项用于制作两色过渡（或两种贴图）的效果，经常配合opacity（镂空）贴图方式来用，产生透明衰减效果，用于制作水晶、太阳光、霓虹灯、眼球等物的效果，还常用来配合mask（遮罩）和mix（混合）贴图，制作出多个材质渐变融合或覆盖的效果。

（4）【大理石】　大理石选项用于制作岩石断层的效果，还可用于制作木头纹理的效果。

（5）【噪波】　通过两种颜色或贴图的随机混合，产生一种无序的杂点效果，使用较频繁，常用于制作石头、天空等的效果。【噪波参数】卷展栏及参数含义如图3-189所示。

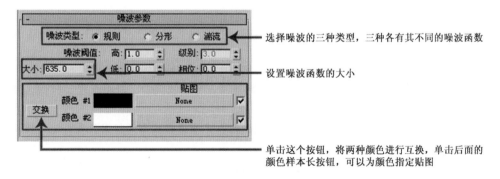

图3-189　噪波贴图基本参数卷展栏

（6）【粒子年龄】　粒子年龄选项专用于粒子系统，根据粒子所设定的时间段，分别为开始、中间、结束处的粒子指定三种不同的颜色或贴图，类似颜色渐变，不过是真正的动态渐变，适合制作彩色粒子流动的效果。

（7）【粒子运动模糊】　该命令根据粒子速度进行模糊处理，常配合opacity贴图使用。

（8）【prelin大理石】　通过两种颜色混合，用于制作类似珍珠岩纹理的效果，常用来制作大理石、星球等一些有不规则纹理的物体材质的效果。

（9）【行星】　行星选项用于制作类似地球的纹理效果，根据颜色可分为海洋和陆地，常用来制作行星、铁锈的效果。

（10）【烟雾】　烟雾选项用于制作丝状、雾状、絮状等无序的纹理效果，常用于背景和不透明贴图使用，和bump结合还可表现岩石等表面腐蚀的效果。

（11）【斑点】　斑点选项用于制作两色杂斑的纹理效果，用来制作花岗岩、灰尘等的效果。

（12）【泼溅】　泼溅选项用来制作类似油彩飞溅的效果，做喷涂墙壁、腐蚀和破败的物体效果。

（13）【泥灰】　泥灰选项的功能类似于splat，用于制作腐蚀生锈的金属和物体破败的效果。

（14）【波浪】　波浪选项用于制作三维和平面的水波纹理的效果。

（15）【木材】　木材选项用于制作木头、木板、星球等的效果。

三、合成器

合成器就是将不同的贴图和颜色进行混合处理，使它们变成一种贴图。

（1）【合成】　合成是将多个贴图组合在一起，通过贴图自身alpha通道或output amt来决定彼此的透明度。

（2）【遮罩】　遮罩即使用一张贴图当做遮罩，通过贴图本身的灰度大小来显示被遮罩贴图的材质效果。

（3）【混合】　混合是将两种贴图混合在一起，通过调整混合的数量值来产生互相融合的效果。

（4）【RGB相乘】　RGB相乘主要用来配合bump贴图方式，允许将两种颜色或贴图的颜色进行相乘处理，来增加图像的对比度。

四、颜色修改器

（1）【输出】　输出是专门用来弥补某些无输出设置的贴图类型。

（2）【RGB染色】　RGB染色即通过三个颜色通道来调整贴图的色调，省去了在其他图像处理软件中处理的时间。

（3）【顶点颜色】　顶点颜色用于可编辑的网格物体，也可用来它来制作彩色渐变效果。

五、其他

（1）【平面镜】　平面镜用于共平面的表面，可产生模拟镜面反射的效果，配合反射贴图使用。

（2）【光线跟踪】　光线跟踪可提供真实的完全反射与折射，但渲染时间较长。

（3）【反射/折射】　配合反射、折射贴图的运用，可产生反射、折射效果，较快，可用于制作动画。

（4）【薄壁折射】　薄壁折射配合折射贴图使用，产生透镜变形的折射效果，速度较快，用来制作玻璃和放大镜，可产生较真实的材质效果。

（5）【法线凹凸】　法线凹凸贴图是指一种新技术，它用于模拟低分辨率多边形模型上的高分辨率曲面细节。法线凹凸贴图在某些方面与常规凹凸贴图类似，但与常规凹凸贴图相比，它可以传达更为复杂的曲面细节。它不仅可以存储曲面方向法线的信息，而且还可以存储常规凹凸贴图使用的简单深度信息。

（6）【每像素摄影机贴图】　每像素摄影机贴图可以从特定的摄影机方向投射贴图，用作2D无光绘图的辅助，可以渲染场景，使用图像编辑应用程序调整渲染，然后将这个调整过的图像用作投射回3D几何体的虚拟对象。

◉ 子任务4　复合材质的应用技能

🖐 任务目标

　　复合材质就是将两个以上的材质进行组合，应用在一个物体对象上，从而产生复杂的材质效果。本子任务通过双面材质、多维子对象材质、混合材质的实际制作，来达到掌握复合材质应用技能的目的。

🖐 任务实施

● 双面材质——制作双面旗帜

　　1）单击【创建】 📷 /【几何体】 ⓞ /【平面】按钮，在前视图中创建一个平面，设置参数如图3-190所示。

　　2）在视窗中选择平面，单击【修改】 🔧 按钮，在修改列表中选择【噪波】，设置【噪波】参数如图3-191所示。

图3-190　参数设置　　　　　　　　图3-191　噪波参数

　　3）按主键盘上的【M】键，打开材质编辑器，选择一个空白样本球，命名为"旗帜"材质，然后单击 Standard 按钮，在弹出的"材质/贴图浏览器"对话框中双击【双面】 ⚫双面 材质类型。弹出"替换材质"对话框，保持默认设置，即选择"将旧材质保存为子材质"项，单击【确定】按钮。

　　4）在【双面基本参数】卷展栏中单击【正面材质】右侧的长按钮，在【贴图】卷展栏中点击【漫反射颜色】后面的长按钮，在弹出的"材质/贴图浏览器"对话框中双击【位图】 🖼位图按钮，弹出"选择位图图像文件"对话框，从"项目3素材/贴图/图片"目录下选择"五星红旗.jpg"的位图。

　　5）单击 📷 按钮两次，返回到【双面基本参数】界面，单击【负面材质】右侧的长按钮，在【贴图】卷展栏中点击【漫反射颜色】后面的长按钮，在弹出的"材质/贴图浏览器"对话框中双击【位图】 🖼位图按钮，弹出"选择位图图像文件"对话框，从"项目3素材/贴图/图片"目录下选择"北京奥运.jpg"的位图。

　　6）在视窗中选择平面，单击工具行中的 🖱 按钮，将其赋予物体，效果如图3-192所示。

图3-192　旗帜的正反两面效果图

● 多维子对象材质——制作太阳伞顶

1) 单击【创建】 /【几何体】 /【圆锥体】按钮，在透视图中创建一个圆锥体，参数如图3-193所示。

2) 在视窗中选择圆锥体，单击【修改】 按钮，在修改列表中选择【编辑网格】，单击【选择】卷展栏中的【多边形】 按钮，在顶视图中选择3个面，如图3-194所示。

图3-193　参数设置

图3-194　选择的面

3) 在【曲面属性】卷展栏中的【材质】选项组下【设置ID】右侧的数值框中输入1，按【Enter】键，如图3-195所示。

4) 单击菜单栏中的【编辑】/【反选】命令，选择另外三个面，如图3-196所示。

5) 在【曲面属性】卷展栏中的【材质】选项组下【设置ID】右侧的数值框中输入2，按【Enter】键后如图3-197所示，然后退出子对象编辑。

图3-195　设置ID号（一）

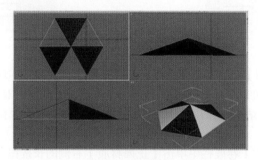

图3-196　反选

图3-197　设置ID号（二）

6) 按主键盘上的【M】键，打开材质编辑器，选择一个空白样本球，命名为"伞"材质，然后单击 Standard 按钮，在弹出的对话框中双击 多维/子对象 材质类型，弹出【替换材质】提示框，在默认的状况下单击【确定】按钮。

7) 在【多维/子对象基本参数】卷展栏中单击 设置数量 按钮，在弹出的"设置材质数量"对话框中设置【材质数量】为2，单击 确定 按钮，然后在【多维/子对象基本参数】卷展栏中单击1号材质右侧的长按钮，在【Blinn】基本参数卷展栏中设置【环境光】颜色，R、G、B分别为255、255、251。

8) 单击【转到父对象】 按钮，返回上一层次，再在【多维/子对象基本参数】卷展栏中单击2号材质右侧的长按钮，在【Blinn】基本参数卷展栏中设置【环境光】颜色，R、G、B分别为255、0、0。

9) 在视窗中选择圆锥体，单击工具行中的【将材质指定给选定对象】 按钮，将其赋予物体，结果如图3-198所示。

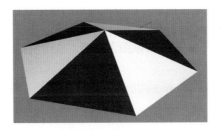

图3-198 实例效果

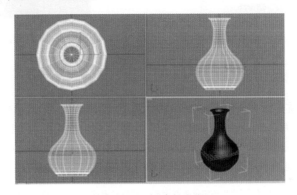

说明

　　使用图形ID可以使用放样物体继承截面图形的材质ID，图形的ID可以进入"线段"修改子对象后，在"表面属性或曲面属性"卷展栏中分别设置各线段不同的材质ID。

● 混合材质——制作花瓶

1）创建一个花瓶，如图3-199所示。

图3-199 创建的花瓶

2）单击 按钮打开材质编辑器，选择一个材质示例球，单击 Standard 按钮，从弹出的对话框中双击【混合】选项，在弹出的"替换材质"对话框中，选择【将旧材质保存为子材质】，单击【确定】按钮。

3）单击【材质1】按钮，调整材质1为白色陶瓷材质，参数设置如图3-200所示。

4）单击 按钮，单击【材质2】按钮，调整材质2为蓝色陶瓷材质，参数设置如图3-201所示。

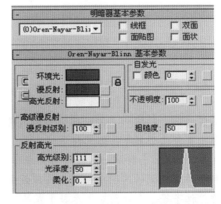

图3-200 "材质1" 参数设置　　　　　　图3-201 "材质2" 参数设置

5）单击  按钮，单击【遮罩】按钮，在弹出的对话框中双击【位图】，打开"项目3素材/贴图/图片/牡丹花.jpg"的文件。

6）单击【修改】下拉列表下的【UVW贴图】选项，从中选择【球形】项，如图3-202所示。至此，混合材质制作完毕。

7）选择场景中的"花瓶"，单击  按钮，将材质赋予"花瓶"，单击  按钮，渲染透视图，效果如图3-203所示。

图3-202 参数设置

图3-203 花瓶渲染效果

知识链接

（1）【混合】材质 该命令是将两个不同材质融合在一起，根据融合度的不同，控制两种材质的显示程度，可以利用这种特性制作材质变形动画，也可另外指定一张图像作为融合的mask遮罩，利用它本身的灰度值来决定两种材质的融合程度，经常用来制作一些质感要求较高的物体，如打磨的大理石、破墙、脏地板等。【混合基本参数】卷展栏如图3-204所示。

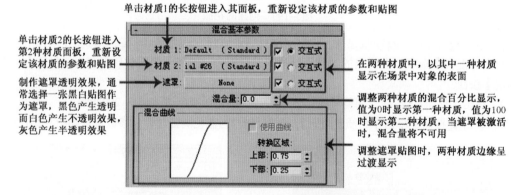

图3-204 【混合基本参数】卷展栏

（2）【合成】材质 其功能是将多个不同材质叠加在一起，包括一个基本材质和10个附加材质，通过添加、排除和混合，能够创造出复杂多样的物体材质，常用来制作动物和人体皮肤、生锈的金属、复杂的岩石等物体的材质。

（3）【双面】材质 该命令可为物体内外或正反表面分别指定两种不同的材质，并且可以控制两种材质彼此间的透明度来产生特殊效果，经常用在一些需要物体双面显示不同材质的动画中，如纸牌、杯子等。【双面基本参数】卷展栏如图3-205所示。

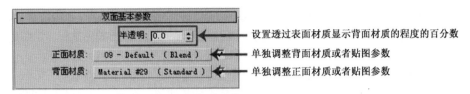

图3-205 【双面基本参数】卷展栏

（4）【变形器】材质 该命令配合morpher修改器使用，产生材质融合的变形动画。

（5）【多维/子对象】材质 该命令可以设置多个材质ID，给物体设定区域或者多面的物体指定材质，【多维/子对象基本参数】卷展栏如图3-206所示。

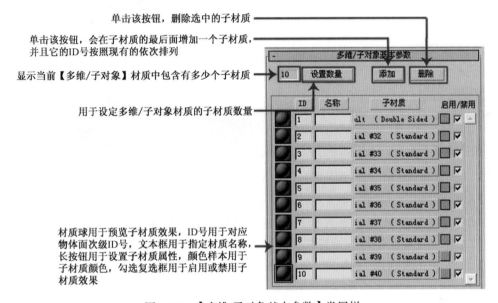

图3-206 【多维/子对象基本参数】卷展栏

（6）【墨水油漆】材质 该命令使卡通材质、黑白灰的过渡没有那么柔和。

（7）【顶/底】材质 该命令是为一个物体指定不同的材质，一个在顶端，一个在底端，中间交互处可产生过渡效果，且两种材质的比例可调节。

▶ 子任务5 常用材质的编辑操作技能

🖌 任务目标

本子任务通过水材质、玻璃材质、乳胶漆材质、青苹果表面材质、金属和反射地面材质、砖墙材质、草坪材质、布艺材质、陶瓷材质、马赛克材质的编辑制作，学习并掌握常用材质的编辑操作技能。

🖌 任务实施

● 制作水材质

1）单击【创建】 /【几何体】 /【平面】按钮，在透视图中创建一个平面，参数设置如图3-207所示。

2）按主键盘上的【M】键，打开【材质编辑器】，选择一个空白样本球，命名为"水材质"，在【明暗器基本参数】卷展栏中选择【Phong】。单击【环境光】后面的颜色按钮，设置R、G、B分别为17、27、24；再单击【漫反射】后面颜色按钮，设置R、G、B分别为6、64、56。

在【反射高光】区设置【高光级别】为19，【光泽度】为3，如图3-208所示。

3）打开【贴图】卷展栏，单击【凹凸】贴图后面的长按钮，在弹出的"材质/贴图浏览器"对话框中双击【噪波】  按钮，在【坐标】卷展栏中输入Z：0.7，【模糊】0.6，【模糊偏移】0.5。在【噪波参数】卷展栏中【噪波类型】选择【分形】，【噪波阈值】输入15，【级别】输入4，其他数值不变，如图3-209所示。

图3-207　参数设置（一）　　　　图3-208　基本参数设置　　　　图3-209　参数设置（二）

4）单击 按钮，返回上一层次，在【贴图】卷展栏中输入【凹凸】数值25，如图3-210所示。

5）在【贴图】卷展栏中，单击【反射】贴图后面的长按钮，在弹出的"材质/贴图浏览器"对话框中双击【光线跟踪】 光线跟踪 按钮，进入【光线跟踪器参数】卷展栏，数值默认，如图3-211所示。单击 按钮，返回上一层次，在【贴图】卷展栏中输入【反射】数值45，如图3-212所示。

图3-210　参数设置（三）　　　图3-211　【光线跟踪器参数】卷展栏　　　图3-212　参数设置（四）

6）在视窗中选中平面，单击工具行中的【将材质指定给选定对象】 按钮，将其赋予物体，最终效果如图3-213所示。

图3-213　水材质渲染效果

● **制作玻璃材质**

1）单击【创建】 ■ /【几何体】 ● /【长方体】按钮，在前视图中创建一个长方体，长宽高分别为1000、1000、50。

2）按主键盘上的【M】键，选择一个空白样本球，命名为"玻璃材质"，在【明暗器基本参数】卷展栏中选择【各向异性】 [(A)各向异性 ▼] ，然后，在不解锁的情况下，点击【各向异性基本参数】卷展栏下的【漫反射】后面的颜色按钮，设置R、G、B值分别为0、35、68。在【反射高光】区【高光级别】输入110，【光泽度】输入51，【各向异性】输入50，如图3-214所示。

3）打开【贴图】卷展栏，单击【反射】贴图后面的长按钮，在弹出的"材质/贴图浏览器"对话框中双击【光线跟踪】 ■ 光线跟踪 按钮，进入【光线跟踪器参数】卷展栏，数值不变。单击 ■ 按钮，返回上一层次，在【贴图】卷展栏中输入反射数值为45，再将【反射】贴图按钮上的光线跟踪材质拖拽到【折射】贴图的按钮上复制一个，并输入折射数值60，如图3-215所示。

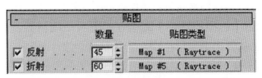

图3-214 参数设置（一）　　　　　图3-215 参数设置（二）

4）在视窗中选中长方体，单击工具行中的【将材质指定给选定对象】 ■ ，将其赋予物体。最终效果如图3-216所示。

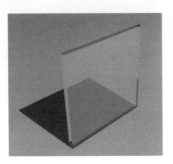

图3-216 实例效果图

● **制作乳胶漆材质**（单色材质）

1）创建一个长方体，如图3-217所示。

2）单击【材质编辑器】 ■ 按钮打开材质编辑器，选择一个材质示例球，环境光、漫反射和高光反射均设置为纯白色（R、G、B均为255），基本参数设置如图3-218所示。

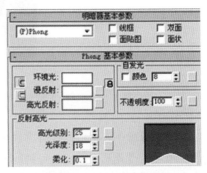

图3-217 创建一个长方体　　　　　图3-218 基本参数设置

3）选择"长方体"，单击 按钮，将该材质赋予长方体造型，单击 按钮，快速渲染透视图，结果如图3-219所示。

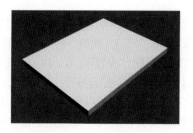

图3-219　乳胶漆材质效果

● 制作青苹果表面材质（渐变材质）

1）打开"项目3素材/模型/苹果.max"文件，如图3-220所示。

2）单击【材质编辑器】 按钮打开材质编辑器，选择一个材质示例球，单击【漫反射】后面的 按钮，从弹出的对话框中双击【渐变坡度】选项，设置【渐变坡度参数】如图3-221所示。

3）单击 按钮，返回上一级，设置基本参数如图3-222所示。

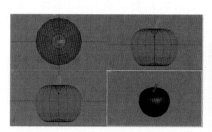

图3-220　苹果模型

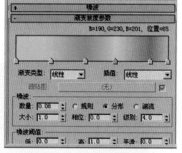

图3-221　渐变坡度参数设置

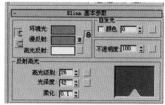

图3-222　基本参数设置

4）在视窗中选择"苹果"，单击 按钮，将该材质赋予"苹果"造型，单击 按钮，快速渲染透视图，最终效果如图3-223所示。

图3-223　青苹果效果

 说明

　　【渐变坡度】是可以使用许多颜色的高级渐变贴图，它常用在漫反射贴图通道中，在它的卷展栏里可以设置渐变颜色及每种颜色的位置；而且在【噪波】选项组中可以设置噪波的类型和大小，使渐变色的过渡看起来不那么规则，以增加渐变的真实程度。

● 制作金属和反射地面材质

1）在场景中创建一个茶壶，再创建一个长方体当地板，位置如图3-224所示。

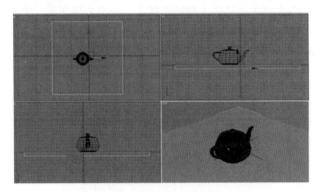

图3-224　创建一个场景

2）单击【材质编辑器】██按钮打开材质编辑器，选择一个材质示例球，选择【金属】明暗方式，设置金属材质属性参数，如图3-225所示。

3）单击【贴图】卷展栏，打开12个贴图通道，单击【反射】贴图通道后面的 None 按钮，在"材质/贴图浏览器"中双击【光线跟踪】贴图类型，返回材质编辑器中，此时展开关于光线跟踪参数的设置面板，设置如图3-226所示。

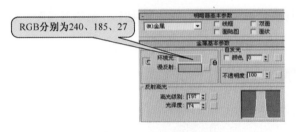

图3-225　基本参数设置　　　　　　　　　　　图3-226　参数设置

4）单击 █ 按钮，返回12个贴图通道面板，将【反射】贴图通道的数量由100改为30。

5）在场景中选择茶壶，单击 █ 按钮，将材质赋予茶壶。

6）在【材质编辑器】中再选择一个材质示例球，在【贴图】通道中的【漫反射】通道中指定一个"木纹"材质贴图，并在【反射】通道中指定【光线跟踪】贴图类型，返回贴图类型，将【反射】后面的数量改为15，单击 █ 按钮，将材质赋予长方体。单击 █ 按钮，渲染透视图，效果如图3-227所示。

图3-227　金属和反射地面材质效果

● **制作砖墙材质**

1）在视图中创建一个长方体。然后单击【修改】按钮，进入修改器命令面板，从【修改器列表】下拉列表中选择【法线】命令，选择【翻转法线】，使立方体生成一个没有墙体厚度的房间。

2）单击按钮打开材质编辑器，选择一个材质示例球，单击【漫反射】后面的按钮，从弹出的对话框中双击【位图】选项，打开“项目3素材/瓷砖/09.jpg”的贴图。其参数设置如图3-228所示。

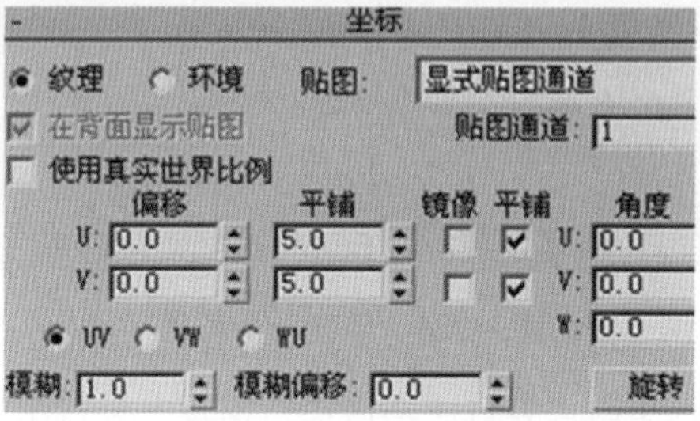

图3-228　砖墙材质参数设置

3）单击按钮，返回12个贴图通道面板，用鼠标按住【漫反射】贴图通道上的“09.jpg”贴图并向下拖动至【凹凸】通道上，在弹出的对话框中选择【复制】，单击【确定】按钮，然后把【凹凸】后面的数量改为150。

4）选择“墙体”，单击按钮，将材质赋予“墙体”，单击按钮，渲染透视图，效果如图3-229所示。

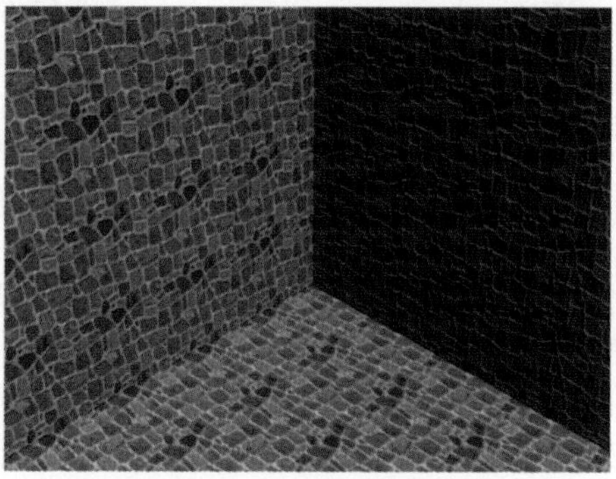

图3-229　砖墙材质效果

● **制作草坪材质**

1）在场景中创建一个平面表示草坪。

2）单击按钮打开材质编辑器，选择一个材质示例球，在【反射高光】下设置【高光级别】和【光泽度】均为10。

3）单击【贴图】卷展栏，打开12个贴图通道，单击【反射】贴图通道中的 None 按钮，从弹出的对话框中双击【位图】贴图类型，打开“项目3素材/图片/草坪.jpg”的文件。

4）在视窗中选择“平面”，单击【修改】按钮，从【修改器列表】下拉选框中选择【UVW贴图】命令，选择【长方体】，参数默认。

5）选择“平面”，将材质赋予它，渲染效果如图3-230所示。

图3-230　草坪材质渲染效果

● 制作布艺材质

1）打开"项目3素材/模型/沙发.max"场景文件。

2）单击 按钮打开材质编辑器，选择一个材质示例球，将明暗方式设置为【Oren-Nayar-Blinn】（明暗处理），此时下方弹出参数面板，具体设置如图3-231所示。

3）单击【漫反射】后面的 按钮，从弹出的对话框中双击【位图】选项，打开"项目3素材/贴图/布纹/32.jpg"的贴图。

4）单击 按钮，返回12个贴图通道面板，将【漫反射】贴图通道中的数量由100改为0；用鼠标按住"32.jpg"贴图并向下拖动至【凹凸】通道上，在弹出的对话框中选择【复制】，单击【确定】按钮。然后把【凹凸】后面的数量改为100。

5）在视窗中选择"平面"，单击【修改】按钮，从【修改器列表】下拉选框中选择【UVW贴图】命令，参数设置如图3-232所示。

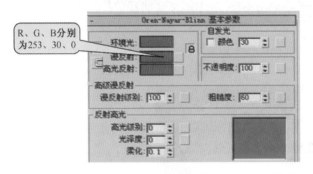

R、G、B分别为253、30、0

图3-231　参数设置（一）　　　　图3-232　参数设置（二）

6）选择沙发，单击 按钮，将材质赋予"沙发"，单击 按钮渲染透视图，效果如图3-233所示。

图3-233　布艺沙发材质效果

> **说明**
>
> 　　这个材质中只需要该贴图的肌理，不需要图案，所以把【漫反射】的颜色调节为自己所需之后，再将【漫反射颜色】贴图通道中的数量从100改为0，此时【漫反射】的颜色就会完全覆盖贴图本身的颜色。

● **制作白色陶瓷材质**

1）打开"项目3素材/模型/烟灰缸.max"场景文件。

2）单击 按钮打开材质编辑器，选择一个材质示例球，制作白色陶瓷效果，将明暗方式设置为【多层】，此时下方弹出参数面板，具体设置如图3-234所示。

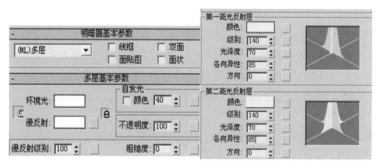

图3-234　参数设置

3）单击【贴图】卷展栏，打开12个贴图通道，单击【反射】贴图通道中的 None 按钮，从弹出的对话框中双击【光线跟踪】贴图类型，返回材质编辑器中，此时展开【光线跟踪器参数】面板，应用默认值。

4）单击 按钮，返回12个贴图通道面板，将【反射】贴图通道中的数量从100改为10，此时陶瓷材质创建完毕。将材质赋予"烟灰缸"，渲染效果如图3-235所示。

图3-235　陶瓷材质渲染效果

● **制作马赛克材质**

1）在前视图创建一个300×200×10的长方体。

2）单击 按钮打开材质编辑器，选择一个材质示例球，在【反射高光】区设置【高光级别】为40，【光泽度】为28。

3）单击【漫反射】颜色块后面的 按钮，从弹出的"材质/贴图浏览器"中选择并双击【平铺】选项，此时【材质编辑器】中会弹出【平铺】贴图类型的参数面板。向上拖动参数面板，单击最下方的【高级控制】卷展栏按钮，将其展开，如图3-236所示。

4）在其中设置马赛克材质的颜色、砖块大小、混合色彩、砖缝的颜色以及粗细等参数，如图3-237所示。

图3-236 【平铺】贴图类型的参数面板　　　　　　图3-237 设置马赛克材质的参数

5）将材质赋予"长方体"，渲染效果如图3-238所示。

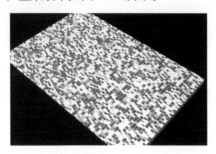

图3-238 马赛克材质渲染效果

练习

1. 使用3ds Max的材质编辑器面板，练习使用面板中的常用按钮进行操作，熟悉赋予材质、删除材质及保存材质的操作方法和规律。

2. 创建一个长方体，用"项目3素材/贴图/铁花栏杆"中的"扶手图案09.jpg"和"扶手图案09A.jpg"文件，利用不透明贴图通道创建一个铁花栏杆。

3. 利用反射贴图通道创建一个不锈钢材质的围栏。

4. 创建一个茶壶，自己选择素材，参照图3-239，为其编辑一个双面材质。

图3-239 茶壶材质

5. 创建一个推拉门，参照图3-240为其编辑一个【多维/子对象】材质。

图3-240　枢轴门的材质编辑

6. 打开"项目3素材/模型/枕头.max"场景文件，如图3-241所示。请为其编辑布艺材质。

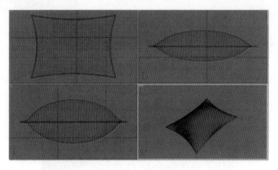

图3-241　枕头场景

7. 打开"项目3素材/模型/房间.max"场景文件，如图3-242所示。请为墙壁和天花编辑乳胶漆材质，为地面编辑马赛克材质。

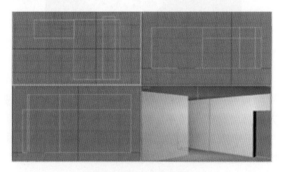

图3-242　房间场景

8. 打开"项目3素材/模型/高脚杯.max"场景文件，如图3-243所示。请为其编辑玻璃材质。

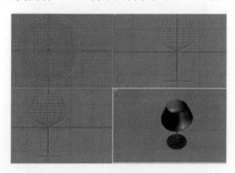

图3-243　高脚杯场景

9. 打开"项目3素材/模型/小狗.max"和"项目3素材/模型/齿轮.max"场景文件，如图3-244和图3-245所示。请为它们编辑金属材质。

图3-244 小狗场景

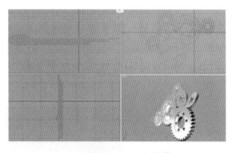

图3-245 齿轮模型

10. 打开"项目3素材/模型/小怪物.max"场景文件，如图3-246所示。请为其不同的部位编辑自己喜欢的材质。

图3-246 小怪物场景

11. 打开"项目3素材/模型/桌子.max"场景文件，如图3-247所示。请为其不同的部位编辑自己喜欢的材质。

图3-247 桌子场景

任务3 灯光和摄影机的创建设置操作技能

子任务1 灯光的创建设置技能

任务目标

在3ds Max 9室外场景效果图的制作中，建立模型是第一步，赋予材质是第二步，第三步需要巧妙设置灯光效果，并在适当位置和角度设置摄影机，才能将建立的模型完美地展示出来。本子任务通过几个场景中相应灯光的创建和应用，达到掌握最基本的灯光创建设置技能的目的。

任务实施

● **在场景中创建泛光灯，制作沙发阴影效果**

1）打开"项目3素材/模型/室内场景.max"文件，这是一个没有建立任何灯光的场景，房间的亮度是依靠默认的两盏泛光灯来照明的，如图3-248所示。

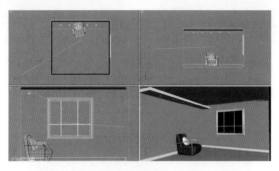

图3-248　打开的室内场景

2）单击【灯光】按钮，单击【标准】类型中的【泛光灯】，在顶视图房间的正中位置单击鼠标左键创建一盏泛光灯，再单击右键结束命令。

3）右键激活前视图，确认泛光灯处于选中状态，右击【选择并移动】按钮，设置对话框中的参数如图3-249所示，将泛光灯向上移动210cm，泛光灯的位置如图3-250所示。

4）渲染透视图，如图3-251所示。此时发现，应用泛光灯的默认参数会使场景太亮而没有层次感和阴影。

图3-249　精确向上移动

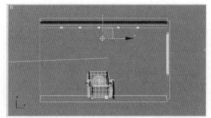

图3-250　泛光灯的位置

图3-251　场景太亮

5）确认泛光灯处于选择状态，单击【修改】命令，设置【泛光灯】的参数如图3-252所示。

6）再次渲染透视图，得到的效果如图3-253所示。

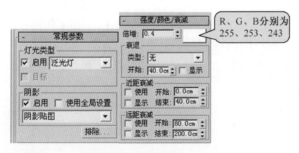

图3-252　"泛光灯"参数设置

图3-253　再次渲染后效果

7）通过渲染发现阴影的边缘太锐利，颜色也太深，而且墙面从上到下是一样的亮度，不像现实生活中的光那样有由强到弱的过渡。重新回到参数面板，将参数设置成如图3-254所示的状态。

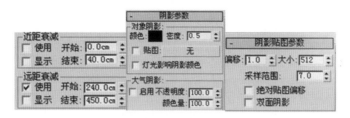

图3-254　参数设置

8）再次渲染透视图，得到的效果如图3-255所示。

图3-255　渲染效果

9）单击【文件】/【另存为】，存储为"室内场景-泛光灯.max"文件。

 说明

　　如果创建的灯光在被照射的物体上出现很亮的光斑，此时应将这盏灯光在原位置上再复制一下，并将该灯光的【倍增】器数值设置为负数，此时的灯即变为吸光灯。

● 在场景中创建目标聚光灯，制作筒灯效果

1）打开刚刚制作的"室内场景-泛光灯.max"文件。

2）单击【灯光】 /【目标聚光灯】按钮，在左视图中将鼠标移至筒灯模型的下方，按住左键并向左下角呈大约45°角拖动，位置到达墙的边线时释放鼠标那一盏聚光灯，如图3-256所示。

3）渲染透视图，观察默认参数下的聚光灯光照效果，如图3-257所示。

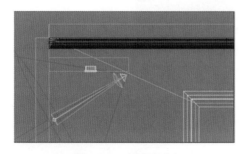

图3-256　创建聚光灯

图3-257　默认参数下的聚光灯光照效果

4）确认灯体模型处于选择状态，单击【修改】按钮，弹出筒灯光源——【目标聚光灯】的参数面板，在其中设置投射阴影选项、修改灯光的亮度值以及衰减范围，如图3-258所示。

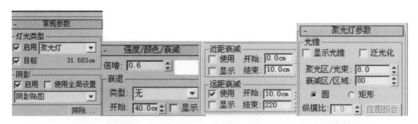

图3-258　参数设置

5）将这个筒灯向下移动，再次渲染透视图，得到的效果如图3-259所示。

6）返回左视图，用单击聚光灯的灯体模型与目标点的连杆线，将聚光灯的两个部分同时选中。按空格键锁定选择，以防误操作。激活前视图，将聚光灯移动至最左边的筒灯模型上，然后按住【Shift】键，向右边进行移动复制，每一个筒灯的位置复制一个聚光灯，如图3-260所示。选择对话框中的【关联】选项，这样在修改灯光的参数时，只要修改其中的任意一个灯光参数，其他的灯光也会一同被修改，从而提高工作效率。

图3-259　渲染效果图

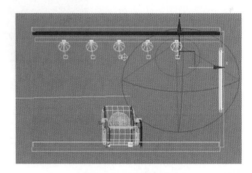

图3-260　复制聚光灯

7）渲染透视图，最终筒灯照射效果如图3-261所示。

图3-261　筒灯渲染效果

 说明

【目标聚光灯】除了可以模拟筒灯的灯光外，还可以模拟台灯、壁灯、地灯及主光源的灯光。

● 在场景中创建目标平行光，模拟太阳光效果

1）打开"项目3素材/模型/室外场景.max"文件，透视图渲染效果如图3-262所示。

2）单击【灯光】 ▼ /【目标平行光】按钮，在前视图中房子的右上角按住鼠标并拖动，至房子的位置释放鼠标，创建一个目标平行光的光源，如图3-263所示。

图3-262 室外场景透视图渲染效果

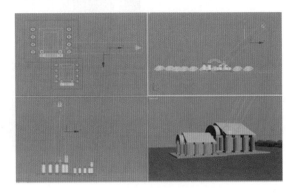

图3-263 创建目标平行光

3）单击 ✛ 按钮，右键激活顶视图。将目标平行光的灯体模型向下移动，使其以一定的倾斜角度照射房子，此时不调整任何参数来渲染透视图，观察灯光效果，如图3-264所示。可以看见，只有中间的部分被照亮了，周围非常黑，而且没有建筑的阴影。

图3-264 调整灯光位置后的渲染效果

4）单击【修改】按钮，在弹出的【目标平行光】参数面板中依照图3-265所示，对参数进行修改。

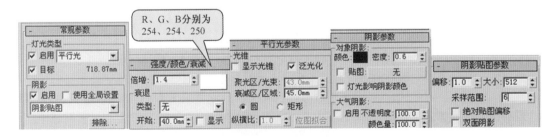

图3-265 参数设置

5）渲染透视图，最终效果如图3-266所示。

图3-266 太阳光效果

知识链接

布光方法及技巧——三点布光法

三点布光方法是一种使用3个灯光的方法，3个灯光分别是主光源、背光源、辅助光源。

主光源是物体的主要照射光源，它确定物体的可视高光和阴影，并且通常代表了场景的主光源，比如阳光、顶棚上的吊灯等。在顶视图中，主光源通常放置在左右侧面15°～45°（以相机的方向角度为坐标），在右视图中将主光源放置高于相机15°～45°的位置照亮物体，具体位置如图3-267所示。

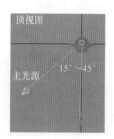
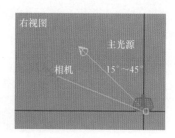

图3-267 主光源位置示意图

背光源的作用就是将物体从背景中分离出来，增加场景透视深度并突出主体。一般情况下都是把背光放置在物体的后面，即相机的对面，并将背光高于物体的位置，具体位置如图3-268所示。

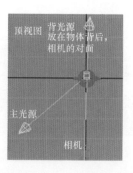

图3-268 背光源位置示意图

辅助光源就是对主光源照亮的区域进行过渡延伸，并且使物体更多的亮度显示出来。场景中可增加多个辅助光源，通常辅助光源都处于主光源相反位置，如主光源在左侧，则辅助光源应该在右侧，而且辅助光源的亮度要比主光源低，灯光的颜色与物体颜色相近，具体位置如图3-269所示。

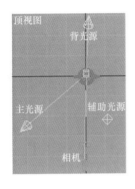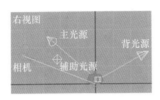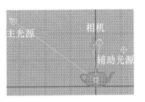

图3-269　辅助光源位置示意图

子任务2　摄影机的创建设置技能

任务目标

园林效果图制作讲究构图取景，选择一个好的角度，能够给观者一种美的视觉感受，这一点对于制作效果图的人来说十分重要。本子任务通过为一个场景设置两个摄像机，对其主要参数进行设置并进行视图转换的实际操作，达到掌握最基本的创建设置摄影机技能的目的。

任务实施

● 为场景创建摄影机

1）打开"项目3素材/模型/排房.max"场景文件，如图3-270所示。

2）单击【创建】 /【摄影机】 按钮，从下拉列表中选择【标准】。在【对象类型】卷展栏中，单击【目标】按钮，在顶视图创建摄影机，点击鼠标创建摄影机位置，一直拖动鼠标创建目标点，落到场景中心或物体重心上，在前视图向上移动摄影机机，参数默认，位置如图3-271所示。

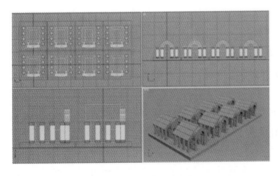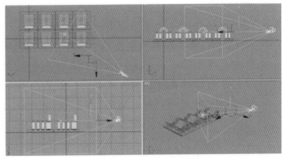

图3-270　排房场景　　　　　　　　　　图3-271　创建相机01

3）在前视图再创建一个摄影机，即相机02，位置如图3-272所示，调整参数如图3-273所示。

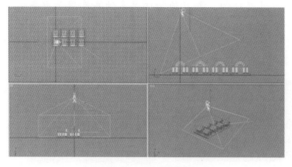

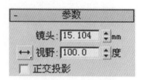

图3-272　创建相机02　　　　　　　　　　图3-273　参数设置

4）在透视图左上角的"透视"字样上单击鼠标右键，在出现的级联菜单上选择【视图】/【Camera01】，然后按【Shift+Q】组合键，快速渲染，效果如图3-274a所示。

5）在相机图左上角的"Camera01"字样上单击鼠标右键，在出现的级联菜单上选择【视图】/【Camera02】，然后按【Shift+Q】组合键，快速渲染，效果如图3-274b所示。

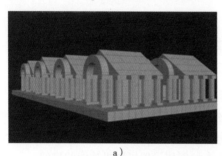
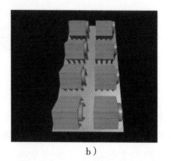

a）　　　　　　　　　　　　　　　　b）

图3-274　相机视图渲染效果

a）Camera（相机）01渲染效果　　　b）Camera（相机）02渲染效果

🖐 说明

　　为了方便观察创建的视景，要根据图形选择摄影机的视角，并且可以同时创建多个摄影机，以便从不同的角度进行观察。

🖐 知识链接

摄影机的作用、种类和使用方法

在3ds Max中，摄影机主要用于取景，通过设置摄影机的不同取景角度，可以从各种不同的角度对场景中的模型进行观察。比如园林效果图的制作应选好的角度，才能给观者一种美的视觉感受。这一点对于制作效果图的人来说是十分重要的。

摄影机分为两种：目标摄影机和自由摄影机，它们的区别在于是否有目标点。在制作静态效果图时应使用目标摄影机，而在制作动画时多采用自由摄影机。

1. 建立相机

在3ds Max中，摄影机就是观众的眼睛，通过对相机的调整来决定视图中建筑的位置和尺寸。

一般在建模之前就应该考虑相机取景的方位，以便在建模过程中可以有选择地创建对象，考虑哪些能被相机看到，哪些看不到，能看到的就建模，看不见的就不用建模。这样不但可降低场景的复杂度，提高计算机的运行速度，而且也不影响最终效果。

摄影机本身也是一种物体，在渲染后只是影响场景中物体的角度、范围，而不会出现在场景中。

摄影机和灯光的参数区卷展栏基本相似。一般来说，目标摄影机容易控制，使用起来比较顺手，而自由摄影机没有目标控制点，只能依靠旋转工具对齐目标对象，操作较为繁琐。

2. 摄影机的镜头

3ds Max中的摄影机与现实中的摄影机相似，它的调节参数是通过模拟相机而设定的，一个是镜头尺寸（即镜头焦距，以mm为单位），另一个是视野。镜头焦距的长短决定镜头视角、视野、景深范围的大小，影响场景的透视关系。

根据镜头焦距的不同，相机镜头大致分为：

（1）标准镜头 标准镜头指镜头焦距在40～50mm，拍摄的三面透视关系接近人眼的正常感觉，缺省设置为43.45584mm，即人眼的焦距。

（2）广角镜头 广角镜头也称为短焦距镜头。其特点是景深大，视野宽；前、后景物大小对比鲜明；夸张现实生活中纵深方向物与物之间的距离，在一些效果图中可以产生特殊的透视效果。

（3）长焦距镜头 长焦距镜头也称为窄角镜头。其特点是视角窄，视野小，景深也小，多数用于场景某对象的特写，可以压缩纵深方向物与物的距离，改变正常的透视关系，使多层景物有贴在一起的感觉，产生长焦畸变。它可以减弱画面的纵深和空间感，在鸟瞰图的制作中，可以使用长焦距镜头以产生类似轴侧的视觉效果。

练习

1. 用哪些参数调整灯光的衰减效果？
2. 打开一个场景，练习设置灯光。
3. 打开一个场景，练习设置摄影机。

任务4 园林设计元素和设施的制作

园林设计元素是指园林用地范围内的山、水、动植物和建筑物等。园林设计元素是园林设计的骨架，是整个园林赖以生存的基础。因此，园林设计元素搭配的好坏会直接影响园林的整体效果，一定程度上能反映一个时期的建筑成就。

⊙ 子任务1 制作园区小景的操作技能

任务目标

园区小景大多位于小区中心花园、广场的周围，能够起到界定范围、美化环境等作用。本实例主要用【布尔】运算、【复制】、【对齐】命令来制作模型部分，最后为其赋予大理石的材质。通过实际操作，达到学习并掌握制作园区小景操作技能的目的。

任务实施

● 制作园区小景

1）在顶视图中，创建一个长度和宽度均为700、高度为50的长方体，并命名为"侧立面"；再创建一个半径为220，高度为100的圆柱体，如图3-275所示。

2）将二者沿X、Y、Z轴【中心】对齐，如图3-276所示。

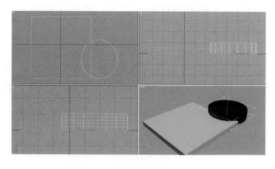

图3-275　创建的长方体和圆柱体

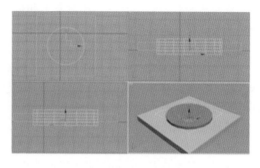

图3-276　对齐

3）选择长方体，在创建命令面板的【标准基本体】下拉列表中选择【复合对象】/【布尔】/【拾取操作对象B】，到视窗中拾取圆柱体，运算结果如图3-277所示。

4）在前视图中，确认"侧立面"处于被选择状态，按【Ctrl+V】键将"侧立面"复制一个。再沿Z轴旋转90°，再移动复制一个旋转后的"侧立面"，移动摆放，位置如图3-278所示。

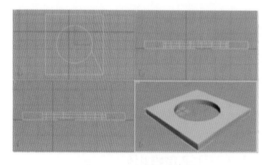

图3-277　布尔运算结果

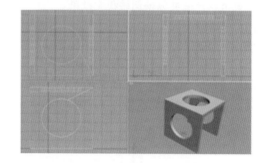

图3-278　复制并旋转侧立面

5）在前视图选择后复制的两个"侧立面"，按【Ctrl+V】键复制一个，再沿Y轴旋转90°，结果如图3-279所示。

6）在顶视图中，创建一个长度和宽度均为690，高度为50的长方体，作为园区小景的底面，位置如图3-280所示。

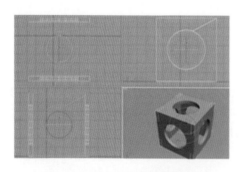

图3-279　继续复制并旋转侧立面

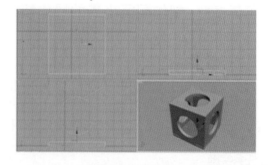

图3-280　创建底面

7）在顶视图创建一个长度和宽度均为560，高度为100的长方体，作为园区小景的底座，位置如图3-281所示。至此，园区小景的模型制作完成。

8）编辑石材材质。单击【M】键，打开【材质编辑器】，选择一个空样本示例球，基本参数设置如图3-282所示。

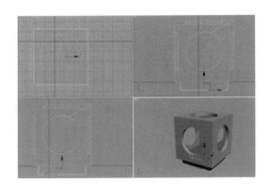 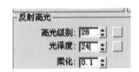

图3-281 创建底座   图3-282 基本参数设置

9）选择一个理石材质（"项目3素材/贴图/石材/大理石13.jpg"）贴图和材质的凹凸贴图设置，如图3-283所示。快速渲染，最终效果如图3-284所示。

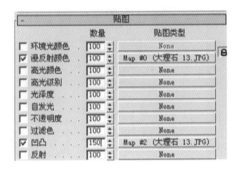 

图3-283 参数设置   图3-284 园区小景效果

子任务2 制作石桌凳的操作技能

任务目标

园林石雕是"凝固的音乐"，石桌凳不仅可以美化环境，更能供人们休闲小憩之用。通过本例的实际操作，掌握【锥化】命令的参数设置和使用方法，进一步熟悉【对齐】、【布尔】操作命令的使用和石材材质的编辑及赋予。

任务实施

● 制作石桌和石凳

1）创建石凳。单击【创建】 /【几何体】 /【圆柱体】按钮，在顶视图中创建一个圆柱体，命名为"石凳"，尺寸如图3-285所示。

2）确认圆柱体处于选择状态，单击【修改器列表】下拉列表中的【锥化】命令，参数设置和锥化结果如图3-286所示。

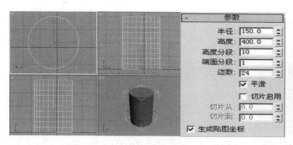

图3-285 创建的圆柱体及参数设置

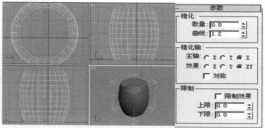

图3-286 锥化结果和参数设置

3）在前视图中创建一个半径为100，高度为500的圆柱体，并将其复制一个，在顶视图中沿Z轴旋转90°，然后单击【对齐】按钮，全部中心对齐，位置如图3-287所示。

4）选择石凳，单击按钮，在【复合物体】栏下，单击【布尔】/【拾取操作对象B】，单击一个圆柱体；再次单击【布尔】/【拾取操作对象B】，在视图中单击拾取另外一个圆柱体，结果如图3-288所示。

5）创建石桌。选择"石凳"，单击鼠标右键，选择【隐藏当前选择】项，将"石凳"隐藏。单击按钮，在顶视图创建一个圆柱体，命名为"桌面"，参数设置如图3-289所示。

6）单击按钮，在顶视图创建一个圆柱体，命名为"桌腿"，参数设置如图3-290所示。

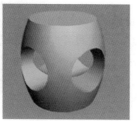

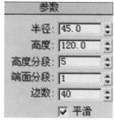

图3-287 圆柱体的位置　　图3-288 石凳效果　　图3-289 桌面参数　　图3-290 桌腿参数

7）将"桌面"和"桌腿"对齐，石桌效果如图3-291所示。

8）在视图中单击鼠标右键，选择【全部取消隐藏】项，显示"石凳",将"石凳"适当缩小并复制三个在视图中摆放到合适的位置，结果如图2-292所示。

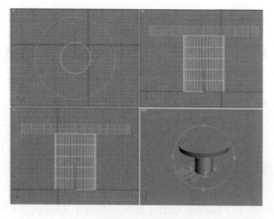
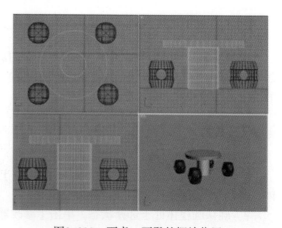

图3-291 石桌效果　　　　　　　　　图3-292 石桌、石凳的摆放位置

9）编辑材质。单击 ▒ 按钮，选择一个材质示例球，在【明暗器基本参数】卷展栏中设置材质的明暗器为【Phong】。在【Phong】基本参数卷展栏中单击 ◰ 按钮，取消锁定颜色按钮，将材质的【环境光】设置为黑色，【漫反射】、【高光反射】均设置为白色，并设置【高光级别】为20，【光泽度】为15。

10）单击【漫反射】后面的 ▨ 按钮，从弹出的对话框中双击【位图】选项，打开"项目3素材/贴图/石材/石材4.jpg"的位图。

11）在视图选择所有对象，将材质赋予它们。然后单击【修改】按钮，点击【UVW贴图】，并设置参数，如图3-293所示。

12）渲染透视图，最终效果如图3-294所示。

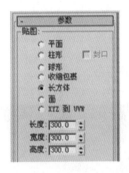

图3-293　参数设置

图3-294　石桌凳效果

🖐 **说明**

> 布尔运算应注意：①两个对象应充分相交。②布尔运算只能在单个元素之间稳定操作。完成一次布尔运算后，需要再次单击【布尔】，然后再选择下一个布尔对象，以免变形。③对复杂的模型进行运算时，要保存备份文件，万一出错，可以重新调用。④布尔运算的对象最好有多一些的分段数，以减少布尔运算出错的机会。

◉ 子任务3　制作凉亭的操作技能

🖐 **任务目标**

凉亭是建在花园或公园中开敞的纳凉亭榭或亭子，常由柱子支承屋顶而建造。通过本例的实际操作，掌握【弯曲】、【塌陷】命令的使用方法，以及【FFD】修改器的参数设置方法；进一步熟悉【锥化】、【复制】等命令的使用技能。

🖐 **任务实施**

● **制作凉亭**

1）在顶视图中创建一个长方体，将宽度分段设置为6，得到的长方体如图3-295所示。

2）在【修改】命令面板中给长方体添加一个【弯曲】修改器，将【角度】设为80°，弯曲轴为X轴得到的效果如图3-296所示。

3）将该长方体复制多个，得到的效果如图3-297所示。

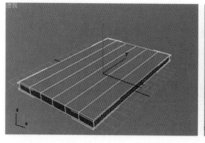

图3-295　长方体

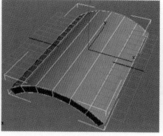

图3-296　弯曲效果

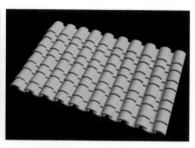

图3-297　复制效果

4）全部选中这些长方体，单击工具面板中的【工具】T按钮，选择【塌陷】，塌陷选定对象，将这些长方体塌陷为一个整体，作为亭子的瓦，如图3-298所示。

5）改变瓦的轴，将瓦旋转90°复制一个，如图3-299所示。

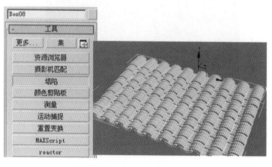

图3-298　【塌陷】

图3-299　旋转并复制瓦

6）在顶视图，创建一个长方体，且将长方体调整到合适的位置，删掉刚才复制出来的瓦副本，选择瓦，应用布尔运算，剪掉瓦与长方体相交的部分，结果如图3-300所示。

7）为该瓦添加对称修改器，并且调节对称命令的参数，结果如图3-301所示。

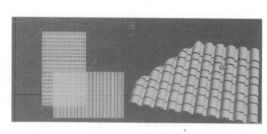

图3-300　布尔运算

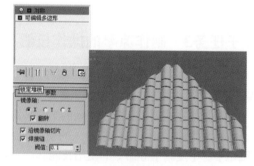

图3-301　【对称】设置和结果

8）为该瓦添加一个【FFD3×3×3】修改器，选择【FFD3×3×3】中的【控制点】选项，并且在视图中选择移动适当的控制点。将该瓦旋转90°并复制3个，那么一个粗糙的凉亭顶盖就做出来了，如图3-302所示。

9）在2处瓦之间创建一个装饰横梁，并且在中间添加一个球体装饰物，如图3-303所示。

10）用前面学过的知识制作凉亭的支柱和底座，如图3-304所示。

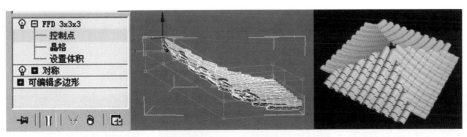

图3-302 凉亭顶盖

图3-303 添加装饰物

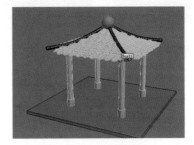

图3-304 凉亭模型

11）设置石桌、石凳，创建一个圆柱体，将高度分段调高，为该圆柱体添加一个【锥化】修改器，即为石桌，如图3-305所示。将"石桌"复制4个，用【选择并均匀缩放】命令，调小一些即为石凳造型，位置如图3-306所示。

12）将石桌和石凳放于凉亭内，最终渲染效果如图3-307所示。

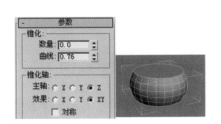

图3-305 石桌

图3-306 石凳

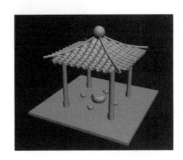

图3-307 凉亭效果

子任务4 制作喷泉的操作技能

任务目标

喷泉可以吸附空气中的细粒、绒毛和微尘，净化空气。有喷泉的地方，植物生长得更加茂盛，动物更加安静宁和，柔和温馨的水声能让人的身心得到放松。通过本例的实际操作，掌握制作喷泉及相关的同类园林小品的设计思路和制作过程，并在为其编辑材质的过程中掌握【UVW贴图】的设置方法。

任务实施

● 制作喷泉

1）在顶视图中，创建一个半径为6500，高度为150的圆柱体，命名为"底座"，如图3-308

所示。

2）在顶视图创建一个半径为6030，高度为300的圆柱体，命名为"底座01"，位置如图3-309所示。

3）在顶视图中绘制一个长度和宽度均为4150的矩形，如图3-310所示。

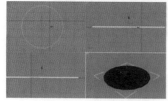 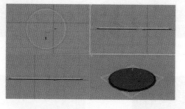 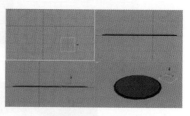

图3-308　创建"底座"　　　　图3-309　创建"底座01"　　　　图3-310　绘制矩形

4）在顶视图中，矩形的上方绘制一条曲线，形状和位置如图3-311所示。

5）单击【镜像】工具，在顶视图中，将曲线沿Y轴镜像复制一个后移动到矩形下方的位置。

6）同时选中两条曲线，按【Ctrl+V】进行复制一次后沿Z轴旋转90°，结果如图3-312所示。

 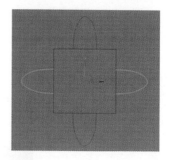

图3-311　绘制曲线　　　　　　　图3-312　旋转复制曲线

7）在顶视图中，选择任意一条曲线，在修改命令面板的【几何体】卷展栏中单击【附加】，将其余三条曲线和矩形连接成为一条样条曲线。

单击【编辑样条线】下的【顶点】按钮，在【几何体】卷展栏中单击【优化】，在矩形样条上靠近曲线两个端点的位置插入8个节点，如图3-313所示。

8）单击【线段】次物体级，选择添加节点后生成的四条线段，按【Delete】删除，结果如图3-314所示。

9）再次单击【顶点】按钮，选择所有断开处的节点，在【几何体】卷展栏中【焊接】右侧的数值框中输入焊接的阈值为50，按【Enter】键，将断开点焊在一起，如图3-315所示。

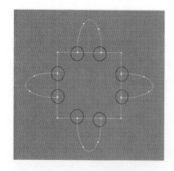 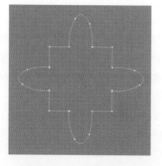 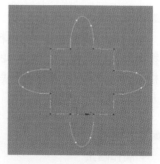

图3-313　添加8个点　　　　　图3-314　删除线段　　　　　图3-315　焊接点

10）单击修改器下拉列表中的【挤出】命令，设置【挤出】的【数量】值为1000，【分段】值为5。挤出生成喷泉的花瓣形底座，命名为"花瓣底座"，如图3-316所示。

11）单击修改器下拉列表中的【锥化】命令，单击【锥化】前面的■按钮，打开隐藏选项，选择【中心】选项，如图3-317所示。进入中心子对象模式，使用【对齐】工具，将锥化的中心移动到"花瓣底座"的中心。然后在【参数】卷展栏中设置【数量】和【曲线】值均为-0.25。结果如图3-318所示。

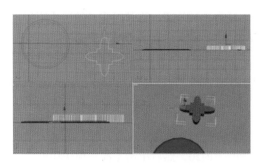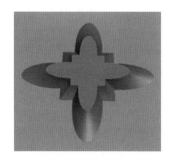

图3-316　挤出的花瓣形底座图　　　图3-317　进入中心子对象模式　　　图3-318　花瓣底座

12）参照前面绘制"花瓣底座"轮廓线的方法，绘制一条二维线型，命名为"水池底座"（然后复制一条命名为"水池边"，备用），设置【挤出】的【数量】值为50，【分段】值为5。挤出生成喷泉的"水池底座"，如图3-319所示。

13）选中"水池边"二维线型，进入【修改】命令面板，单击【编辑样条线】下的【样条线】按钮，在【几何体】卷展栏中单击【轮廓】，在其右侧的数值框中设置偏移数量值为-300，然后按【Enter】键，如图3-320所示。

14）单击【修改】命令面板的【挤出】，设置挤出的【数量】值为400，【分段】值为5。挤出生成喷泉的水池边，将以上创建的所有造型摆放一起，结果如图3-321所示。

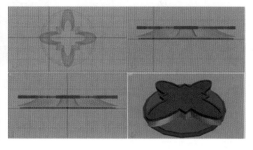

图3-319　水池底座　　　　　　图3-320　轮廓结果　　　　　　图3-321　造型的位置

15）选择"水池边"，隐藏其他图形。单击【修改】命令面板中的【锥化】命令下的Center选项，进入【中心】子对象模式，使用【对齐】工具，将锥化的中心移动到"花瓣底座"的中心。然后在【参数】卷展栏中设置【曲线】值为-0.25，形态如图3-322所示。

16）右键激活前视图，选择"水池边"，将其沿Z轴镜像复制一个，结果如图3-323所示。

17）将二者【成组】，仍然命名为"水池边"，显示所有隐藏的物体，调整"水池边"的大小和位置，结果如图3-324所示。

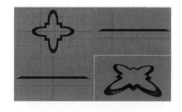 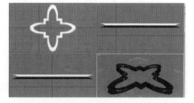 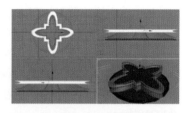

图3-322　锥化　　　　　　　图3-323　镜像复制　　　　　图3-324　调整水池边的大小和位置

18）在顶视图中，分别创建一个半径为2000和一个半径为1700的圆，将其对齐，然后【附加】为一条，拖加【挤出】命令，挤出数量为800，【分段】值为5。将其命名为"喷泉中心"，位置如图3-325所示。

19）单击【修改】命令面板中的【锥化】命令下的【中心】选项，进入中心子对象模式，使用【对齐】工具，将锥化的中心移动到"喷泉中心"的中心。然后在【参数】卷展栏中设置【曲线】值为-0.3，结果如图3-326所示。至此，喷泉模型制作完毕。

20）编辑材质。单击【M】键，打开材质编辑器，选择一个空白的样本示例球，命名为"石材"。在【反射高光】区设置【高光级别】为30，【光泽度】为20，然后单击【漫反射】后面的灰色钮，在打开的"材质/贴图浏览器"中双击【位图】，打开"项目3素材/贴图/石材/石材11.jpg"文件。在视窗中选择除了"底座01"以外的所有物体，单击 按钮，将"石材"材质赋予选中的物体。单击【修改】按钮，在修改器下拉列表中选择【UVW贴图】选项，设置参数如图3-327所示。

再选择一个空白的样本示例球，命名为"地花"。在【反射高光】区设置【高光级别】为30，【光泽度】为20，然后单击【漫反射】后面的灰色钮，在打开的"材质/贴图浏览器"中双击【位图】，打开"项目3素材/ 贴图/石材地花/D01.jpg"文件。单击【修改】按钮，在修改器下拉列表中选择【UVW贴图】选项，设置参数如图3-328所示。

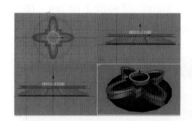   

图3-325　喷泉中心的位置　　图3-326　【锥化】处理喷泉中心　图3-327　参数设　　图3-328　参数设
　　　　　　　　　　　　　　　　　　　　　　　　　　　　　置（一）　　　　　置（二）

在视窗中选择"底座01"，单击 按钮，将"地花"材质赋予选中的物体，最终渲染效果如图3-329所示。

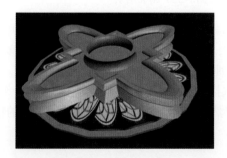

图3-329　喷泉渲染效果

（1）【编辑样条线】 ①对二维图形的点、段、线进行变换；②对二维图形进行点的添加与焊接；③对二维图形线条进行二维布尔运算；④对二维图形线条进行外轮廓处理；⑤对二维图形进行分离与合并。

（2）【焊接】 使用【焊接】命令可以将两个节点连接为一个节点。首先将要合并的节点选取，在【焊接】后的数值框中输入阈值（0～999999）。这个值用来决定能够执行焊接的距离，然后单击【焊接】按钮，则将被选择的两个节点焊接为一个节点。

（3）【锥化】 使用【锥化】命令，一来可以通过缩放物体的两端而使其产生锥形轮廓，允许自由控制锥化的倾斜度、曲线轮廓的曲度，还可以限制局部锥化效果；二来可以通过设置【数量】的值来控制锥化的程度，通过设置【曲线】的值来控制锥化曲线的弯曲程度，取值为0时，锥化曲线为直线；取值大于0时，锥化曲线向外凸出，值越大，凸出越强烈；取值小于0时，锥化曲线向内凹陷，值越小，凹陷程度越大。

▶ 子任务5 城市雕塑的操作技能

任务目标

城市雕塑即立于城市公共场所中的雕塑作品。它在高楼林立、道路纵横的城市中，起到缓解因建筑物集中而带来的拥挤、呆板、单一的现象，有时也可在空旷的场地上起到增加平衡的作用。通过本例的实际操作，了解并掌握该雕塑的制作绘制方法。

任务实施

● 制作城市雕塑

1）在前视图中，创建一个长度为5700，宽度为1000的参考矩形，在参考矩形中用【线】命令绘制一个如图3-330所示的二维线形作为雕塑主体的轮廓线造型，命名为"雕塑主体"。

2）单击【修改】命令，在其下拉列表中选择【挤出】命令，将"雕塑主体"挤出200，结果如图3-331所示。

3）在前视图中，创建一个半径为680的圆形。单击【修改】命令，选择【挤出】，设置【数量】为400，位置如图3-332所示。

4）在前视图中，选择"雕塑主体"，单击【几何体】/【复合对象】/【布尔】命令，然后单击【拾取操作对象B】，在视窗中点击圆形，运算结果如图3-333所示。

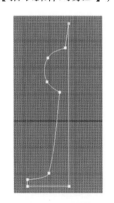 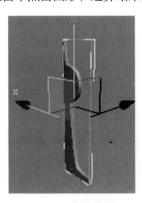  

图3-330 二维线形的形状　　图3-331 挤出后　　图3-332 圆形的位置　　图3-333 运算结果

5）删除参考矩形。在前视图中，单击【镜像】命令，将"雕塑主体"沿X轴镜像复制一个，移动到正确位置，结果如图3-334所示。

6）同时选择这两个"雕塑主体"模型，按【Ctrl+V】键进行复制，然后在顶视图将复制后的物体沿着Z轴旋转90°，结果如图3-335所示。

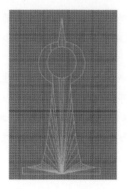
图3-334　镜像复制

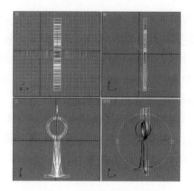
图3-335　继续复制雕塑主体

7）在顶视图中，创建一个直径为1000，高度为300的圆柱体，命名为"雕塑底座"，放到合适位置，如图3-336所示。

8）再分别创建一个半径为20，高度为2000的圆柱体，命名为"柱装饰"，以及一个半径为150球体，命名为"球装饰"，放到合适位置，如图3-337所示。至此，城市雕塑模型制作完成。

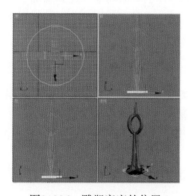
图3-336　雕塑底座的位置

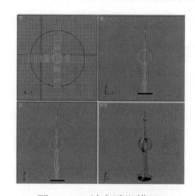
图3-337　城市雕塑模型

9）编辑材质。为"球装饰"和"柱装饰"编辑不锈钢材质，为其他部分编辑红色石材材质，最终效果如图3-338所示。

图3-338　城市雕塑效果

◉ 子任务6 创建候车亭的操作技能

◈ 任务目标

设计新颖且美观的候车亭，不仅具有候车、广告等强大的实用功能，同时又能为环境增加一道亮丽的风景。本子任务通过创建候车亭的实际操作，达到掌握创建类似设施操作技能的目的。

◈ 任务实施

● 制作候车亭

1）单击 ⬚ 按钮，在左视图中创建一个长度为3880，宽度为2540的参考矩形，然后在参考矩形中绘制一条二维线形，删除参考矩形，其形态如图3-339所示。

2）在【修改器列表】中选择【挤出】命令，在【参数】卷展栏中设置挤出的【数量】为6000，将挤出后的造型命名为"玻璃"，其形态如图3-340所示。

3）选择"玻璃"，按下【Ctrl+V】键，在弹出的【克隆选项】对话框中选择【复制】选项，在【名称】文本框中输入"横梁"，单击【确定】按钮。

4）在左视图中选择"横梁"造型，进入二维线形的【分段】子层级，删除下方的线段子对象，结果如图3-341所示。

  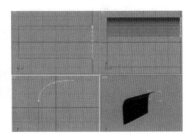

图3-339　绘制的二维线形　　　图3-340　挤出后"玻璃"的造型　　　图3-341　删除"线段"子对象后

5）在【修改器列表】中选择【晶格】命令，在【参数】卷展栏中设置参数如图3-342所示，结果如图3-343所示。

6）在左视图中绘制一个封闭的二维线形，在这个二维线形中绘制七个圆形，从下到上的"半径"值依次为56、56、56、52、48、40、36，其形态位置如图3-344所示。将此二维线形和七个圆形附加在一起后对其实施【挤出】命令，设置挤出数值为60，将挤出后的造型命名为"立柱01"。

 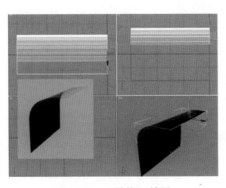 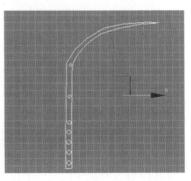

图3-342　"晶格"参数设置　　　图3-343　"晶格"结果　　　图3-344　绘制的二维线形和圆形

7）在前视图中将"立柱01"造型以【实例】的方式沿X轴方向复制三个，其位置如图3-345所示。

8）在顶视图中绘制一个封闭的二维线形，对其实施【挤出】命令，挤出的数值为160，将挤出后的造型命名为"基座01"，其形态及位置如图3-346所示。

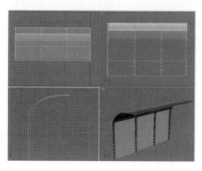

图3-345　复制的造型

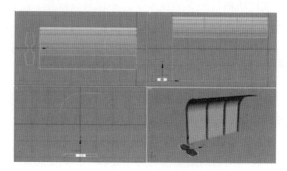

图3-346　"基座01"的造型和位置

9）单击 按钮，在左视图中创建一个长度为2200mm、宽度为1400mm、角半径为160mm的矩形作为放样路径。

10）在顶视图中绘制一个长度为90mm、宽度为180mm、角半径为10mm的矩形作为放样截面。在修改命令面板的【修改器列表】中选择【编辑样条线】命令，选择【顶点】次物体级，在【几何体】卷展栏中单击【优化】按钮，在顶边上添加四个顶点，调整该截面图形为图3-347所示的状态。

11）在视图中选择作为放样路径的矩形，在几何体创建命令面板的【标准基本体】下拉列表中选择【复合对象】选项，单击【放样】命令，在【创建方法】卷展栏中单击【获取图形】按钮，然后在视图中拾取作为放样截面的图形，将放样生成的造型命名为"边框01"，其形状和位置如图3-348所示。

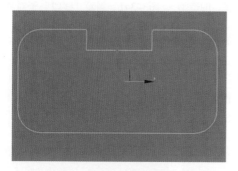

图3-347　修改后的截面图形的形态

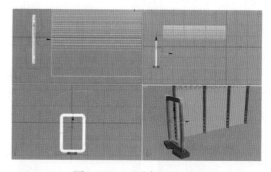

图3-348　"边框01"造型

12）在左视图中创建一个长度为2132mm、宽度为1356mm、高度为40mm的长方体，命名为"广告01"，将其摆放到"边框01"内。

13）在顶视图中同时选择"基座01"、"边框01"和"广告01"造型，单击 按钮，将其以【实例】的方式沿X轴方向镜像复制一组，得到"基座02"、"边框02"和"广告02"造型，位置如图3-349所示。

14）在左视图中绘制一个长度为600mm、宽度为900mm的矩形，单击 按钮，对其进行次物体下的【顶点】编辑，选择矩形上方的两个顶点，在【几何体】卷展栏中【圆角】按钮右侧的数值框中输入150，按下【Enter】键，结果如图3-350所示。

15）对圆角后的矩形实施【挤出】命令，挤出数值为120，命名为"石基01"。

16）在顶视图中将"石基01"以【实例】的方式复制两个，得到"石基02"、"石基03"，如图3-351所示。

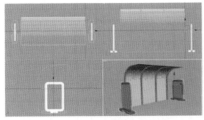

图3-349 镜像复制的造型

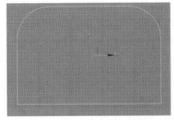

图3-350 圆角处理后

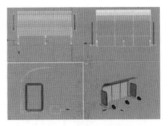

图3-351 复制的造型

17）在左视图中创建一个半径为30mm，高度为5200mm的圆柱体，以【实例】的方式复制一个，其位置如图3-352所示。

18）在左视图中绘制一个长度约200mm，宽度约600mm的二维线形，其形态和位置如图3-353所示。单击 按钮，在【渲染】卷展栏中选择【在渲染中启用】和【在视口中启用】选项，并设置【厚度】为30。

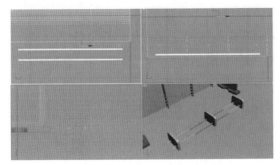

图3-352 两个横杆的位置

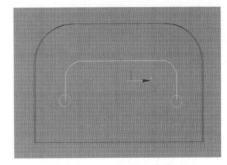

图3-353 绘制的二维线形

19）在顶视图中将二维线形以【实例】的方式沿X轴方向移动复制三个，位置如图3-354所示。同时选中刚才创建及复制的四条二维线形和两个圆柱体，单击菜单栏中的【组】/【成组】命令，将其成组为"支架"造型。

20）在左视图中创建一个长度为24mm、宽度为70mm、角半径为5mm的矩形，对其实施【挤出】，挤出的数值为2200，在左视图中将挤出后的造型复制六个，并使用【移动】和【旋转】工具分别调整它们的位置，如图3-355所示。

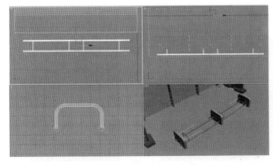

图3-354 复制后的二维线形

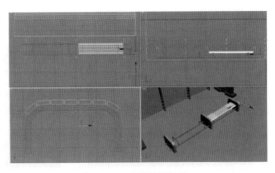

图3-355 复制的造型

21）在视图中同时选择刚挤出和复制的七个造型，单击菜单栏中的【组】/【成组】命令，将其成组为"凳面01"造型。

22）在顶视图中将"凳面01"造型以【实例】的方式移动复制一个，得到"凳面02"造型，其位置如图3-356所示。

23）在顶视图创建一个10000×18000×200的长方体，命名为"地面"，放于合适的位置。

24）制作材质。打开材质编辑器，选择一个新的材质示例球，命名为"玻璃"。在【明暗器基本参数】卷展栏中设置材质的明暗器为【Phong】，并选择【双面】选项。在【Phong基本参数】卷展栏中单击【漫反射】后面的灰色钮，为其指定"项目3素材/贴图/玻璃/7.jpg"文件；并设置【高光级别】参数为69,【光泽度】参数为29。设置【坐标】卷展栏下的参数如图3-357所示。

打开【贴图】卷展栏，拖动【漫反射】后面的贴图到【凹凸】上面复制，设置【凹凸】后面的数值为50；设置【反射】贴图通道的【数量】值为6，然后单击其右侧的长按钮，在弹出的"材质/贴图浏览器"对话框中双击【光线跟踪】贴图类型，参数取默认值；单击【修改】按钮，在修改器下拉列表中选择【UVW贴图】项，参数设置如图3-358所示。

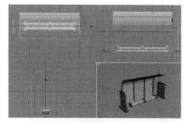
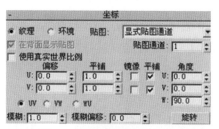

图3-356 "凳面02"造型的位置　　　图3-357 参数设置（一）　　　图3-358 参数设置（二）

在视图中选择"玻璃"造型，单击 按钮，将其赋予对象。结果如图3-359所示。

25）选择一个新的材质示例球，命名为"金属"。在【明暗器基本参数】卷展栏中选择【金属】明暗方式；在【金属基本参数】卷展栏中设置【环境光】和【漫反射】均为白色；设置【高光级别】和【光泽度】均为69。

在【贴图】卷展栏中设置【反射】贴图通道的【数量】值为65，然后单击其右侧的长按钮，在弹出的"材质/贴图浏览器"对话框中双击【位图】贴图类型，为其指定"项目3素材/贴图/金属/6.jpg"贴图文件。

在视图中选择"立柱01"～"立柱04"、"横梁"造型，单击 按钮，将其赋予对象。结果如图3-360所示。

26）选择一个新的材质示例球，命名为"铜漆"。在【Blinn基本参数】卷展栏中设置【环境光】和【漫反射】颜色的R、G、B值均为62、39、30；设置【高光级别】为45,【光泽度】为30。

在视图中选择"基座01"、"基座02"、"边框01"、"边框02"、"支架"造型，单击 按钮赋予对象，结果如图3-361所示。

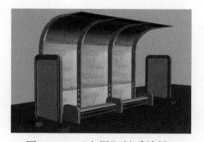
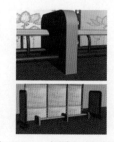

图3-359 "玻璃"材质效果　　　图3-360 "金属"材质效果　　　图3-361 "铜漆"材质效果

27）选择一个新的材质示例球，命名为"广告01"。在【Blinn基本参数】中单击【漫反射】右侧的灰色按钮，在弹出的"材质/贴图浏览器"对话框中双击【位图】贴图类型，为其指定"项目3素材/贴图/图片/人物01.jpg"贴图文件。其他参数设置如图3-362所示。在视图中选择"广告01"造型，单击 按钮，将其赋予对象，效果如图3-363所示。

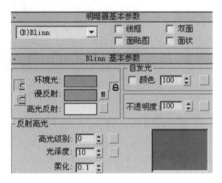

图3-362　参数设置（三）　　　　　图3-363　　"广告01"材质效果

28）选择一个新的材质示例球，命名为"广告02"。在【Blinn基本参数】中单击【漫反射】右侧的灰色按钮，在弹出的"材质/贴图浏览器"对话框中双击【位图】贴图类型，为其指定"项目3素材/贴图/图片/人物02.jpg"贴图文件。在【位图参数】卷展栏中，点击【查看图像】按钮，打开图片，调整图像上的节点，如图3-364所示。

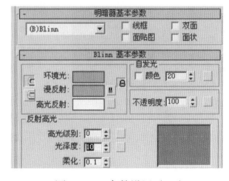

图3-364　设定图片区域　　　　　　图3-365　参数设置（四）

关闭图片，在【位图参数】卷展栏下勾选【应用】选项，其他参数设置如图3-365所示。

在视图选择"广告02"造型，单击 按钮，将其赋予对象，效果如图3-366所示。

29）选择一个新的材质示例球，命名为"大理石"。在【Blinn基本参数】中单击【漫反射】右侧的灰色按钮，在弹出的"材质/贴图浏览器"对话框中双击【位图】贴图类型，为其指定"项目3素材/贴图/石材/石材5.jpg"贴图文件，并设置【高光级别】为53，【光泽度】为32。单击【修改】命令，在其下拉列表中选择【UVW贴图】项，参数设置如图3-367所示。

在视图中选择"石基01"、"石基02"和"石基03"造型，单击 按钮，将其赋予对象，结果如图3-368所示。

30）选择一个新的材质示例球，命名为"木板"。在【Blinn基本参数】中设置【环境光】和【漫反射】颜色的R、G、B值均为113、75、44；单击【漫反射】右侧的灰色按钮，在弹出的"材质/贴图浏览器"对话框中双击【位图】贴图类型，为其指定"项目3素材/贴图/木纹/斑马纹.jpg"贴图文件，并设置【高光级别】为50，【光泽度】为0。

图3-366　"广告02"材质效果

图3-367　参数设置（五）

图3-368　"石基"材质效果

在视图中选择"凳面01"和"凳面02"造型，单击 按钮，将其赋予对象，结果如图3-369所示。

31）选择一个新的材质示例球，命名为"地面"。在【明暗器基本参数】卷展中设置材质的明暗器为【Phong】。单击【漫反射】后面的灰色按钮，在弹出的"材质/贴图浏览器"对话框中双击【位图】贴图类型，为其指定"项目3素材/贴图/地砖/05.jpg"贴图文件。单击【修改】命令，在其下拉列表中选择【UVW贴图】选项，参数设置如图3-370所示。

在视图中选择"地面"造型，单击 按钮，将其赋予物体，结果如图3-371所示。

图3-369　凳面材质效果

图3-370　参数设置（六）

图3-371　地面贴图效果

至此候车亭全部制作完成，最终效果如图3-372所示，保存。

图3-372　候车亭效果

　练习

1. 制作如图3-373所示的三种石桌凳造型。

图3-373 三种石桌凳造型

2. 绘制如图3-374所示的园林栏杆造型。

3. 绘制如图3-375所示的凉亭造型。

4. 绘制如图3-376所示的石凳造型。

  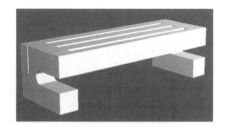

图3-374 园林栏杆造型   图3-375 凉亭造型   图3-376 石凳造型

5. 绘制如图3-377所示的城市雕塑造型。

6. 绘制如图3-378所示的石拱桥造型1。

 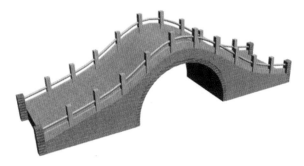

图3-377 城市雕塑造型   图3-378 石拱桥造型1

7. 绘制如图3-379所示的候车亭造型。

8. 绘制如图3-380所示的石拱桥造型2。

 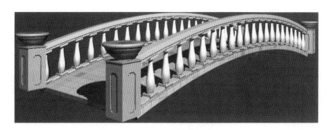

图3-379 候车亭造型   图3-380 石拱桥造型2

9. 绘制如图3-381所示的花盆造型。

10. 绘制如图3-382所示的花架造型1。
11. 绘制如图3-383所示的方亭造型。

图3-381　花盆造型

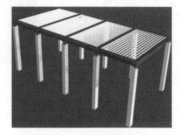

图3-382　花架造型1

图3-383　方亭造型

12. 绘制如图3-384所示的花架造型2。
13. 绘制如图3-385所示的围墙造型。

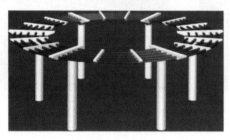

图3-384　花架造型2

图3-385　围墙造型

任务5　3ds Max 9设计项目实战

▶ 子任务1　小区景观设计

任务目标

现代小区景观设计中，讲究居住环境与自然的结合。绘制小区景观设计图的设计元素主要有：小桥、亭子、小路、石桌、石凳、树木、绿地、水等。通过本子任务的实际操作，达到掌握小区景观设计图绘制方法与技巧的目的。

任务实施

● 制作小区景观效果图

1）选择菜单【文件】/【重置】命令，重新初始化3ds Max 9。

2）单击【创建】/【几何体】/【平面】按钮，在顶视图中创建一个平面，适当调高其分段数，将其命名为"地面"，给地面一个【噪波】命令，细节调整可将其转换为【可编辑多边形】，进入【顶点】子一级，打开【使用软选择】项，调整地面形状，如图3-386所示。

3）继续在顶视图创建一个平面，将其命名为"水面"，移动到如图3-387所示的位置，并赋予水的颜色。

4）单击【文件】/【合并】命令，弹出"合并文件"对话框，找到前面做过的"凉亭.max"3D模型，并调整凉亭的位置和大小，如图3-388所示。

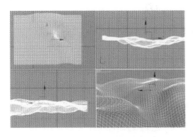

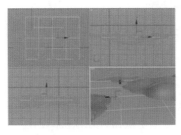

图3-386 创建地面　　　　　图3-387 创建水面　　　　　图3-388 凉亭的大小和位置

5）单击【文件】/【合并】命令项，弹出"合并文件"对话框，找到前面做的"三孔桥.max"3D模型，调整三孔桥的位置和大小，如图3-389所示。

6）在顶视图创建一个圆柱，设置高度分段数为2，将其转换为可编辑多边形，调整圆柱边缘点的形态，制作出自由形态的石板，并调整它们的大小和位置。然后在接近凉亭的位置用长方体创建台阶，结果如图3-390所示。

7）单击【创建】/【几何体】/【AEC扩展】/【植物】，在三孔桥桥头的水边创建几棵"芳香蒜"，调整它们的大小和位置。再在凉亭周围创建几棵"美洲榆"，同样调整它们的大小和位置，结果如图3-391所示。

图3-389 三孔桥的大小和位置　　图3-390 石板路与台阶的大小和位置　　图3-391 创建植物

8）打开菜单【渲染】/【环境】，或直接按数字键【8】，调出【环境和效果】的浮动面板，给场景一张环境贴图，最终渲染效果如图3-392所示。

图3-392 小区景观设计效果图

⊙ 子任务2 建筑模型制作

👆 任务目标

门楼是建筑的脸面，也是中国传统建筑中不可或缺的导引性建筑，往往标志着整个宅院的格局和等级。门楼以不同的造型和功能诠释着中国的传统门文化。对于民居而言，门楼是一个家族的门面，被认为是财势的象征。本子任务通过对仿古门楼的制作，达到掌握制作建筑模型的目的。

任务实施

● 制作仿古门楼效果图

1）选择菜单【文件】/【重置】命令，重新初始化3ds Max 9。

2）单击【创建】/【图形】/【矩形】按钮，在顶视图创建一个长、宽各为20，角半径为0.3的正方形，如图3-393所示。

图3-393　绘制的正方形

3）在前视图中单击【创建】/【图形】/【直线】按钮，单击 键盘输入 按钮前面的"+"号，打开【键盘输入】卷展栏，X、Y、Z均输入0，如图3-394所示。然后单击【添加点】按钮，再次输入坐标数值，如图3-395所示，然后单击【添加点】/【完成】按钮，创建一条长度为20的直线。

4）打开【层次】面板，单击【仅影响轴】按钮，在视口中移动影响轴到直线的一个端。

5）选择直线，单击【创建】/【几何体】/【复合对象】/【放样】按钮，点击下方的【拾取图形】按钮，到视口中拾取圆角矩形，得到如图3-396所示的放样形体。

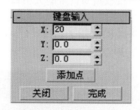
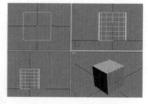

图3-394　输入坐标数值（一）　　图3-395　输入坐标数值（二）　　图3-396　放样形体

6）选择放样形体，单击【修改】/【变形】项，单击【缩放】按钮，弹出"缩放变形"浮动面板，激活插入点按钮，在缩放比例的红线上增加点并调整点的位置与属性如图3-397所示，得到变形修改后的放样体，如图3-398所示。

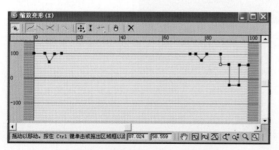
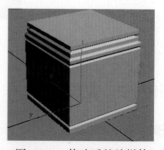

图3-397　调整缩放变形浮动面板　　　图3-398　修改后的放样体

🖊 说明

在缩放变形浮动面板中，坐标轴上数值为100的节点代表了放样物体正常的缩放比例，调整线上任意一个节点向上或向下移动都会使放样物体产生变形。

7）单击【创建】/【几何体】/【扩展基本体】/【切角长方体】按钮，在顶视图中创建一个切角长方体，参数与位置如图3-399所示。

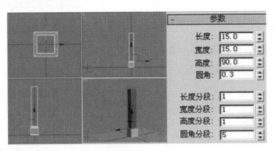

图3-399　创建切角长方体

选择放样体，沿高度方向镜像复制，移动复制的放样体到切角长方体的顶端，并进入修改面板，打开【变形】项，调整缩放比例线的形状如图3-400所示，变形物体结果如图3-401所示。

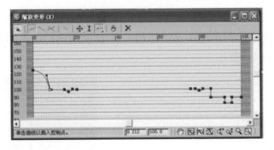

图3-400　调整缩放变形浮动面板

图3-401　变形物体

单击【创建】/【图形】/【星形】命令，在前视图如图3-402所示的位置创建一个星形，参数设置如图3-403所示。

8）选择星形，进入修改面板，在下拉列表中选择【倒角】，参数设置如图3-404所示，结果如图3-405所示。

图3-402　创建星形

图3-403　参数设置（一）

图3-404　参数设置（二）

图3-405　星形倒角后的效果

9）选择石柱底端的放样体，进行复制，右键单击【缩放】工具，弹出"缩放变换输入"对话框，设置参数如图3-406所示，并调整复制的基座位置，如图3-407所示。

图3-406 "缩放变换输入"设置

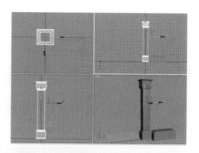

图3-407 调整复制的基座位置

10）激活顶视图，创建一个圆柱体，参数设置及位置如图3-408所示，并给圆柱应用一个"拉伸"修改器，参数及效果如图3-409所示。

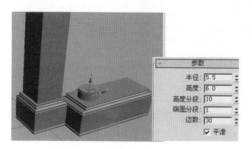

图3-408 圆柱的参数和位置

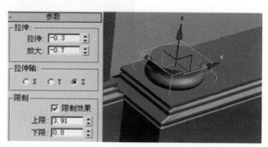

图3-409 拉伸参数及拉伸效果

11）激活顶视图，创建一个星形，参数设置如图3-410所示。移动星形的位置，并进行【挤出】修改，挤出数量设置为80，效果如图3-411所示。

图3-410 创建星形及参数

图3-411 挤出

12）选择拉伸的圆柱（底座）沿高度方向上进行镜像复制，移动复制到柱形顶端，然后同时选择柱身和两端柱头，激活【移动】工具，按住【shift】键复制两个，结果如图3-412所示。

13）在前视图选择场景中所有的对象沿水平方向上进行镜像复制，结果如图3-413所示。

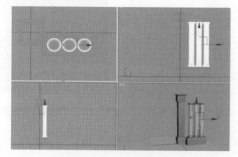

图3-412 复制柱头和柱身

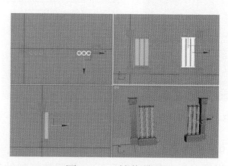

图3-413 镜像效果

14）再复制两次石柱的底座并缩放变形、移动和旋转位置。结果如图3-414和图3-415所示。

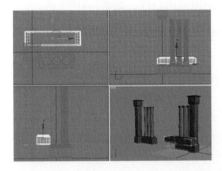
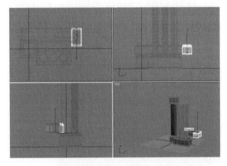

图3-414　第一次复制石柱底座并缩放和移动　　　图3-415　再次复制石柱底座并缩放、移动、旋转

15）在前视图创建一个长方体，然后单击右键选择【转换为可编辑多边形】，选择【多边形】子一级进行【倒角】，结果和位置如图3-416所示，以作为门洞外侧的墙面装饰。

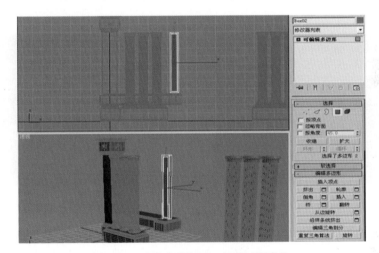

图3-416　"多边形"子一级的"倒角"

16）再次选择石柱底座进行复制，对复制品进行上下方向的镜像并调整位置，进入其修改面板，打开【变形】项，调整缩放比例线，结果如图3-417所示。

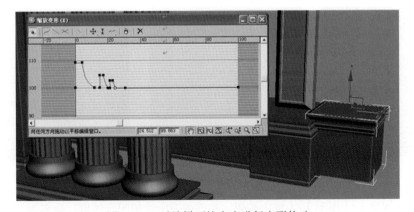

图3-417　对放样石柱底座进行变形修改

17）确认选择刚修改的石柱底座，单击右键选择【转换为可编辑多边形】，以【顶点】子一级进行编辑，选择如图3-418所示的点，向上移动，得到门洞两侧的石柱，如图3-419所示。

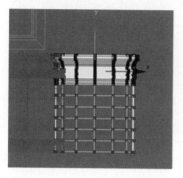

图3-418 "顶点"子一级编辑

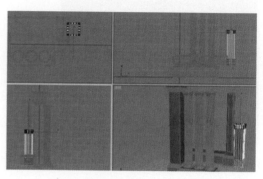

图3-419 "顶点"子一级移动

18）选择如图3-420所示部分，对其在水平方向进行镜像复制，并移动位置，效果如图3-421所示。

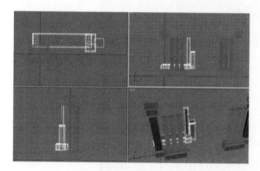

图3-420 选择物体图

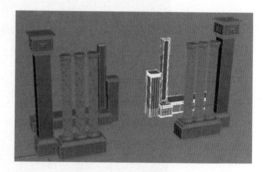

图3-421 镜像复制

19）单击【创建】/【图形】/【弧】按钮，在前视图创建门洞顶端的弧线，如图3-422所示。

20）在顶视图门洞一侧的石柱上方创建一个矩形，单击右键，将其转换为【可编辑样条线】，选择【顶点】子一级进行编辑，视口中再次单击右键，选择【细化】项，在矩形上加点，并调整点的形态如图3-423所示。

21）选择弧，进行放样操作，拾取修改后的矩形，效果如图3-424所示。

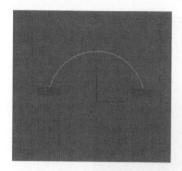

图3-422 创建弧

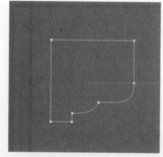

图3-423 创建矩形并调整其形态

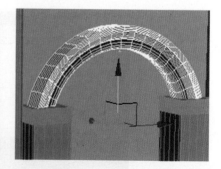

图3-424 放样结果

22）单击【创建】/【图形】/【线】按钮，在前视图中绘制闭合线形，命名为"墙面线"，调整其形态与位置如图3-425所示。对墙面线应用【挤出】修改器，设置挤出数量为240，得到墙体，如图3-426所示。

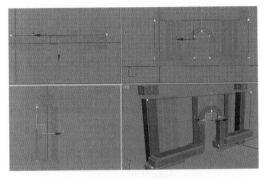

图3-425 创建闭合墙面线

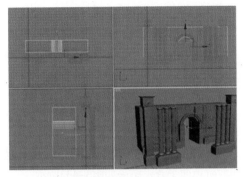

图3-426 挤出的墙体

23）单击【创建】/【几何体】/【长方体】按钮，在顶视图创建一个长方体，位置如图3-427所示。

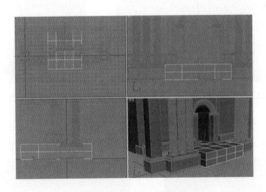

图3-427 创建长方体

24）选择长方体，单击右键，单击【转换为可编辑多边形】/【顶点】子一级，选择如图3-428所示的两排纵向点，激活【缩放工具】并沿横向进行缩放，结果仍然如图3-428所示。

25）在修改面板下选择【多边形】子一级，进行挤出操作，结果如图3-429所示。

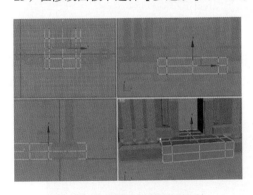

图3-428 选择点并等距离缩放

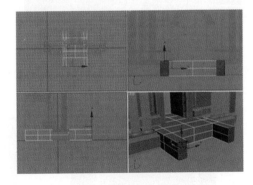

图3-429 "多边形"子一级挤出

26）在修改面板下选择【顶点】子一级，将上面的点向下靠拢，结果如图3-430所示。

27）在顶视图中创建一个长方体，作为台阶的一个踏步，调整其大小和位置，激活左视图，选择移动工具，按住【shift】键，将第一个踏步向右下方拖动复制，结果如图3-431所示。

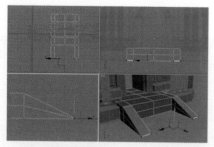

图3-430　"顶点"子一级向下靠拢

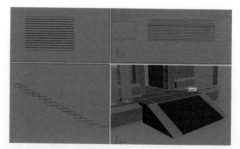

图3-431　创建台阶

28）将顶视图切换成底视图，用线创建如图3-432所示的图形，并进行【挤出】操作，挤出高度和台阶顶面平齐，结果如图3-433所示。

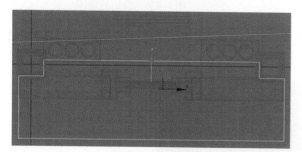

图3-432　创建线形

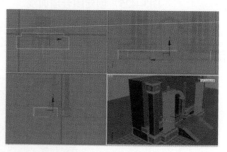

图3-433　挤出

29）选择门洞一侧的一根石柱，如图3-434所示，将其复制一个，进入修改面板以【顶点】子一级进行编辑，首先在高度方向上，将底端的点向上移动并进行压缩，如图3-435所示。

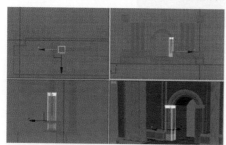

图3-434　选择石柱

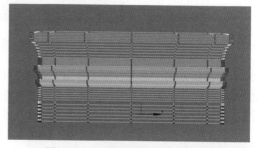

图3-435　对底端的点进行移动压缩

30）激活顶视图，继续以【顶点】子一级进行编辑，框选如图3-436所示的点，用移动工具向外移动，结果如图3-437所示，再框选上端的点向上移动，调整所得图形的大小和位置，效果如图3-438所示。

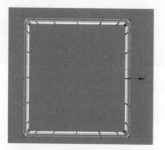

图3-436　框选右侧的点

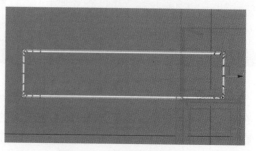

图3-437　移动右侧的点

31）复制刚得到的圆形柱顶檐，对其大小和位置进行调整，得到整个建筑体的顶檐，如图3-439所示。

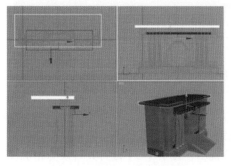 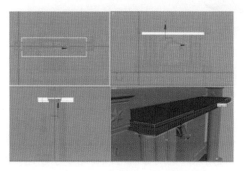

图3-438　圆形柱顶檐的效果　　　　　　图3-439　整个建筑柱顶檐的效果

32）在顶视图创建一个长方体作为地面，移动到合适的位置，按数字【8】键，调出"环境和效果"对话框，修改背景颜色为浅蓝色，调整视角，最终渲染效果如图3-440所示。

图3-440　建筑模型渲染效果图

⊙ 子任务3　城市街道景观设计

🖱 任务目标

城市街道按交通功能分为主干道、次干道、一般道路和街巷道路，城市道路服务于城市交通，是城市构架的骨架，是经济发展的命脉。绘制城市街道景观图的设计元素主要有柏油路、隔离护栏、路灯、红绿灯、人行道、石凳、绿地、树木、城市雕塑等。通过对本子任务的实际操作，达到掌握城市街道景观设计图绘制方法与技巧的目的。

🖱 任务实施

● **制作城市街道景观设计效果图**

1）选择菜单【文件】/【重置】命令，重新初始化3ds Max 9。

2）单击【创建】/【几何体】/【平面】按钮，在顶视图中创建一个长为450、宽为5000的平面，将其命名为"柏油路"，并给它赋予柏油路材质贴图，如图3-441所示。

3）激活旋转工具，打开角度捕捉按钮，按住【shift】键，旋转复制出另一条柏油路，使之与前一条形成十字路口，效果如图3-442所示。

图3-441　创建平面并赋予材质

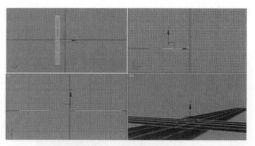

图3-442　旋转复制出另一条

4）在场景中创建一个目标摄像机，调整其位置及镜头，作为本实例练习的最终渲染视角，这样摄像机视角以外的对象就可以省略不予创建。激活透视图，按下【C】键将其转换为相机视图，结果如图3-443所示。

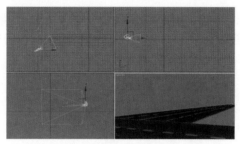

图3-443　创建摄像机

5）在左视图用线绘制如图3-444所示的图形，作为路边防护石条的截面形，对其应用【挤出】修改，得到路边防护石条，调整其大小，如图3-445所示。将防护石条移动到合适位置沿路边进行复制，效果如图3-446所示。

6）创建斑马线。在顶视图中用平面创建单条斑马线，调整其大小和位置（在柏油路面以上），并对其进行复制，调整其位置，效果如图3-447所示。

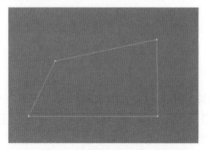

图3-444　创建路边防护石截面形

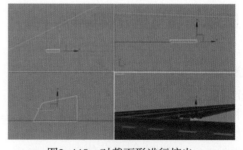

图3-445　对截面形进行挤出

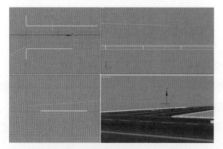

图3-446　对路边防护石条复制

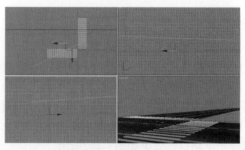

图3-447　创建斑马线

7）创建用于铺设人行道的方砖。在顶视图创建一个长方体，赋予相应的贴图材质，调整其大小和位置，并对其进行多次复制及位置调整，结果如图3-448所示。

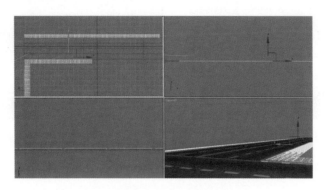

图3-448　创建人行道的方砖

8）创建柏油路中间的护栏。在顶视图创建一个长方体，参数和位置如图3-449所示，然后对其应用【拉伸】修改，参数及效果如图3-450所示。

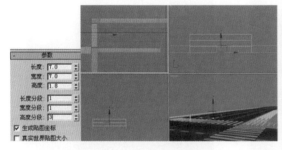

图3-449　长方体的参数和位置

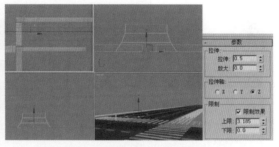

图3-450　长方体的拉伸参数和位置

9）继续创建长方体，作为护栏中间方柱和顶端柱头，大小及位置如图3-451所示。

10）同时选择护栏底座、柱身和柱头，进行复制，并移动到合适的位置，如图3-452所示。

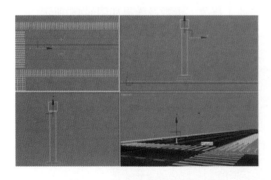

图3-451　创建护栏柱身和柱头

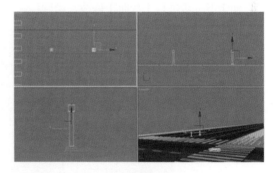

图3-452　复制整个护栏柱

11）再创建护栏的横杆和竖杆，完成一组护栏的创建，如图3-453所示。

12）对这一组护栏进行复制，完成整个道路中心护栏的创建，并全部选中它们，打开【组】菜单，单击【成组】命令，系统自动命名为"组01"，单击【确定】按钮，然后复制出多组护栏放于合适的位置，结果如图3-454所示。

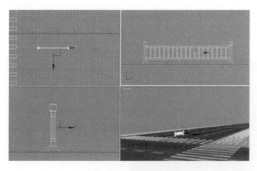

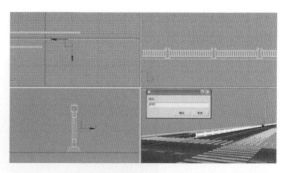

图3-453 一组护栏　　　　　　　　　图3-454 复制出多组护栏

13）创建路灯。在顶视图合适的位置创建一个圆柱体，进入修改面板，参数设置如图3-455所示。

14）将其转为可编辑多变形，以【多边形】子一级进行多次【倒角】，得到路灯杆如图3-456所示。

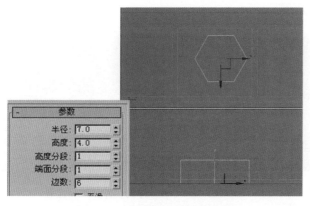

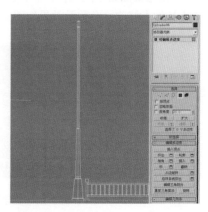

图3-455 创建圆柱体及其参数　　　　图3-456 "多边形"子一级"倒角"

15）创建灯杆顶端的弯形柱。在顶视图灯杆位置创建一个圆柱，注意高度方向上应有足够的分段，以便于下一步进行【弯曲】修改。给圆柱一个【弯曲】修改，参数及效果如图3-457所示。

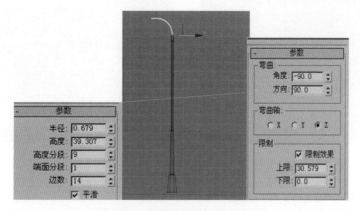

图3-457 圆柱参数及其弯曲设置

16）在顶视图弯形灯杆位置再创建一个圆柱，作为灯杆与灯罩的连接。然后在前视图用【线】命令创建灯罩的截面图形，如图3-458所示，给灯罩截面图形一个【车削】修改，得到灯罩如图3-459

所示。

17）在灯罩下创建一个球体，调整其大小和位置，作为灯泡，给灯泡一个白色材质，选择除灯泡以外路灯的其他部分赋予其银色金属材质，再选择路灯所有部分，单击【组】/【成组】命令，创建一个组，命名为"路灯"，至此完成路灯的制作，如图3-460所示。

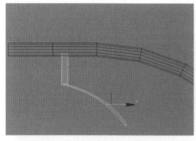
图3-458 创建路灯灯罩截面形

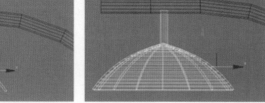
图3-459 创建路灯灯罩

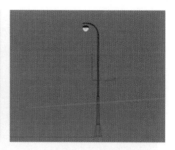
图3-460 完整路灯效果

18）选择路灯进行复制与镜像，得到如图3-461所示的效果。

19）创建红绿灯组件。用各种长方体组建红绿灯灯杆，并赋予银色金属材质，如图3-462所示。

图3-461 复制镜像路灯效果

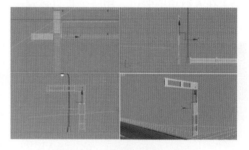
图3-462 组建红绿灯灯杆图

20）在图3-463所示的位置创建两个平面，并赋予"限速"和"禁止鸣笛"贴图。

21）在左视图目标安放红绿灯的位置创建一个圆柱，调整其大小和位置。单击右键选择【克隆】，把圆柱原地复制一个，进入修改面板，调小复制圆柱的半径并向外移动一点距离（此操作是为接下来的布尔运算做准备）。选择大圆柱，运用差集布尔运算，减掉小圆柱，得到红绿灯灯罩，如图3-464所示。

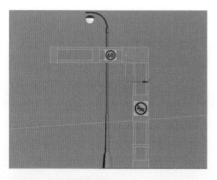
图3-463 创建限速与禁止鸣笛标志

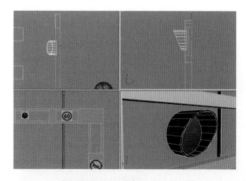
图3-464 创建红绿灯灯罩

22）在红绿灯灯罩上端创建一个长方体作为灯柱横杆与灯罩的连接，在灯罩内创建一个半球并垂直于半球切面进行压扁，安放到灯罩内合适的位置，给半球一个红色自发光材质，给灯罩及其上方连接一个黑色金属材质，这样整个红灯体就做好了，如图3-465所示。

23）复制两个红灯体，分别给半球黄色和绿色的自发光材质，这样整个红绿灯组就做好了，如图3-466所示。

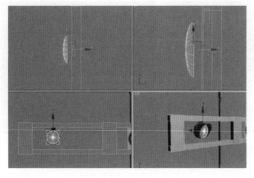

图3-465　创建红灯体

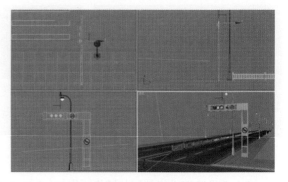

图3-466　红绿灯组件

24）在顶视图创建一个平面，赋予草绿色的材质，调整其大小与位置，如图3-467所示。

25）在人行道的旁边，用三个长方体建一个石凳，并复制多个，放到合适的位置，如图3-468所示。

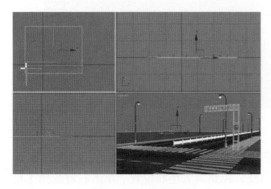

图3-467　创建平面

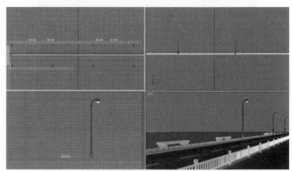

图3-468　创建石凳

26）单击【文件】/【合并】命令，把前面做好的"城市雕塑.max"模型合并到场景中来，调整其大小与位置，效果如图3-469所示。

27）在顶视图中创建树木，调整它们的大小和位置，结果如图3-470所示。

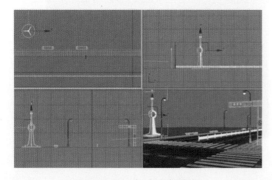

图3-469　合并城市雕塑

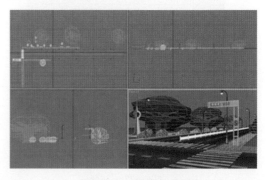

图3-470　创建各种树木

28）在场景中创建一盏【天光】，强度在0.2左右，再创建一盏【目标聚光灯】作为主光源，强度在1左右，开启阴影，灯光位置与设置如图3-471所示。

29）按数字【8】键，调出"环境和效果"对话框，给场景一张环境贴图，最终渲染效果如图3-472所示。

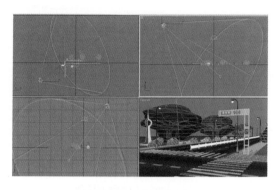

图3-471　创建灯光

图3-472　城市街道景观渲染效果图

子任务4　庭院景观设计

任务目标

庭院景观设计是最具功能性的园林设计景观。庭院空间一般较小，在有限的空间中表现丰富而又不杂乱的景观是非常重要的。其设计元素主要有：建筑一角、楼梯、栅栏、休闲走廊、植物、石桌、石凳等。通过本例的实际操作，达到掌握绘制庭院景观设计图的方法与技巧的目的。

任务实施

● 制作庭院景观设计效果图

1）选择菜单【文件】/【重置】命令，重新初始化3ds Max 9。

2）单击【创建】/【几何体】/【长方体】按钮，在顶视图中创建一个长度为40、宽度为500、高度为400的长方体，作为楼体的前墙，如图3-473所示。

3）继续在顶视图创建一个长度为25、宽度为25、高度为400的长方体，作为走廊立柱，调整其位置并复制一个，结果如图3-474所示。

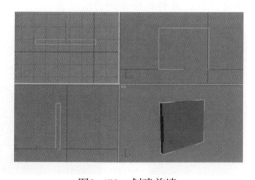

图3-473　创建前墙

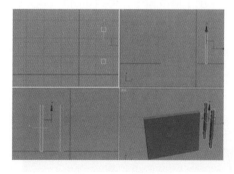

图3-474　创建立柱

4）继续在顶视图创建一个长度为200、宽度为800、高度为70的长方体作为地基，创建一个长度为200、宽度为200、高度为20的长方体作为二楼走廊地面，调整它们的位置，效果如图3-475所示。

5）创建楼体台阶，在顶视图创建一个长度为30、宽度为150、高度为15的长方体，作为一个台阶，调整其位置并复制4个，结果如图3-476所示。

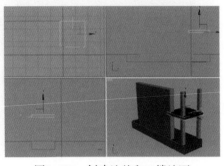 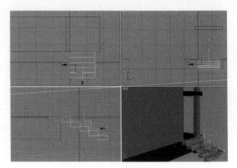

图3-475　创建地基和二楼地面　　　　　　　　图3-476　创建楼体台阶

6）左视图创建闭合的线，并挤出合适的厚度，作为台阶下面的填充体，位置和效果如图3-477所示。

7）顶视图创建长度为1800、宽度为1500的平面作为地面，并调整其位置。继续在顶视图创建长度为35、宽度为150、高度为10的长方体作为石板路，并调整其位置，效果如图3-478所示。

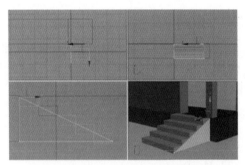 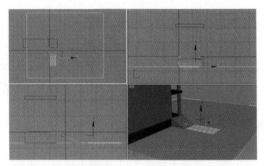

图3-477　创建台阶下填充体　　　　　　　　图3-478　创建石板路

8）给当前场景中对象赋予简单的材质，前墙与二楼地面和立柱赋予白色，地面赋予草绿色，地基赋予砖墙贴图，台阶和石板路赋予银灰色，效果如图3-479所示。

9）创建楼梯扶手立柱。激活左视图，在楼梯最后一个台阶前面创建如图3-480所示的线。给线一个【车削】修改命令，得到如图3-481所示的楼梯扶手立柱，并将其移动到合适位置。

  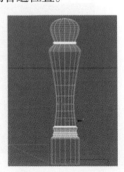

图3-479　赋予颜色与材质　　　　图3-480　创建线　　　图3-481　车削

10）创建楼梯扶手。激活左视图，在如图3-482所示位置创建一条直线，作为下一步放样路径。激活前视图，创建扶手的截面图形如图3-483所示。

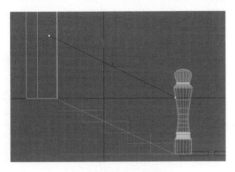

图3-482 创建直线

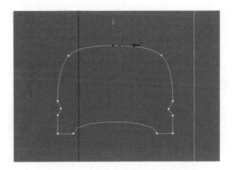

图3-483 创建扶手截面图形

11）选择直线，打开【复合对象】下的【放样】按钮，点击【获取图形】按钮，到视口中拾取扶手截面图形，得到如图3-484所示的楼梯扶手，并将其移动到合适位置。

12）创建扶手下方的小立柱。在顶视图的扶手下方创建一个边数为6、高度分段为1的圆柱体，将其转为【可编辑多边形】，以【多边形】子一级进行多次倒角，得到如图3-485所示的小立柱。

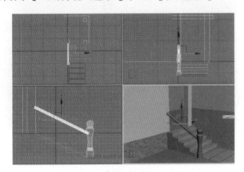

图3-484 楼梯扶手（一）

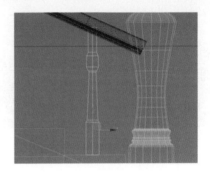

图3-485 楼梯扶手下立柱

13）将立柱沿扶手方向复制4个，创建完成一侧的扶手，选择一侧的扶手，复制出另一侧的扶手，结果如图3-486所示。

14）在楼梯入口走廊立柱上创建两个长方体，作为装饰，并将其复制到对面的墙体上，调整它们的位置，结果如图3-487所示。

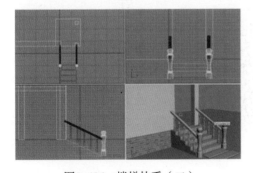

图3-486 楼梯扶手（二）

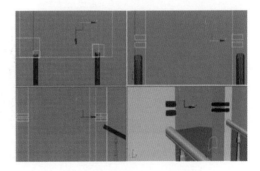

图3-487 楼梯入口处装饰

15）旋转复制"扶手横杆"至水平方向，调整大小与位置，同时再复制"扶手小立柱"到一楼平台和二楼平台，完成平台护栏的创建，结果如图3-488所示。

16）选择楼梯扶手、平台护栏和楼梯入口的装饰，统一赋予木纹材质。然后在场景中创建摄像机，调整视角，将透视图切换为相视图，如图3-489所示。

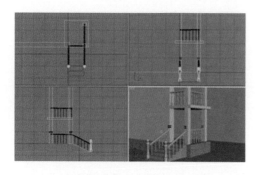

图3-488　平台护栏

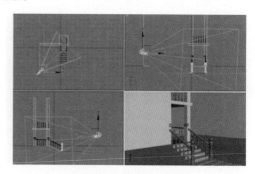

图3-489　创建摄像机

17）创建休闲走廊。在前视图用【线】命令创建如图3-490所示的闭合图形，对其应用【挤出】修改，得到休闲走廊的横杆，复制一个，摆放到合适的位置，结果如图3-491所示。

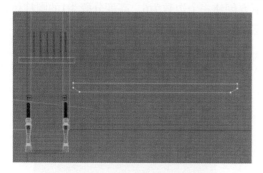

图3-490　创建挤出目标图形

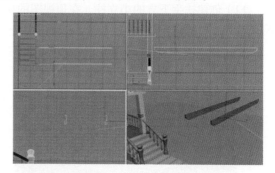

图3-491　挤出横杆

18）激活【旋转】工具，按下【角度捕捉切换】按钮，按住【shift】键旋转90°复制一根横杆，并进入其修改面板【可编辑样条线】项下的【顶点】子一级进行移动，调整横杆的长度，如图3-492所示。

19）横向移动复制多个横杆，结果如图3-493所示。

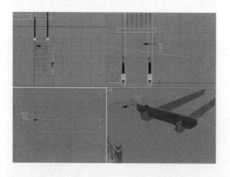

图3-492　调整复制横杆的长度

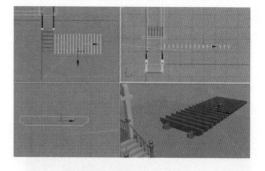

图3-493　复制出多个横杆

20）在顶视图用【长方体】创建休闲走廊的立柱，并移动到合适位置，如图3-494所示。

21）继续用长方体创建出休闲走廊的其他部分，并移动到合适位置，给整个休闲走廊赋予木纹材质贴图，效果如图3-495所示。

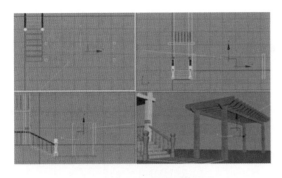
图3-494 复制出多个横杆

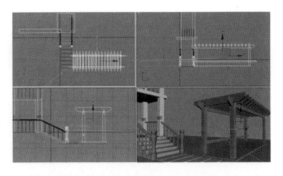
图3-495 创建完成休闲走廊其他部分

22）创建栅栏。在前视图用线创建闭合图形，调整点的位置与形态，如图3-496所示，并对其应用【挤出】修改，得到单根栅栏。

23）将单根栅栏移动复制为一排，并创建一长方体作为栅栏横杆，选择整排栅栏，创建为一个组，移动到合适位置，结果如图3-497所示。

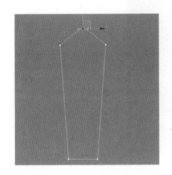
图3-496 创建栅栏轮廓

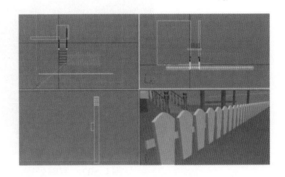
图3-497 创建一排栅栏

24）将栅栏旋转90°进行复制，移动到合适位置，效果如图3-498所示。

25）打开【文件】菜单下【合并】项，在弹出浮动面板中找到以前做过的"石桌石凳"3D模型，将其合并到当前场景中来，并调整其位置和大小，效果如图3-499所示。

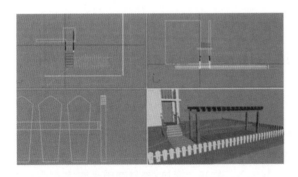
图3-498 旋转复制出另一排栅栏

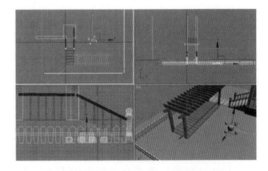
图3-499 合并石桌石凳到场景中

26）在顶视图创建一个圆柱体，高度分段为2，将其转换为【可编辑多边形】，调整圆柱边缘点的形态，制作出自由形态的石板，并调整它们的大小和位置，结果如图3-500所示。

27）顶视图创建几棵树木，并调整它们的大小和位置，效果如图3-501所示。

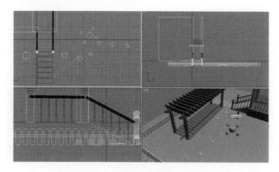

图3-500　创建自由形态的石板

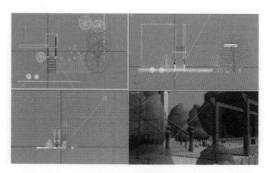

图3-501　创建树

28）场景中创建一盏【天光】，强度为0.2左右，创建一盏【目标聚光灯】，强度在0.8左右，勾选【阴影】项，按数字【8】键，调出"环境和效果"对话框，赋予场景一张环境贴图，最终渲染效果如图3-502所示。

图3-502　庭院景观渲染效果图

▶ 子任务5　园林鸟瞰效果图的制作

任务目标

鸟瞰效果图是表现园林景观设计的理想方式，能让设计者直观推敲和加深理解设计构想，提高沟通效率和效果。通过本子任务的实际操作，以达到掌握园林鸟瞰效果图的制作方法与技巧的目的。

任务实施

● 制作鸟瞰效果图

1）输入CAD图形。单击菜单栏中的【文件】/【重置】命令，重新设定系统。单地击菜单栏中的【自定义】/【单位设置】，设置系统单位和公制单位均为"mm"。

激活顶视图，单击菜单栏中的【文件】/【导入】命令，打开"项目3素材调用线架/某单位平面绿地设计简化.dwg"图形文件，对话框中的参数都采用默认值，单击【确定】按钮，将"某单位平面绿地设计简化"图形输入到3ds Max 9场景中，如图3-503所示。

在视图中选择所有图形，单击菜单栏中的【组】/【成组】命令，将其成组为"CAD图样"。然后单击鼠标右键/【冻结当前选择】，如图3-504所示。

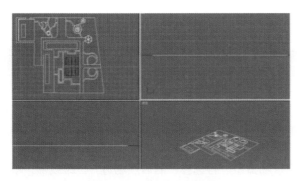

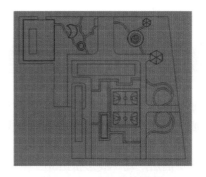

图3-503 导入CAD图形 　　　　　　　　图3-504 冻结当前图形

📖 说明

冻结颜色可自行设置，设置方法：单击菜单栏中的【自定义】/【自定义用户界面】/【颜色】/【元素】/【几何体】/【冻结】，选择所需颜色，单击【立即应用颜色】按钮，关闭对话框。

2）制作基础道路。单击按钮【创建】 /【图形】 /【线】命令，在顶视图中沿"CAD图样"绘制封闭的二维线形，命名为"主路面"，其形态如图3-505所示。

在视图中以复制的方式将"主路面"线型复制一个，命名为"主路路沿"。然后确认"主路面"处于被选择状态，单击【修改】 按钮，在其下拉列表中单击【挤出】按钮，设置数量为50，生成三维物体，如图3-506所示。

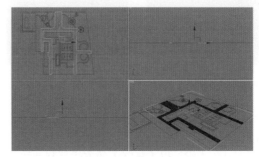

图3-505 绘制二维线形 　　　　　　　　图3-506 挤出主路面

在视图中选择"主路路沿"线形，单击鼠标右键【转换为】/【可编辑样条线】/选择【分段】 子对象层级，删除所有主路出口和通往建筑入口的线段，如图3-507所示。

选择"样条线 "子对象层级，在【轮廓】后面输入200，然后将其挤出150，生成"主路路沿"造型，如图3-508所示。

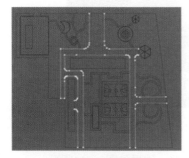

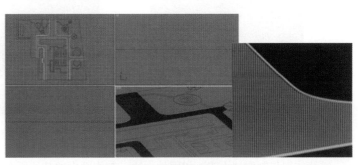

图3-507 删除线段 　　　　　　　　图3-508 主路路沿和局部放大

向外（右）偏移输入正值，向内（左）偏移输入负值，本例"主路路沿"为断开的线段，所以应该分段进行轮廓，然后再挤出。

激活顶视图，单击【创建】 ✏ /【图形】 ⚙ /【矩形】命令，按照"CAD图样"绘制矩形，命名为"酒店广场"，如图3-509所示。以复制的方式将"酒店广场"线形复制一个，命名为"酒店广场边"。

将"酒店广场"线形挤出50，生成酒店广场造型。再选择"酒店广场边"二维线形，单击鼠标右键【转换为】/【可编辑样条线】/选择【顶点】 ⠸ 子对象层级，按 **优化** 按钮在路口处增加顶点，如图3-510所示。

选择【分段】 ✏ 选项，删除路口线段。再选择【样条线】 ⌄ 子对象层级，在【轮廓】后面输入200，然后将其挤出150，生成"酒店广场边"造型。

依次用"圆"、"弧"、"矩形"等命令，在顶视图中描绘"圆形广场"、"月亮广场"和"篮球场底面"的二维线形，像前面一样完成相应的造型制作，结果如图3-511所示。

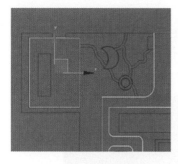 

图3-509　绘制矩形　　　　图3-510　增加顶点　　图3-511　圆形广场、月亮广场和篮球场底面造型

激活顶视图，单击按钮【创建】 ✏ /【图形】 ⚙ /【线】命令，按照"CAD图样"绘制二维线形，命名为"小路"，形状如图3-512所示。

点击【Ctrl+V】键，以【复制】的方式复制此线形，并命名为"小路边"。

选择"小路"二维线形，将其挤出40。选择"小路边"二维线形，将其轮廓为100，挤出100，结果如图3-513所示。

 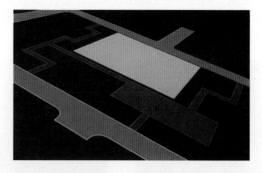

图3-512　绘制二维线形　　　　　　　图3-513　小路和小路边

继续使用与制作"小路"相同的方法，制作图中的其他所有的曲路，结果如图3-514所示。

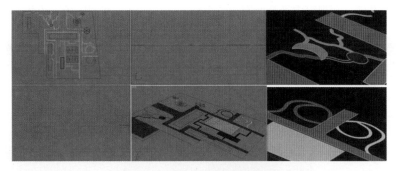

图3-514　制作另外的所有曲路

3）制作地面。在顶视图中，创建一个长方体，命名为"地面"，作为"地面"造型，其形态及位置如图3-515所示。再在顶视图用【线】命令按照"CAD图样"绘制地表外形，命名为"绿化带"，如图3-516所示，然后挤出-30，效果如图3-517所示。

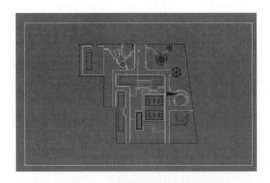

图3-515　绘制长方体（地面）

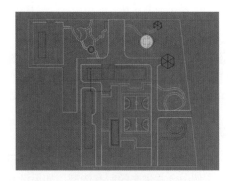

图3-516　绘制二维线形（绿化带）

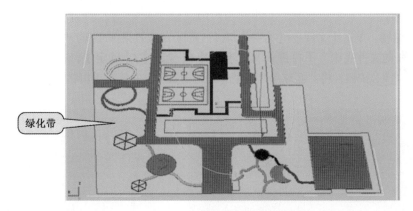

图3-517　挤出绿化带

4）制作材质。单击工具栏中的【材质编辑器】按钮，弹出"材质编辑器"对话框，在示例窗中选择一个空白的示例球，将其命名为"主路面"。设置【环境光】和【漫反射】的R、G、B值均为127、127、127，设置【高光反射】的R、G、B值为255、255、255。在视图中选择"主路面"和"篮球场底面"造型，单击按钮，赋予材质。

再选择一个空白的示例球，将其命名为"小路"，基本参数设置如图3-518所示。单击【漫反射】后面的灰色钮，在"材质/贴图浏览器"对话框中双击【位图】，选择"项目3素材/鸟瞰效果图/

贴图/地砖01.jpg"文件,在视窗中选择所有的"小路"、"曲路"和"广场"造型,单击  按钮,赋予材质。

  选择一个空白的示例球,将其命名为"路边"。基本参数设置同"小路"。设置【环境光】、【漫反射】和【高光反射】的R、G、B值均为255、255、255。在视图中选择所有的"路边"、"广场边"造型,单击  按钮,赋予材质,其结果如图3-519所示。

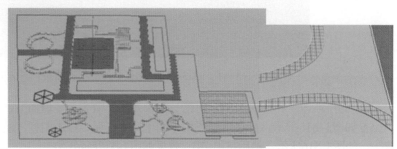

图3-518 基本参数设置   图3-519 赋予"广场边"、"小路"和"路边"材质

  选择一个空白的示例球,将其命名为"绿化带",【高光级别】和【光泽度】均设置为10,单击【漫反射】后面的灰色钮,在"材质/贴图浏览器"中双击【位图】,选择"项目3素材/鸟瞰效果图/贴图/草坪02.jpg"文件,在视图中选择"绿化带"造型,单击  按钮,给对象赋予材质,结果如图3-520所示。

说明

> 直接调用现有的线架文件,可以提高工作效率,减少工作量。
> 本例中合并进来的所有造型,如果没有编辑材质,由读者自行编辑并赋予,在此不予讲述。

5)合并造型。

  ① 合并篮球场。单击【文件】/【合并】/项目3素材/鸟瞰效果图/线架/"篮球场.max"文件(以下"线架"均在此文件夹中,不再提示)/【打开】/【全部】/【确定】,在"重复名称"对话框中,单击 **自动重命名** 按钮,将"篮球场"模型合并到场景中,并给其编辑材质如图3-521所示。

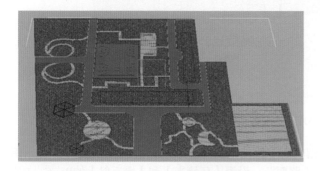   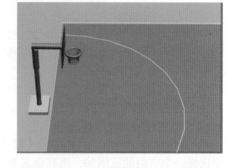

图3-520 赋予"绿化带"材质   图3-521 合并"篮球场"并编辑材质

  选择"篮球场"造型,单击【组】/【成组】命令,命名为"篮球场",按照"CAD底图"将其旋转后摆放到适当的位置,按住【Shift】键复制一个并摆放,结果如图3-522所示。

  ② 合并亭子模型。合并"亭子模型.max"文件,方法同上,编辑亭子材质如图3-523所示。

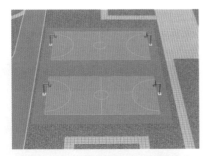

图3-522　复制并放置"篮球场"　　　　图3-523　合并"亭子"并编辑材质

将亭子成组，命名为"亭子"，按照"CAD底图"将其缩放后旋转摆放到适当的位置，按住【Shift】键复制一个摆放于适当的位置，结果如图3-524所示。

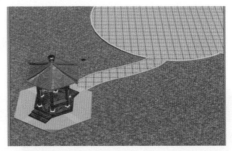

图3-524　复制并放置"亭子"

③ 合并喷泉。合并"喷泉.max"文件，方法同上，编辑喷泉材质，成组，命名为"喷泉"，按照"CAD底图"将其缩放后摆放到适当的位置，结果如图3-525所示。

图3-525　合并"喷泉"并编辑材质

④ 合并仓库。合并"仓库.max"文件，单击【选择并均匀缩放】▢按钮，在顶视图中将其缩小并摆放到如图3-526所示的位置。然后再复制两个，结果如图3-527所示。

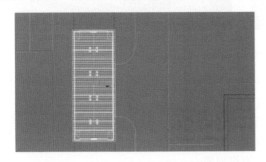

图3-526　缩小"仓库"至合适的大小　　　　图3-527　复制"仓库"

⑤ 合并门岗楼。合并"门岗楼.max"文件，单击【选择并均匀缩放】 ▢ 按钮，在顶视图将其放大并摆放到如图3-528所示的位置，编辑材质后结果如图3-529所示。

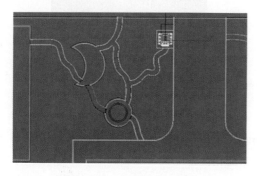

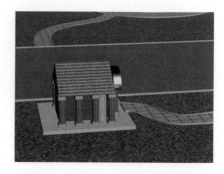

图3-528　合并"门岗楼"　　　　　　　　　图3-529　给"门岗楼"编辑材质

⑥ 合并主楼。合并"主楼.max"文件，并编辑材质。在顶视图中的位置如图3-530所示的位置，透视图渲染效果如图3-531所示。

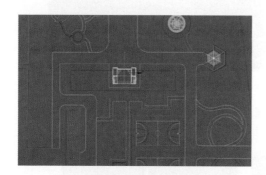

图3-530　主楼位置　　　　　　　　　　　　图3-531　渲染效果

6）绘制酒店。在顶视图绘制一个长方体，再绘制一个长三角形并将其挤出，然后摆放到一起用来模拟大酒店，编辑材质并赋予对象，其形状和位置如图3-532所示。

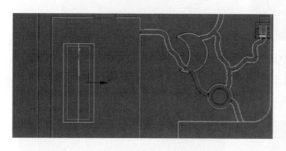

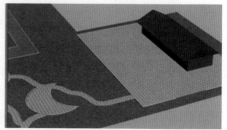

图3-532　"大酒店"造型及位置

7）设置相机。单击创建命令面板中的【摄影机】 ▦ 按钮，在【对象类型】卷展栏中单击 ▨ 目标 ▨ 按钮，在顶视图中，创建一架"目标摄影机"。

在【修改】命令面板的【参数】卷展栏中，设置镜头值为85mm。

单击工具栏中的【选择并移动】 ✛ 工具，分别调整摄影机的投射点和目标点至图3-533所示的位置。激活透视图，按【C】键，将透视图转换成摄影机视图。

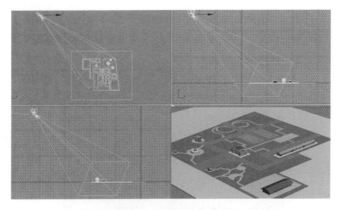

图3-533 摄影机的位置

🖐 说明

在鸟瞰效果图中，一般情况下都使用镜头尺寸大于43mm的窄角镜头，以减轻图像的透视变形。

8）设置灯光。单击创建命令面板中的【灯光】 👷 按钮，在【对象类型】卷展栏中单击 泛光灯 按钮，在视图中创建一盏泛光灯，位置和参数设置如图3-534所示。

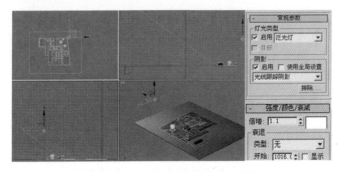

图3-534 泛光灯的位置和参数设置

🖐 说明

用两盏泛光灯来模拟太阳光照效果，一盏用来表现建筑阴影，另一盏用来补光。

再创建一盏泛光灯，位置和参数设置如图3-535所示。

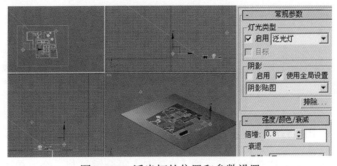

图3-535 泛光灯的位置和参数设置

9）单击工具栏上的【快速渲染】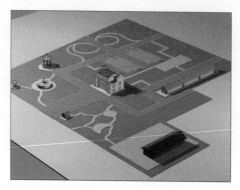按钮，快速渲染摄影机视图，最终渲染效果如图3-536所示。单击【文件】/【另存为】命令，将场景另存为"鸟瞰效果图.max"文件，结束。

图3-536　鸟瞰效果图

◉ 子任务6　住宅楼外景效果图制作

🔖 任务目标

住宅楼一般包括三部分：底层、中间楼层和顶楼。本例建筑主题的外观是在3D MAX中逐一创建的，以"搭积木"的方式生成；小区内的绿化和建筑小品的表现，需要在平时的工作中多看优秀作品，多积累常用资料，慢慢增加对图面色彩及建筑结构的掌控能力。通过实际操作，掌握住宅楼外景效果图制作的方法和技巧。

🔖 任务实施

● 制作住宅楼外景效果图

1）单击菜单栏中的【文件】/【重置】命令，重置3ds Max系统。

2）单击菜单栏中的【自定义】/【单位设置】命令，在弹出的"单位设置"对话框中，设置"系统单位"和"公制"单位均为"mm"。

3）制作第一层楼的前墙体。

单击【几何体】按钮○/【长方体】，在前视图中创建一个长方体，命名为"第一层墙01"，参数设置和效果如图3-537所示。在前视图中绘制一个辅助长方体，参数设置如图3-538所示。

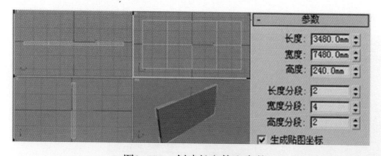

图3-537　创建长方体和参数

图3-538　长方体的参数设置

确认"辅助长方体"处于被选择状态，按【Ctrl+V】复合键复制一个，单击工具栏中的【选择并移动】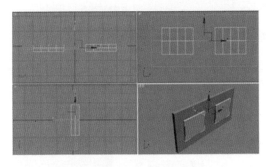工具，调整它们的位置如图3-539所示。

选择一个"辅助长方体"，单击鼠标右键，在弹出的菜单中单击【转换为】/【转换为可编辑网格】，单击【修改】面板中的【编辑几何体】卷展栏下的【附加】按钮，拾取另一个"辅助长方体"，把两个"辅助长方体"结合成一个复合对象。

选择"第一层墙01"，单击命令面板【几何体】下拉按钮下的【复合对象】/【布尔】/【拾取操作对象B】按钮，拾取场景中的复合对象，打开窗洞，结果如图3-540所示。

图3-539　辅助长方体的位置

图3-540　布尔运算结果（一）

4）单击【几何体】按钮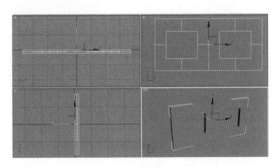/【长方体】，在前视图中创建一个长方体，命名为"第一层墙02"，参数设置和效果如图3-541所示。开门洞，在前视图中绘制一个辅助长方体，参数设置如图3-542所示，位置如图3-543所示。

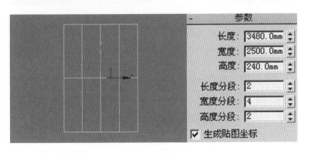

图3-541　长方体和参数设置

图3-542　辅助长方体参数设置

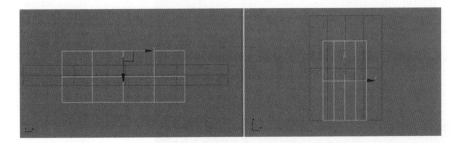

图3-543　辅助长方体的位置

选择"第一层墙02"，单击命令面板【几何体】下拉按钮下的【复合对象】/【布尔】/【拾取操作对象B】按钮，拾取场景中的复合对象，做差集运算，结果如图3-544所示。

5）在前视图中绘制一个长方体，命名为"第一层墙03"，作为阳台墙体，参数设置如图3-545所示。制作阳台门洞，在前视图中绘制两个大小相同的辅助长方体，参数设置如图3-546所示。与前面一样进行布尔运算，结果如图3-547所示。

图3-544　布尔运算结果（二）

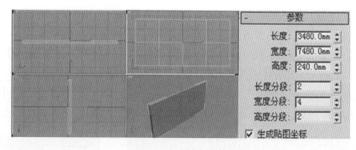

图3-545　阳台墙体及参数设置

6）在前视图中绘制一个长方体，命名为"第一层墙04"，作为左侧阳台墙体，参数设置如图3-548所示。

制作阳台门洞，与"第一层墙03"门洞大小相同，布尔差集运算结果如图3-549所示。

图3-546　阳台门洞
　　　　参数设置

图3-547　布尔运算结果（三）

图3-548　左侧阳台墙体
　　　　参数设置

图3-549　布尔差集
　　　　运算结果（四）

将上面所做的四个墙体复制并摆放，组成第一层墙体，复制的数目和位置如图3-550所示。

7）制作窗户。单击【几何体】下拉按钮下的【窗】/【平开窗】按钮，在顶视图中拖动鼠标三次生成平开窗。单击【修改】命令，设置"平开窗"的参数如图3-551所示。

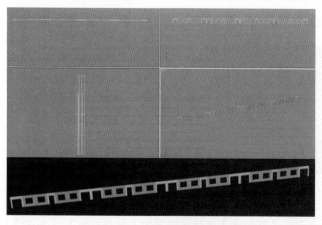

图3-550　复制墙体后的位置

图3-551　"平开窗"参数设置

在顶视图中，确认平开窗处于被选择状态，右键点击【选择并旋转】 按钮，在出现的"旋转变换输入"对话框中，在"偏移：世界"下的Z轴后面输入90，如图3-552所示，结果如图3-553所示。

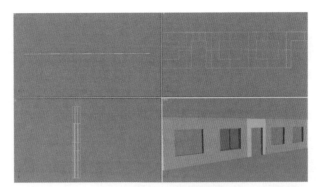

图3-552　参数设置　　　　　　　　　　图3-553　平开窗的位置

8）给"平开窗"编辑材质。因为要编辑复合材质，所以要先为"平开窗"不同的面设置不同的材质ID号。

选择"平开窗"，单击鼠标右键，在弹出的菜单中选择【转换为】/【转换为可编辑网格】命令，然后单击【修改】命令面板中【多边形】■按钮，选择"平开窗"的两块玻璃，变为红色，如图3-554所示。

向上推动控制面板，设置材质ID号为1，如图3-555所示。

选择"平开窗"的其他部分，如图3-556所示；设置材质ID号为2，如图3-557所示，材质ID号设置完毕。

　　　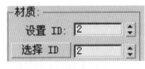

图3-554　选择玻璃　　图3-555　设置ID号（一）　　图3-556　选择其他　　图3-557　设置ID号（二）

9）单击【材质编辑器】按钮或者按【M】键，打开"材质编辑器"对话框，选择一个空白的样本示例球，命名为"平开窗"，然后单击【标准】 Standard 按钮，弹出"材质/贴图浏览器"对话框，双击【多维/子对象】按钮，弹出"替换材质"对话框，选择【将旧材质保存为子材质】项，单击【确定】按钮，即可看到"多维/子对象"材质编辑面板，如图3-558所示。

单击【设置数量】按钮，在弹出的"设置材质数量"对话框中设置材质数量为2，单击【确定】按钮，这时就只剩下两个材质，如图3-559所示。

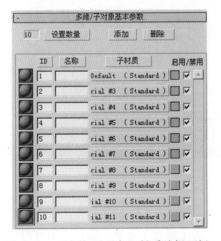

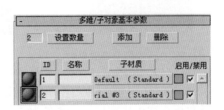

图3-558　"多维/子对象"材质编辑面板　　　　　图3-559　只剩两个材质

单击1号材质后的 Default （Standard） 按钮，进行玻璃材质的设置。设置其着色模式为【Blinn】，参数设置如图3-560所示。

单击【转到父对象】 ↑ 按钮返回上一级。单击2号材质后的 rial #3 （Standard） 按钮，进行木质材质的设置。单击【漫反射】后面的灰色钮，在出现的"材质/贴图浏览器"中双击【位图】，弹出"选择位图图像文件"对话框，选择"项目3素材/住宅楼外景效果图/木纹03.jpg"文件，按下【打开】按钮，基本参数设置如图3-561所示。

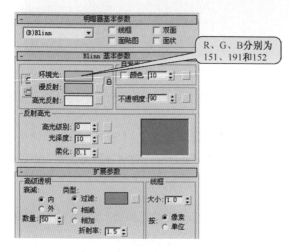

图3-560　Blinn参数设置

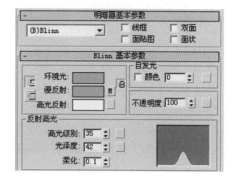

图3-561　基本参数设置

10）选择"平开窗"，单击【将材质指定给选定对象】 ⅔ 按钮，将编辑好的材质指定给"平开窗"。单击【快速渲染】 ☺ 按钮，弹出"缺少贴图坐标"对话框，可能贴图不会正确显示，所以要对贴图坐标进行设置。

选择"平开窗"，单击【修改】 ✎ 按钮，然后单击下拉按钮，在弹出的选项中选择【UVW贴图】命令，然后单击"长方体"前的单选按钮，再进行快速渲染，透视图渲染效果如图3-562所示。

11）将平开窗复制15个，摆放于合适的位置，结果如图3-563所示。

图3-562　透视图渲染效果

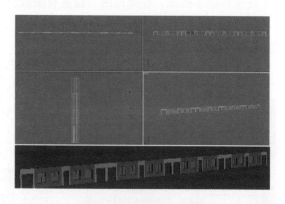

图3-563　复制15个平开窗

12）制作阳台门上的推拉门。单击【几何体】下拉按钮下的【门】/【推拉门】按钮，在顶视图中拖动鼠标三次生成推拉门，命名为"阳台门"。单击【修改】命令，设置"阳台门"的参数如图3-564所示。

在顶视图中，确认"阳台门"处于被选择状态，右键点击【选择并旋转】 按钮，出现"旋转变换输入"对话框，在"偏移：世界"下的Z轴后面输入90，如图3-565所示。门的位置如图3-566所示。

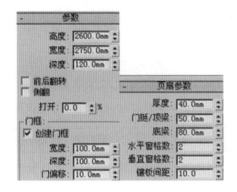

图3-564 "阳台门"参数设置　　　　　图3-565 "旋转变换输入"参数设置

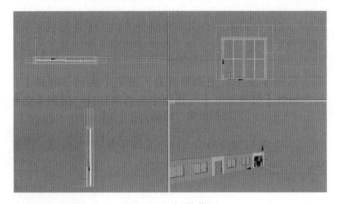

图3-566 门的位置

13）给"阳台门"编辑材质。也要赋予多维/子对象材质，在这里把"阳台门"四块玻璃的材质ID号设为2，其他面的材质设为1，然后与平开窗赋予同样的材质即可，复制七个阳台门，摆放于合适的位置，局部效果如图3-567所示。

图3-567 给阳台门赋予材质效果并复制

14）制作一楼大门。单击【几何体】下拉按钮下的【门】/【枢轴门】按钮，在前视图中拖动三次生成枢轴门，命名为"大门"。单击【修改】命令，设置"大门"的参数如图3-568所示。

给"大门"编辑金属材质。单击【材质编辑器】 按钮或者按【M】键，打开"材质编辑器"对话框，选择一个空白的样本示例球，命名为"大门"，参数设置如图3-569所示。

将编辑好的材质赋予"大门"，然后复制三个大门，摆放于合适的位置，结果如图3-570所示。

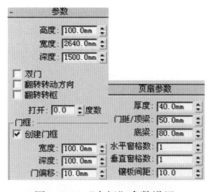

图3-568 "大门"参数设置

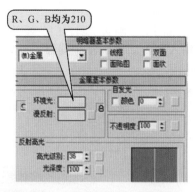

R、G、B均为210

图3-569 "材质编辑器"参数设置

图3-570 复制大门并摆放

15）编辑第一层楼墙体的材质，打开材质编辑器，选择一个空白的样本示例球，命名为"墙体"，在【Blinn基本参数】卷展栏中单击【漫反射】右侧的按钮，在弹出的"材质/贴图浏览器"对话框中选择【位图】贴图，在弹出的"选择位图图像文件"对话框中选择"项目3素材/住宅楼外景效果图/砖墙01.jpg文件"。

打开【贴图】卷展栏，将【漫反射颜色】通道中的贴图文件拖拽复制到【凹凸】通道中，【凹凸】数量设置为-50，如图3-571所示。

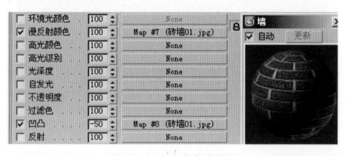

图3-571 "墙"参数设置

16）选择所有的第一楼层的墙体，将编辑好的"墙"材质赋予对象，并为其施加修改器列表中的【UVW贴图】命令，在【参数】卷展栏中设置参数如图3-572所示。至此，第一楼层墙体制作全部完毕，局部渲染效果如图3-573所示。

图3-572 【参数】卷展栏中设置参数

图3-573 局部渲染效果

17）制作第二层楼墙体。在前视图，将第一层楼墙体整个复制，垂直上移，位置如图3-574所示。

在前视图中创建长方体，命名为"第二层墙02"，参数设置如图3-575所示。

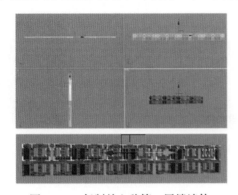

图3-574　复制并上移第一层楼墙体

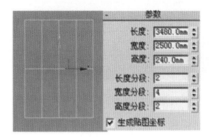

图3-575　长方体和参数设置

开窗洞，在前视图中绘制两个相同大小的辅助长方体，参数设置如图3-576所示，位置如图3-577所示。

与前面一样，做差集布尔运算，结果如图3-578所示。

图3-576　"辅助长方体"的参数设置

图3-577　辅助长方体的位置

图3-578　布尔运算结果（一）

18）制作"第二层墙02"上的窗户，单击【几何体】下拉按钮下的【标准基本体】/【长方体】按钮，在前视图中创建一个长方体，单击【修改】命令，设置"长方体"的参数如图3-579所示。

在前视图再创建两个500×500×200的辅助长方体，与刚才所做的长方体做差集布尔运算，当做窗框，结果如图3-580所示。

在前视图创建一个长方体作为玻璃，参数设置如图3-581所示。窗框和玻璃的相对位置如图3-582所示。

图3-579　"长方体"参数设置

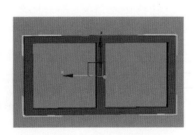

图3-580　布尔运算结果（二）

图3-581　参数设置

编辑与前面相同的材质，赋予后的效果如图3-583所示。

选择玻璃和窗框，单击主菜单中的【组】/【成组】，命名为"小窗"，复制小窗，放于"第二层墙02"上，并将前面编辑好的"墙"材质赋予"第二层墙02"，效果如图3-584所示。

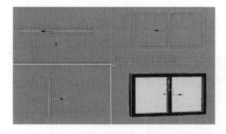
图3-582 窗框和玻璃的相对位置

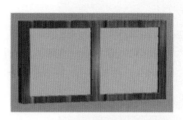
图3-583 赋予材质

图3-584 小窗效果

下面将带"大门"的墙全部换成带"小窗"的墙，完成第二楼层墙体的制作，结果如图3-585所示。

图3-585 第二楼层墙体效果

19）制作第一楼层的侧面墙体和侧面阳台。

选择第二楼层墙体，单击鼠标右键，在弹出的级联菜单中选择【隐藏当前选择】，将第二楼层墙体隐藏。

在顶视图中绘制一个长方体，命名为"左墙体"，参数设置和位置如图3-586所示。

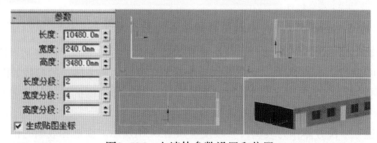
图3-586 左墙体参数设置和位置

开阳台门洞，在左视图创建一个辅助长方体，参数设置和位置如图3-587所示。

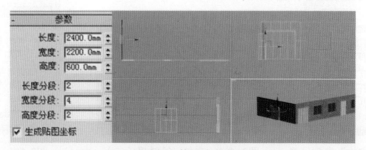
图3-587 辅助长方体的参数设置和位置

选择"左墙体",使之与辅助长方体做差集布尔运算,并将"墙"材质赋予它,结果如图3-588所示。

20)绘制和前面相同的推拉门,再赋予材质,前面已详细讲解过,在此不再赘述,效果如图3-589所示。

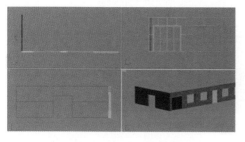

图3-588 左墙布尔运算效果

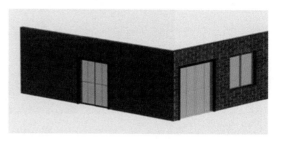

图3-589 左墙安装门以后

21)制作侧面阳台。单击命令面板上的【圆柱体】按钮,在顶视图中绘制圆柱体,参数设置与效果如图3-590所示。

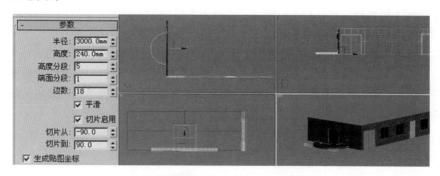

图3-590 圆柱体的参数设置和效果

22)绘制栏杆。单击命令面板中的【图形】 🕁 /【弧】按钮,在顶视图中绘制一条如图3-591所示的弧线。

单击【几何体】 ⚪ 下拉按钮/【AEC扩展】/【栏杆】/ 拾取栏杆路径 按钮,单击弧线,设置"分段"数为15,栏杆的具体参数设置如图3-592所示。

图3-591 绘制弧线

图3-592 栏杆的参数设置

单击【下围栏】卷展栏下的 按钮,设置【计数】为3;单击【立柱】卷展栏下的 按钮,设置【计数】为5；单击【支柱】卷展栏下的 ⋯ 按钮，设置【计数】为2，效果如图3-593所示。

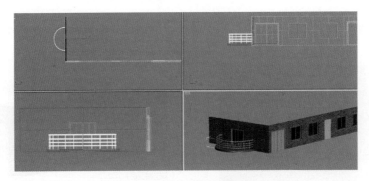

图3-593　栏杆效果

23）编辑阳台材质。打开材质编辑器，首先将"墙"材质赋予半圆形阳台底座。然后选择一个空白的样本示例球，命名为"不锈钢"。选择"金属"明暗方式，设置金属材质属性参数，如图3-594所示。

单击【贴图】卷展栏，打开12个贴图通道，单击【反射】贴图通道中的 None 按钮，从弹出的对话框中双击【光线跟踪】贴图类型，返回材质编辑器中，此时展开了关于光线跟踪参数的设置面板，在该参数面板中应用默认设置，单击【转到父对象】 按钮，返回到12个贴图通道面板，将【反射】贴图通道的【数量】值设置为65。在视图中选择"栏杆"，并赋予材质，渲染效果如图3-595所示。镜像复制左侧墙体和阳台，结果如图3-596所示。至此，第一楼层的侧面墙体和阳台制作完毕。

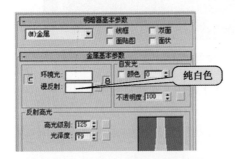

图3-594　金属材质属性的参数设置

图3-595　栏杆赋予材质后的渲染效果

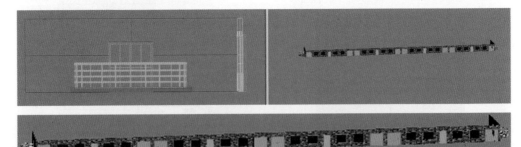

图3-596　镜像复制左侧墙体和阳台后的效果

24）复制第一楼层的后墙体。

在任一个视图中，单击鼠标右键，全部取消隐藏。选择"第二楼层墙体"，将其在顶视图镜像复制后摆放于合适的位置，即为第一楼层的后墙体，如图3-597所示。

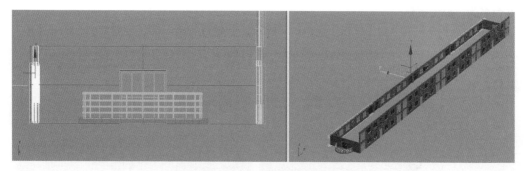

图3-597　复制出第一楼层的后墙体

复制后墙和侧墙，作为第二层墙，完成第二楼层墙体的制作，如图3-598所示。

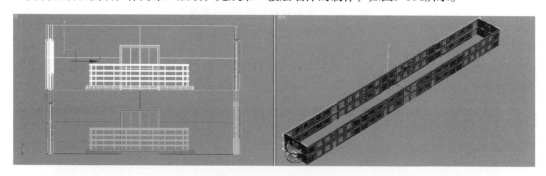

图3-598　第二楼层墙体

25）制作前墙体凉台。在顶视图中绘制长方体，命名为"凉台底板"，参数设置和位置如图3-599所示。

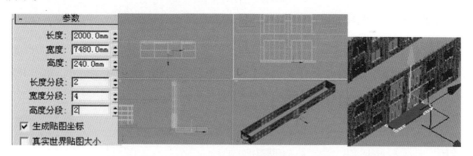

图3-599　凉台底板的参数设置和位置

26）在前视图中绘制一个长方体，命名为"凉台隔板"，参数设置和位置如图3-600所示。

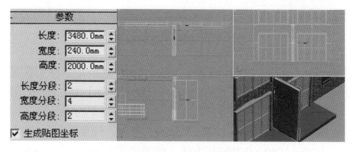

图3-600　凉台隔板的参数设置和位置

27）单击命令面板中的【图形】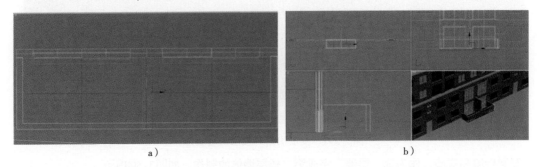/【线】按钮，在顶视图中绘制如图3-601a所示的封闭线形，并命名为"凉台实体"。

单击修改器下拉列表中的【挤出】命令，【挤出】数量设置为1100，位置如图3-601b所示。

a）   b）

图3-601　凉台线型和挤出凉台实体

a）凉台封闭线形　b）挤出凉台实体

单击命令面板中的【图形】/【线】按钮，在顶视图中绘制如图3-602所示的开放线形，命名为"凉台栏杆"。

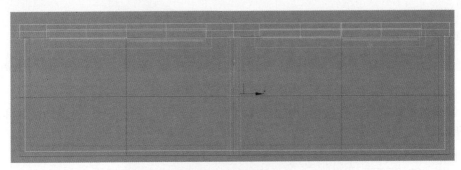

图3-602　绘制开放线形

单击【几何体】下拉按钮/【AEC扩展】/【栏杆】/ 拾取栏杆路径 按钮，单击开放线型，设置"分段"数为15，栏杆的具体参数设置如图3-603所示。

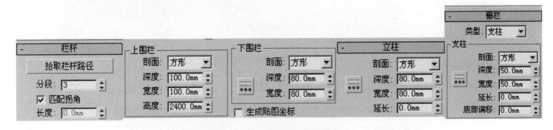

图3-603　栏杆的参数设置

单击【下围栏】卷展栏下的按钮，设置【计数】为0；单击【立柱】卷展栏下的按钮，设置【计数】为12；单击【支柱】卷展栏下的按钮，设置【计数】为0，透视图渲染效果如图3-604所示。

绘制凉台玻璃。在前视图绘制2580×7200×0.25的长方体，位置如图3-605所示。

在左视图绘制一个2400×1940×0.25的长方体，位置如图3-606所示，并复制一个放在凉台的另一侧。将这三个长方体成组并命名为"凉台玻璃"。

图3-604 渲染效果

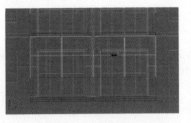

图3-605 绘制长方体

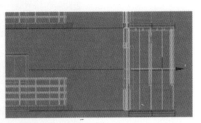

图3-606 绘制长方体并复制

28）编辑凉台材质。打开材质编辑器，首先将"墙"材质赋予"凉台实体"。将"不锈钢"材质赋予"凉台栏杆"；将"玻璃"材质赋予"凉台玻璃"。然后选择一个空白的样本示例球，命名为"大理石"，单击【漫反射】后面的灰色钮，为其指定"项目3素材/住宅楼外景效果图/大理石01.jpg"文件，基本参数设置如图3-607所示。在图形中选择"凉台底座"，将大理石材质赋予它。

选择"凉台底座"，单击修改器列表中的【UVW贴图】命令，在【参数】卷展栏中设置参数如图3-608所示。

再选择一个空白的样本示例球，命名为"乳胶漆"，【环境光】、【漫反射】和【高光反射】均设置为纯白色（即R、G、B均为255），具体参数设置如图3-609所示。

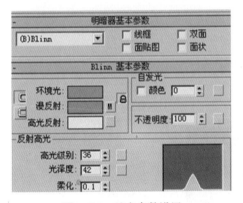

图3-607 基本参数设置

图3-608 设置参数

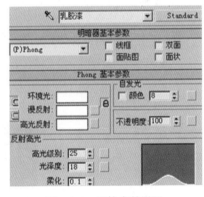

图3-609 具体参数设置

选择"凉台隔板"，将"乳胶漆"材质赋予它，凉台透视图渲染效果如图3-610所示。

29）用相同的方法制作左侧的单个凉台，结果如图3-611所示。

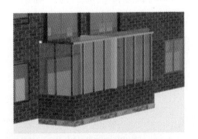

图3-610 凉台透视图渲染效果

图3-611 左侧单个凉台

30）复制一楼、二楼所有前墙体上的凉台，结果如图3-612所示。

31）制作雨篷。在顶视图大门前面绘制如图3-613所示的二维封闭线形，然后挤出800。

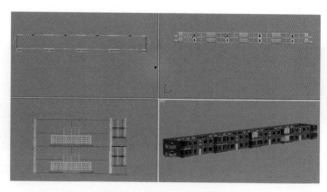

图3-612　复制所有凉台

图3-613　绘制二维封闭线形

将这两个物体成组命名为"雨篷"，并赋予前面编辑的大理石材质，施加【UVW贴图】，参数设置如图3-614所示。

"雨篷"渲染效果如图3-615所示。复制三个"雨篷"，放于门的上面。

再在顶视图画一个长方体，参数设置如图3-616所示。

图3-614　参数设置

图3-615　雨篷渲染效果

图3-616　长方体的参数设置

32）制作地基。在顶视图中绘制一个10800×99700×800的长方体，命名为"墙裙"；在顶视图再绘制一个切角长方体，命名为"基座"，参数设置和位置如图3-617所示。

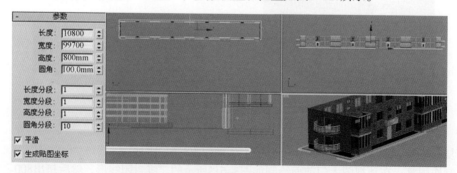

图3-617　切角长方体的参数设置和位置

在左视图绘制如图3-618所示的二维封闭线形，命名为"阶梯"。

将二维封闭线形挤出3250，位置如图3-619所示。复制三个"阶梯"，放在其他门的前面。"墙裙"、"基座"和"阶梯"共同构成"地基"。

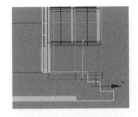
图3-618 二维封闭线形

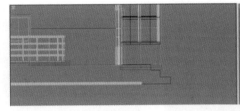

图3-619 阶梯的位置

给"地基"编辑材质。打开材质编辑器，选择一个空白的样本示例球，命名为"水泥"，参数设置如图3-620所示。

选择"基座"和"阶梯"，将"水泥"材质赋予它们。

再选择一个空白的样本示例球，命名为"砖墙"，单击漫反射后面的灰色钮，为其指定"项目3素材/住宅楼外景效果图/砖墙03.jpg"文件，【高光级别】设置为32，【光泽度】设置为38。打开【贴图】卷展栏，将"砖墙03.jpg"文件复制粘贴到【凹凸】的后面，设置【凹凸】数量为100。选择"墙裙"，将"砖墙"材质赋予它，效果如图3-621所示。

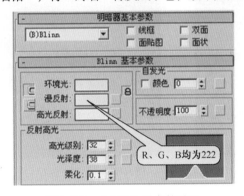
图3-620 "水泥"的参数设置

图3-621 墙渲染效果

33）复制生成所有楼层。将第二层楼复制六个，放于上方，生成各层楼房，效果如图3-622所示。

34）制作楼层隔板。在顶视图绘制一个长方体，命名为"隔板"，参数设置和位置如图3-623所示。将"水泥"材质赋予"隔板"。向上复制八个"隔板"，效果如图3-624所示。

图3-622 各层楼房图

图3-623 隔板参数设置和位置

35）制作顶层及阁楼。选择第一至第七层楼，单击鼠标右键，从弹出的级联菜单中选择【隐藏当前选择】，隐藏下面楼层，以提高绘图速度。

36）选择前墙体的一部分，按下【Shift】键进行复制，然后单击【选择并缩放】⬜按钮，进行高度压缩，再调整其位置，效果如图3-625所示。

图3-624　隔板效果

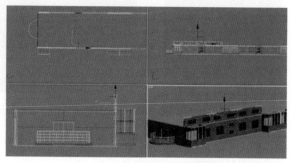

图3-625　复制部分墙体并压缩

37）选择带凉台的墙体及凉台，按下【Shift】键进行复制，然后单击【选择并缩放】⬜按钮，只对墙体和窗进行高度压缩，再调整其位置，如图3-626所示。复制一个左侧凉台底板，放于左侧凉台的上方，如图3-627所示。

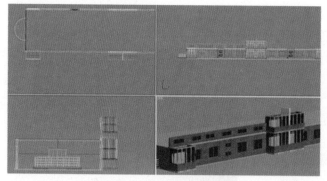

图3-626　复制凉台墙体和凉台

图3-627　复制左侧凉台底板

38）同理再进行复制，高度压缩，从而制作出顶层楼的前后墙体，如图3-628所示。

39）单击命令面板中的【图形】⬤/【线】按钮，在左视图中绘制如图3-629所示的二维闭合线形。

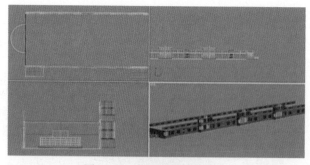

图3-628　顶层楼的前后墙体

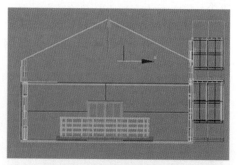

图3-629　绘制二维闭合线形

选择二维线形，单击【修改】选项卡下拉按钮下的【挤出】命令，设置挤出数量为240，命名为"顶层左侧墙"，调整位置并赋予其"墙"材质。复制"顶层左侧墙"移至右侧对称位置，成为

"顶层右侧墙",结果如图3-630所示。

40)单击命令面板中的【图形】 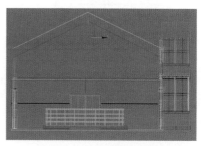/【线】按钮,在左视图中绘制如图3-631所示的开放二维线形。

图3-630 顶层左墙和右墙

图3-631 绘制开放的二维线形

选择二维图形,单击鼠标右键,在弹出的菜单中选择【转换为】/【转换为可编辑样条线】,然后选择次物体下的【样条线】,进行【轮廓】处理,设置【轮廓】值为240,结果如图3-632所示。

再选择次物体下的【顶点】,移动两侧的顶点到图3-633所示的位置。

图3-632 "轮廓"后

图3-633 移动两侧的顶点

然后对轮廓后的二维线形进行【挤出】操作,设置挤出数量为100000,并命名为"楼顶",位置如图3-634所示。

图3-634 挤出后位置

41)给"楼顶"编辑材质。打开材质编辑器,选择一个空白的样本示例球,命名为"瓦"。设置着色模式为【多层】,单击【漫反射】后面的灰色钮,为其指定位图为"项目3素材/住宅楼外景效果图/瓦01.jpg文件",基本参数设置如图3-635所示。

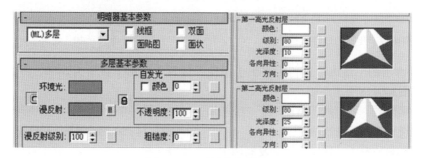

图3-635 瓦基本参数设置

将编辑好的"瓦"材质赋予"楼顶"。然后为其施加【UVW贴图】，参数设置如图3-636所示。渲染效果如图3-637所示。

图3-636　贴图参数设置

图3-637　渲染效果

42）制作阁楼。在顶视图中绘制一个2000×7500×2400的长方体，命名为"阁楼墙"，位置如图3-638所示。

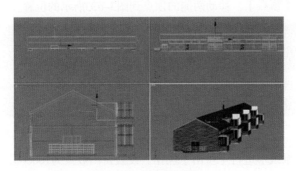

图3-638　阁楼墙位置

在前视图中绘制如图3-639所示的开放二维弧线。

选择开放的二维线形，单击鼠标右键，在弹出的菜单中选择【转换为】/【转换为可编辑样条线】，然后选择次物体下的【样条线】，进行【轮廓】处理，设置【轮廓】值为100，结果如图3-640所示。

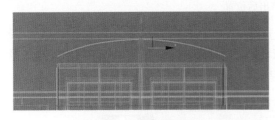

图3-639　开放的二维弧线

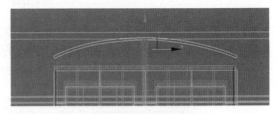

图3-640　轮廓后

然后对轮廓后的二维线形进行【挤出】操作，设置【挤出】数量为2600，并命名为"阁楼顶"，位置如图3-641所示。

打开材质编辑器，将"墙"材质赋予"阁楼墙"。再选择一个空白的样本示例球，命名为"阁楼顶"，参数设置如图3-642所示。

将编辑好的材质赋予"阁楼顶"。复制两个"阁楼墙"和"阁楼顶"，放于合适的位置，结果如图3-643所示。

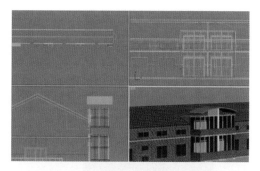

图3-641　挤出后的阁楼顶和位置

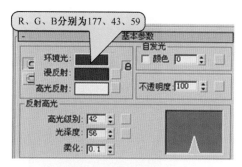

R、G、B分别为177、43、59

图3-642　阁楼顶参数设置

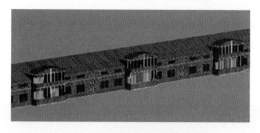

图3-643　所有的阁楼顶和阁楼墙

图3-644　住宅楼模型

取消全部隐藏，经仔细观察，再为大门添加一个门框和拉手，在此不再详述，请自行绘制添加。复制后最终效果如图3-644所示。

至此，住宅楼全部绘制完毕。将其全部选择，单击【文件】/【成组】命令，命名为"住宅楼"，保存。下面来制作外景。

43）制作地形。单击【图形】/【线】命令，在顶视图中绘制如图3-645所示的封闭线形，然后实施【挤出】命令，挤出的数量为120，命名为"人行道"，如图3-646所示。

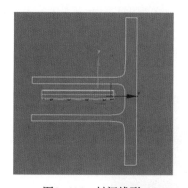

图3-645　封闭线形

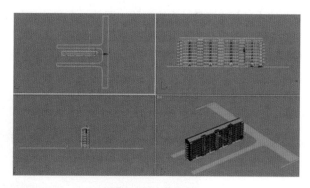

图3-646　挤出后

 说明

为了表现出小区的感觉，还要制作出简单的地形。地形主要是用线画出小区内路面的形状，然后通过执行【挤出】命令来完成，最后再复制住宅楼至合适的位置。

44）在顶视图选择"人行道"造型，按【Ctrl+V】键将其在原位置复制一个，在修改器列表中进入【线段】子物体层级，选择如图3-647所示的线段（变红色），然后按【Delete】键将其删除，如图3-648所示。

图3-647　选择线段

图3-648　删除线段

45）在修改器列表中进入【样条线】子物体层级，在顶视图中选择样条线，设置【轮廓】值为-300，再返回到【挤出】层级，修改【挤出】数量为300，命名为"路沿"，如图3-649所示。

46）单击【长方体】按钮，在顶视图创建一个299000×288000×50的长方体，命名为"地面"，如图3-650所示。

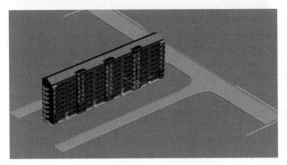

图3-649　挤出路沿

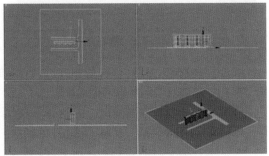

图3-650　长方体的位置

47）按【M】键打开材质编辑器，调整一个灰蓝色材质赋予"人行道"，调整一个灰白色材质赋予"路沿"，调整一个灰绿色材质赋予"地面"。

在顶视图中选择"住宅楼"造型，用移动复制的方法将其复制两组，调整位置如图3-651所示。

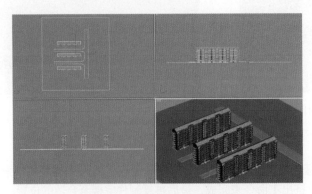

图3-651　复制两组住宅楼造型

48）创建摄影机。单击创建命令面板中的【摄影机】 /【目标】按钮，在顶视图中创建一架目标摄影机，位置及形态如图3-652所示。

进入【修改】命令面板，在【参数】卷展栏下修改【镜头】为24，再调整一个摄影机的位置，在前视图将摄影机调整到3000左右的高度。激活透视图，按【C】键，将透视图转变为相机视图，如图4-653所示。

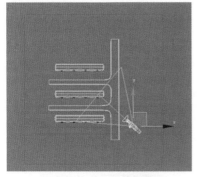

图3-652　创建摄影机

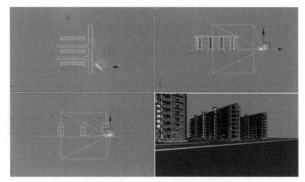

图3-653　透视图变成相机视图

49）创建灯光。首先隐藏摄影机，选择摄影机，单击命令面板上的【显示】🅱️按钮，打开【按类别隐藏】卷展栏，勾选【摄影机】选项，摄影机即被隐藏。

🔧 说明

灯光的设置要根据实际场景中光线的传播规律进行。本例采用3ds Max默认的渲染器渲染，所以灯光使用传统的灯光工具，为了模拟柔和的天空光效果，使用了灯光阵列。

单击【灯光】🔧/【目标平行光】按钮，在顶视图中自下而上创建一盏目标平行光，命名为"主光源"。单击【修改】按钮，打开修改命令面板，【常规参数】卷展栏设置如图3-654所示。

【强度/颜色/衰减】卷展栏设置如图3-655所示。

【平行光参数】卷展栏设置如图3-656所示。

图3-654　参数设置

图3-655　参数设置

图3-656　参数设置

选择"主光源"，在视图中调整它的位置如图3-657所示。

图3-657　主光源的位置

50）单击【灯光】/【目标聚光灯】按钮，在顶视图中自下而上创建一盏目标聚光灯，命名为"天空光"。

单击【修改】按钮，打开修改命令面板，【常规参数】卷展栏的设置如图3-658所示。

【强度/颜色/衰减】卷展栏的设置如图3-659所示。

【聚光灯参数】卷展栏的设置如图3-660所示。

图3-658 参数设置　　　　　图3-659 参数设置　　　　　图3-660 参数设置

【阴影参数】卷展栏设置的如图3-661所示。

【阴影贴图参数】卷展栏设置的如图3-662所示。

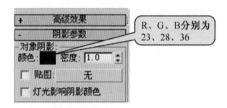

图3-661 参数设置　　　　　　　　　图3-662 参数设置

在视图中选择"天空光"，调整它的位置，如图3-663所示。

51）在顶视图中，将"天空光"实例复制4个，在视图中调整复制后的"天空光"的位置，如图3-664所示。

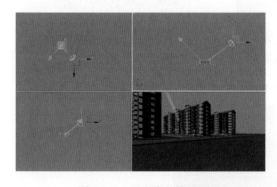

图3-663 天空光的位置图　　　　　　图3-664 复制后天空光的位置

复制灯光后的渲染效果如图3-665所示。

52）在顶视图中，再次选择"天空光"，将其实例复制5个，在视图中调整复制后的"天空光"的位置，如图3-666所示。

图3-665　渲染效果

图3-666　天空光的位置

复制灯光后的渲染效果如图3-667所示。

53）在前视图中再次选择一个"天空光"，将其复制5个，并设置其参数如图3-668所示。

图3-667　渲染效果图

图3-668　参数设置

在视图中调整复制后的"天空光"的位置，如图3-669所示。

复制灯光后的渲染效果如图3-670所示。

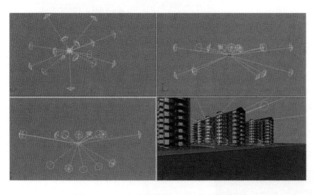

图3-669　复制后的天空光的位置

图3-670　渲染效果

54）在菜单栏中执行【文件】/【保存】命令，保存文件，至此，"住宅楼外景效果图"的灯光设置全部完成。

55）渲染输出。单击【渲染场景对话框】 按钮，在弹出的"渲染场景"对话框中，设置其参数，如图3-671所示。确认当前视图为摄影机视图，单击【渲染】按钮，渲染开始。

图3-671 参数设置

图3-672 渲染效果

56）渲染效果如图3-672所示。

57）在渲染效果对话框中单击【保存位图】█按钮，在弹出的"浏览图像供输出"对话框中将文件保存为"住宅楼外景.tif"，如图3-673所示。

单击【保存】按钮，弹出"TIF图像控制"对话框，在对话框中选择【存储Alpha通道】复选框，如图3-674所示，单击【确定】按钮关闭对话框，存储完毕。

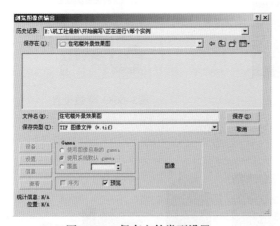

图3-673 保存文件类型设置

图3-674 选择【存储Alpha通道】复选框

最终渲染效果如图3-675所示。

图3-675 住宅楼外景渲染效果

练习

1. 将"厂房平面图.dwg"文件（项目3素材/厂房平面图.dwg）导入到3ds Max 9中，将其制作成厂房效果图，制作效果可参考图3-676。

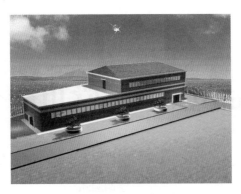

图3-676　厂房效果图

2. 将"园林设计图.dwg"文件（项目3素材/园林设计图.dwg，如图3-677所示）导入到3ds Max 9中，将其制作成鸟瞰效果图。

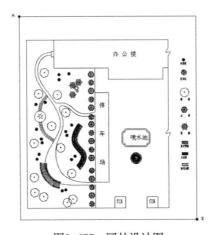

图3-677　园林设计图

3. 参考图3-678所示的自然式园林设计模型，发挥自己的想象，制作自然式园林效果图。

图3-678　自然式园林效果图

附　录

AutoCAD　常用命令

简化命令	命令全名	命令功能注释
A	ARC	绘制圆弧
AL	ALIGN	在二维和三维空间中将某对象与其他对象对齐
AR	ARRAY	阵列
ATT	ATTDEF	块属性定义
ATE	ATTEDIT	块属性编辑
B	BLOCK	创建块
BH	BHATCH	图案填充
BR	BREAK	在两点之间打断选定对象
C	CIRCLE	绘制圆
–CH	CHANGE	修改对象特征
CHA	CHAMFER	倒角
COL	COLOR	设置对象的颜色
CO	COPY	复制
D	DIMSTYLE	创建和修改标注样式
DAL	DIMALIGNED	对齐标注
DAN	DIMANGULAR	角度标注
DBA	DIMBASELINE	基线标注
DDI	DIMDIAMETER	直径标注
DED	DIMEDIT	编辑标注
DIV	DIVIDE	等分
DLI	DIMLINEAR	线性标注
DO	DONUT	绘制圆环
DS	DSETTINGS	草图设置
DST	DIMSTYLE	显示当前标注样式
DT	TEXT	创建单行文字对象
E	ERASE	删除
ED	DDEDIT	编辑单行文字、标注文字、属性定义和特征控制框
EL	ELLIPSE	创建椭圆或椭圆弧
EX	EXTEND	延伸对象

EXIT	QUIT	退出程序
EXT	EXTRUDE	拉伸现有二维对象来创建实体
F	FILLET	圆角
H	BHATCH	图案填充
I	INSERT	插入图块
L	LINE	创建直线段
LA	LAYER	图层
LT	LINETYPE	加载、设置和修改线型
LTS	LTSCALE	设置全局线型比例因子
MA	MATCHPROP	将选定对象的特征应用到其他对象
MI	MIRROR	镜像
ML	MLINE	创建多条平行线
MT	MTEXT	创建多行文字
O	OFFSET	偏移
OS	OSNAP	设置对象捕捉模式
PE	PEDIT	编辑多段线和三维多边形网格
PL	PLINE	创建二维多段线
PO	POINT	创建点对象
REC	RECTANG	绘制矩形多段线
REG	REGION	创建面域
REV	REVOLVE	通过绕轴旋转二维对象来创建实体
S	STRETCH	移动或拉伸对象
SC	SCALE	按比例放大或缩小对象
SEC	SECTION	用平面和实体的交集创建面域
SL	SLICE	用平面剖切实体
SPL	SPLINE	创建样条曲线
SPE	SPLINEDIT	编辑样条曲线或样条曲线拟合多段线
T	MTEXT	创建多行文字
TOL	TOLERANCE	创建形位公差
TOR	TORUS	创建圆环形实体
TR	TRIM	修剪对象
UNI	UNION	布尔运算
XL	XLINE	创建无限长的直线
Z	ZOOM	放大或缩小当前视口中对象的外观尺寸

AutoCAD 常用快捷键

F1	获取帮助
F2	实现作图窗口和文本窗口的切换
F3	对象自动捕捉开关
F4	数字化仪控制开关
F5	等轴测平面切换
F6	动态UCS开关
F7	栅格模式开关
F8	正交模式开关
F9	栅格捕捉模式开关
F10	极轴模式开关
F11	对象捕捉追踪开关
Ctrl+A	全部选择
Ctrl+B	栅格捕捉模式控制（F9）
Ctrl+C	将选择的对象复制到剪贴板上
Ctrl+F	控制是否实现对象自动捕捉（F3）
Ctrl+G	栅格显示模式控制（F7）
Ctrl+J	重复执行上一步命令
Ctrl+K	超级链接
Ctrl+N	新建图形文件
Ctrl+O	打开图像文件
Ctrl+P	打开打印对话框
Ctrl+Q	退出文件
Ctrl+S	保存文件
Ctrl+U	极轴模式控制（F10）
Ctrl+V	粘贴剪切板上的内容
Ctrl+W	控制是否实现对象追踪（F11）
Ctrl+X	剪切所选择的内容
Ctrl+Y	重做
Ctrl+Z	取消前一步的操作
Ctrl+0	清理屏幕
Ctrl+1	打开特征窗口
Ctrl+2	打开设计中心窗口
Ctrl+3	打开工具选项板窗口
Ctrl+4	打开图样及管理器窗口

Ctrl+5	打开信息选项板窗口
Ctrl+6	打开数据库，连接管理器窗口
Ctrl+7	标记集管理器窗口
Ctrl+Shift+C	带基点复制
Ctrl+Shift+S	另存为
Ctrl+Shift+V	粘贴为块

Photoshop 常用快捷键

Esc——取消当前命令

Shift+Tab——选项板调整

Ctrl+Q——退出系统

F1——获取帮助

F2/Ctrl+X——剪切选择区

F3/Ctrl+C——拷贝选择区

F4/Ctrl+V——粘贴选择区

F5——显示或关闭画笔选项板

F6——显示或关闭颜色选项板

F7——显示或关闭图层选项板

F8——显示或关闭信息选项板

F9——显示或关闭动作选项板

Tab——显示或关闭选项板、状态栏和工具箱

Ctrl+D——取消选择区

方向键——选择区域移动

Ctrl+单击工作图层——将图层转换为选择区

Shift+方向键——选择区域以10个像素为单位移动

Alt+方向键——复制选择区域

Alt+Delete——填充为前景色

Ctrl+Delete——填充为背景色

Ctrl+L——调整色阶工具

Ctrl+B——调整色彩平衡

Ctrl+U——调节色相/饱和度

Ctrl+T——自由变形

]——增大笔头的大小

[——减小笔头的大小

Shift+]——选择最大笔头

Shift+[——选择最小笔头

Ctrl+F——重复使用滤镜

Ctrl+]——移至上一图层

Ctrl+[——移至下一图层

Shift+ Ctrl+]——移至最前图层

3ds Max 常用快捷键

P——透视图（Perspective）

F——前视图（Front）

T——顶视图（Top）

L——左视图（Left）

C——摄影机视图（Camera）

U——用户视图（User）

B——底视图（Back）

{ }——视图的缩放

Alt+Z——缩放视图工具

Z——最大化显示全部视图或所选物体

Ctrl+W——区域缩放

Ctrl+P——抓手工具，移动视图

Ctrl+R——视图旋转

Alt+W——单屏显示当前视图

Q——选择工具

W——移动工具

E——旋转工具

R——缩放工具

A——角度捕捉

S——顶点的捕捉

H——打开选择列表，按名称选择物体

M——材质编辑器

X——显示/隐藏坐标

"－、+"——缩小或扩大坐标

8——"环境与特效"对话框

9——"光能传递"对话框

G——隐藏或显示网格

O——物体移动时，以线框的形式

F3——"线框"/"光滑+高光"两种显示方式的转换

F4——显示边

空格键——锁定当前选择的物体

Shift+Z——撤销视图操作

Shift+C——隐藏摄影机

Shift+L——隐藏灯光

参 考 文 献

[1] 朱仁成，周安斌，等. 3ds Max5 室外建筑艺术与效果表现[M]. 北京：电子工业出版社，2003.

[2] 刑黎峰. 园林计算机辅助设计教程[M]. 北京：机械工业出版社，2004.

[3] 姜勇，李长义. 计算机辅助设计—AutoCAD 2002[M]. 北京：人民邮电出版社，2004.

[4] 常会宁. 园林计算机辅助设计[M]. 北京：高等教育出版社，2005.

[5] 王静. AutoCAD 2006 3ds Max 7 Photoshop CS 装饰设计效果图制作教程. [M]. 北京：电子工业出版社，2005.

[6] 亓鑫辉，刘晓. 3ds max7 中文版火星课堂[M]. 北京：兵器工业出版社，2005.

[7] 李绍勇. 3ds Max8 范例导航[M]. 北京：清华大学出版社，2006.

[8] 冯嵩，黄志涛，等. 3ds Max 三维造型入门与范例解析[M]. 北京：机械工业出版社，2006.

[9] 程鹏辉，贾甦燕，梁计峰，等. 3ds max8 造型与效果图实例指导教程[M]. 北京：机械工业出版社，2006.

[10] 杨雪果. 3ds Max 高级程序贴图的艺术[M]. 北京：中国铁道出版社，2006.

[11] 车宇，夏小寒，王恺，等. 3ds Max 效果图制作循序渐进400例[M]. 北京：清华大学出版社，2007.

[12] 袁紊玉、李茹菡，吴蓉，等. ds max 9+Photoshop CS2 园林效果图经典案例解析[M]. 北京：电子工业出版社，2007.

[13] 郑志刚，刘勇，何柏林，等. AutoCAD2006（中文版）实训教程[M]. 北京：北京理工大学出版社，2007.

[14] 周峰，王征. 3ds Max 9 中文版基础与实践教程[M]. 北京：电子工业出版社，2008.

[15] 万志成. 3ds Max 9 基础入门与范例提高[M]. 北京：科学出版社，2008.

[16] 周初梅. 园林建筑设计[M]. 2版. 北京：中国农业出版社，2009.

[17] 张朝阳，贾宁. 3ds max+Photoshop 园林景观效果图表现[M]. 北京：中国农业出版社，2009.